·滇版精品出版工程专项资金资助项目·

中国珍稀濒危植物种子
SEEDS
OF
RARE AND ENDANGERED PLANTS
IN CHINA

·第一卷·
VOLUME 1

杜 燕 主编

云南出版集团
云南科技出版社
·昆明·

图书在版编目（CIP）数据

中国珍稀濒危植物种子. 第一卷 / 杜燕主编. -- 昆明：云南科技出版社，2022

ISBN 978-7-5587-4121-0

Ⅰ. ①中… Ⅱ. ①杜… Ⅲ. ①珍稀植物—濒危植物—种子—研究—中国 Ⅳ. ①Q944.59

中国版本图书馆CIP数据核字(2022)第212686号

中国珍稀濒危植物种子（第一卷）
ZHONGGUO ZHENXI BINWEI ZHIWU ZHONGZI (DI-YI JUAN)
杜 燕 主编

出 版 人：	温 翔
项目统筹：	温 翔 高 亢
策 划：	马 莹 邓玉婷
责任编辑：	马 莹 邓玉婷 汤丽鋆 王 韬 罗 璇
整体设计：	长策文化
责任校对：	秦永红 张舒园
责任印制：	蒋丽芬

书 号：	ISBN 978-7-5587-4121-0
印 刷：	昆明美林彩印包装有限公司
开 本：	889mm×1194mm 1/16
印 张：	46.75
字 数：	600千字
版 次：	2022年12月第1版
印 次：	2022年12月第1次印刷
定 价：	468.00元

出版发行：云南出版集团 云南科技出版社
地　　址：昆明市环城西路609号
电　　话：0871-64192372

版权所有　侵权必究

编委会

主　编：杜　燕
副主编：李涟漪　李　慧　杨湘云

编写人员（按姓氏拼音排序）：
蔡　杰　杜　燕　郭永杰　郭云刚　何华杰　金效华　李　慧
李涟漪　刘　博　刘　成　秦少发　亚吉东　杨　娟　杨湘云
张　挺　张潇尹　张志峰

摄　影：李涟漪　李　慧

内容简介
—— INTRODUCTION ——

《中国珍稀濒危植物种子》以2021年8月7日国务院批准的《国家重点保护野生植物名录》为依据，着重介绍了我国56科160种具有代表性的珍稀濒危植物种子的相关信息。其中，裸子植物6科29种，被子植物50科131种；一级保护植物30种，二级保护植物130种。全书共分两卷出版，第一卷包括裸子植物、被子植物基部类群的木兰类分支和单子叶植物分支的18科98种，第二卷包括真双子叶植物的基部分支、蔷薇类分支和超菊类分支的38科62种。在内容方面，除了重点描述这些物种果实和种子的外部形态和内部结构，还介绍了花果期、传播体类型及传播方式、种子的贮藏特性和萌发特性，同时提供了物种生活型、分布、经济价值和科研价值、濒危原因等信息。在图片方面，共配以2000多张照片来进行展示和说明，照片内容涉及植株、花、果序、果实、种子、胚和幼苗等，类型包括光学照片、光学显微照片、X光照片和电镜照片四种。书中所含信息较新，大部分为首次公开发表，兼具学术价值和实用价值。在排版方面，图文并茂，独特美观。

这是两卷帮助人们快捷、准确识别和了解我国珍稀濒危植物，尤其是其果实和种子的参考志书，对我国珍稀濒危植物的管理、保护和利用具有重要价值。不仅适用于种子形态学和生理学研究人员、资源保护人员和管理者、检验检疫部门和海关工作人员、林业执法和司法人员，对摄影爱好者和自然爱好者也具有重要参考价值。

前 言
—— PREFACE ——

　　珍稀濒危植物是一类现存数量稀少、灭绝风险较高，却在经济、科学、文化和教育等方面具有重要意义的植物，是我国不可替代的战略生物种质资源，亟须我们保护。

　　在国务院2021年8月批准的《国家重点保护野生植物名录》中，珍稀濒危植物达到了138科455种和40类，共约1200种，其中种子植物为117科1063种，它们是我国植物研究和多样性保护工作的重要目标。多年以来，我国投入了大量人力和物力，对珍稀濒危植物的分布和濒危状况开展了调查和研究，取得了许多重要成果；但对作为植物重要繁殖器官的种子关注却很少，以致目前大部分珍稀濒危植物种子的形态描述通常只有1~3句话，有的甚至无任何种子形态信息，严重影响了这些种子资源的研究、保护和利用。

　　开展珍稀濒危植物种子的形态解剖学和生理学研究，不仅能帮助人们深入认识这些种子的形态、结构、散布特性、贮藏特性和萌发特性，还能从种子这一核心要素了解这些物种濒危的内在机制，从而指导人们更有效地来保护这些物种，并更好地利用其种子资源；但开展珍稀濒危植物种子形态解剖学和生理学研究的难度较大。首先，实验材料难以获取，大多数珍稀濒危植物的植株数量较少，要发现并获得合适数量的种子更是难上加难；其次，开展种子形态解剖学和生理学研究需要不同专业的研究者参与，且需要大量专业的设备和技术，持续的时间又较长，这或许就是至今无人系统开展珍稀濒危植物种子形态解剖学及生理学研究的重要原因吧。

　　依托中国西南野生生物种质资源库的库藏种子资源、保藏设施和实验平台，编者们花费了6年时间，以国务院2021年8月7日批准的《国家重点保护野生植物名录》为依据，对我国56科160种（不含种下等级）珍稀濒危植物的种子进行了深入研究，编撰了此套书。书中共记录裸子植物种子6科29种，被子植物种子50科131种；其中一级保护植物种子30种，二级保护植物种子130种。第一卷包括裸子植物、被子植物基部类群的木兰类分支和单子叶植物分支共18科98种，第二卷包括真双子叶植物的基部分支、蔷薇类分支和超菊类分支共38科62种。在内容方面，本书除了详细描述这160种珍稀濒危植物果实和种子的外部形态、内部结构及散布特性、贮藏特性和萌发特性外，还对其植株生活型、分布、经济价值和科研价值、濒危原因等进行了介绍，信息量较大。另外，本书所含信息较新，其中大部分种子信息为编者们16年来积累的一手素材，如它首次描述了57种植物的种子形态，完善了102种植物种子的形态描述，大部分物种种子的散布、萌发和贮藏特性、胚形态

信息为首次公开发表。此外,本书还从种子的角度探讨了相关物种濒危的原因,对已有的濒危知识进行了补充和完善,并根据种质资源库多年积累的采集数据,对这些植物的花果期、地理分布、生境等也进行了补充和修正,使这部分信息更加准确。在图片方面,本书配以2000多张照片来进行展示和说明,绝大部分为首次公开,照片内容涉及植株、花、果序、果实、种子、胚和幼苗等,类型包括光学照片、光学显微照片、X光照片和电镜照片四种,展示效果比传统的墨线图方式更为直观、生动、真实和准确。在排版方面,图文穿插,互相融合,美观大方。

书中植物科按《国家重点保护野生植物名录》顺序进行排列,即裸子植物科按克氏裸子植物分类系统进行排列,被子植物科按APGⅣ系统进行排列;物种名称与《国家重点保护野生植物名录》保持一致,即以《中国生物物种名录(植物卷)》为物种名称的主要参考文献,同时参考了最新的分类学和系统学研究成果;属和种的排列按拉丁名首字母顺序排列。果实类型根据Spjut(1994)系统确定;果实和种子形状根据分类学协会描述性术语委员会(Systematics Association Committee for Descriptive Terminology)制订的简单对称平面图形和立体图形确定;休眠类型根据Baskins系统确定。每个物种的种子形态数据尽可能来自多份实验材料,并按照统一标准进行描述,包括种子的形状、大小、颜色、表面纹饰和附属物,胚乳的含量、颜色和质地,胚的形状、颜色和质地等30多个性状点。

本书的出版填补了我国珍稀濒危植物种子形态研究专著出版的空白,有助于促进公众对我国珍稀濒危植物种子的认识;有助于种子保藏单位改进种子的处理、检测和萌发方法,提高保藏水平;有助于检验检疫部门和海关快速准确地识别出这些珍贵的种子,防止其外流,维护国家生物战略资源安全;有助于司法部门在工作中依据执法;有助于林草部门和农业农村部门有效利用这些种子资源开展它们的野外回归和生态恢复;也有助于从种子水平来界定植物种属类别、阐明植物进化机制,推动植物分类和系统学研究向微观深层次发展。因此,本书具有较高的学术价值和实用价值。

本书能顺利出版,离不开众多机构和专家的帮助。感谢中国科学院战略性先导科技专项(A类)子课题"重大工程和重点国别的旗舰物种多样性与保护策略"项目(XDA20050204)和云南省委宣传部滇版精品出版工程项目对本项研究和出版经费的支持!感谢李德铢库主任在百忙之中抽出时间来为本书作序!感谢中国科学院植物研究所徐克学研究员、中国科学院武汉植物园胡光万研究员,中国科学院西双版纳热带植物园文彬研究员和朱仁斌高级工程师,上海辰山植物园葛斌杰馆长，上海植物园刘艳春工程师，山东省林木种质资源中心，杭州植物园李晶平老师，深圳桐雅文化传播有限公司吴健梅老师，云南省文山市国家级自然保护区管护分局何德明工程师，云南普洱市林业和草原局叶德平高级工程师，云南中医药大学李宏哲教授，云南林业职业技术学院刘强教授，中国科学院昆明植物研究所孙卫邦研究员、龚洵研究员、李爱荣研究员、刀志灵正高级工程师、庄会富高级工程师、陈文红副研究员、黄永江副研究员、吴增源副研究员、张建文副研究员、胡瑾瑾助理研究员、陶恋助理研究员，提供了部分难得的种子材料和野外照片！感谢王红研究员提供扫描电镜以进行种子显微照片的拍摄！感谢杨永平研究员在基金项目申请中给予的支持！感谢编撰团队的坚持和努力！感谢云南科技出版社对本书出版的大力支持！

  由于编者水平有限，书中难免存在不足之处，敬请广大读者批评指正，以便于我们将来进一步完善。

编委会

2022年10月

SEEDS
OF RARE AND ENDANGERED PLANTS IN CHINA

目录 CONTENTS

中国珍稀濒危植物种子

2	**苏铁科**	**Cycadaceae**
2	叉叶苏铁	*Cycas bifida*
10	滇南苏铁	*Cycas diannanensis*
20	贵州苏铁	*Cycas guizhouensis*
28	苏铁	*Cycas revoluta*
36	**银杏科**	**Ginkgoaceae**
36	银杏	*Ginkgo biloba*
44	**罗汉松科**	**Podocarpaceae**
44	罗汉松	*Podocarpus macrophyllus*
52	**柏科**	**Cupressaceae**
52	翠柏	*Calocedrus macrolepis*
60	岷江柏木	*Cupressus chengiana*
68	巨柏	*Cupressus gigantea*
76	福建柏	*Fokienia hodginsii*
84	水松	*Glyptostrobus pensilis*
92	水杉	*Metasequoia glyptostroboides*
100	台湾杉（秃杉）	*Taiwania cryptomerioides*

裸子植物 GYMNOSPERMAE 〈第一卷〉 VOLUME 1

裸子植物 GYMNOSPERMAE

〈第一卷〉 VOLUME 1

108	**红豆杉科**	**Taxaceae**
108	云南穗花杉	*Amentotaxus yunnanensis*
116	篦子三尖杉	*Cephalotaxus oliveri*
124	东北红豆杉	*Taxus cuspidata*
132	西藏红豆杉	*Taxus wallichiana*
140	榧	*Torreya grandis*
148	**松科**	**Pinaceae**
148	秦岭冷杉	*Abies chensiensis*
156	梵净山冷杉	*Abies fanjingshanensis*
164	银杉	*Cathaya argyrophylla*
172	柔毛油杉	*Keteleeria pubescens*
180	大果青扦	*Picea neoveitchii*
188	大别山五针松	*Pinus dabeshanensis*
196	红松	*Pinus koraiensis*
204	巧家五针松	*Pinus squamata*
212	毛枝五针松	*Pinus wangii*
220	金钱松	*Pseudolarix amabilis*
228	黄杉	*Pseudotsuga sinensis*

238	**肉豆蔻科**	**Myristicaceae**
238	大叶风吹楠	*Horsfieldia kingii*
246	云南肉豆蔻	*Myristica yunnanensis*
254	**木兰科**	**Magnoliaceae**
254	长蕊木兰	*Alcimandra cathcartii*
262	厚朴	*Houpoëa officinalis*
270	长喙厚朴	*Houpoëa rostrata*
278	馨香玉兰（馨香木兰）	*Lirianthe odoratissima*
286	鹅掌楸（马褂木）	*Liriodendron chinense*
294	香木莲	*Manglietia aromatica*
302	大叶木莲	*Manglietia dandyi*
310	大果木莲	*Manglietia grandis*
318	峨眉含笑	*Michelia wilsonii*
326	华盖木	*Pachylarnax sinica*
334	云南拟单性木兰	*Parakmeria yunnanensis*
342	合果木	*Paramichelia baillonii*
350	焕镛木（单性木兰）	*Woonyoungia septentrionalis*
358	宝华玉兰	*Yulania zenii*
366	**蜡梅科**	**Calycanthaceae**
366	夏蜡梅	*Calycanthus chinensis*
374	**樟科**	**Lauraceae**
374	天竺桂	*Cinnamomum japonicum*

被子植物 ANGIOSPERMAE

被子植物 ANGIOSPERMAE 〈第一卷〉 VOLUME 1

382	油樟	*Cinnamomum longepaniculatum*
390	润楠	*Machilus nanmu*
398	舟山新木姜子	*Neolitsea sericea*
406	闽楠	*Phoebe bournei*
414	浙江楠	*Phoebe chekiangensis*
422	**泽泻科**	**Alismataceae**
422	浮叶慈菇	*Sagittaria natans*
430	**水鳖科**	**Hydrocharitaceae**
430	波叶海菜花	*Ottelia acuminata* var. *crispa*
438	**冰沼草科**	**Scheuchzeriaceae**
438	冰沼草	*Scheuchzeria palustris*
446	**翡若翠科**	**Velloziacea**
446	芒苞草	*Acanthochlamys bracteata*
454	**藜芦科**	**Melanthiaceae**
454	球药隔重楼	*Paris fargesii*
462	**兰科**	**Orchidaceae**
462	白及	*Bletilla striata*
468	杜鹃兰	*Cremastra appendiculata*
474	垂花兰	*Cymbidium cochleare*
480	冬凤兰	*Cymbidium dayanum*

486	莎草兰	*Cymbidium elegans*
492	虎头兰	*Cymbidium hookerianum*
498	硬叶兰	*Cymbidium mannii*
504	西藏虎头兰	*Cymbidium tracyanum*
510	暖地杓兰	*Cypripedium subtropicum*
516	西藏杓兰	*Cypripedium tibeticum*
522	宽口杓兰	*Cypripedium wardii*
528	兜唇石斛	*Dendrobium aphyllum*
534	矮石斛	*Dendrobium bellatulum*
540	长苏石斛	*Dendrobium brymerianum*
546	翅萼石斛	*Dendrobium cariniferum*
552	束花石斛	*Dendrobium chrysanthum*
558	鼓槌石斛	*Dendrobium chrysotoxum*
564	细茎石斛	*Dendrobium moniliforme*
570	石斛	*Dendrobium nobile*
576	铁皮石斛	*Dendrobium officinale*
582	肿节石斛	*Dendrobium pendulum*
588	黑毛石斛	*Dendrobium williamsonii*
594	天麻	*Gastrodia elata*
600	西南手参	*Gymnadenia orchidis*
606	巨瓣兜兰	*Paphiopedilum bellatulum*
612	长瓣兜兰	*Paphiopedilum dianthum*
618	带叶兜兰	*Paphiopedilum hirsutissimum*
624	麻栗坡兜兰	*Paphiopedilum malipoense*
630	彩云兜兰	*Paphiopedilum wardii*
636	二叶独蒜兰	*Pleione scopulorum*
642	钻喙兰	*Rhynchostylis retusa*

被子植物 ANGIOSPERMAE

被子植物 ANGIOSPERMAE 〈第一卷〉 VOLUME 1

648	**棕榈科**	**Arecaceae**
648	琼棕	*Chuniophoenix hainanensis*
656	龙棕	*Trachycarpus nanus*
664	**禾本科**	**Poaceae**
664	莎禾	*Coleanthus subtilis*
670	无芒披碱草	*Elymus sinosubmuticus*
678	药用稻	*Oryza officinalis*
686	野生稻	*Oryza rufipogon*
694	华山新麦草	*Psathyrostachys huashanica*
702	拟高粱	*Sorghum propinquum*
710	箭叶大油芒	*Spodiopogon sagittifolius*
718	中华结缕草	*Zoysia sinica*

726 参考文献

729 中文名索引

731 拉丁名索引

<第一卷>

裸子植物
GYMNOSPERMAE
—— VOLUME 1 ——

苏铁科 Cycadaceae

叉叶苏铁
Cycas bifida (Dyer) K. D. Hill

保护级别  二级

植株生活型
常绿木本植物，高30~60cm。

分　　布
产于云南和广西。生于海拔100~200m的常绿混交林、落叶混交林和竹林中，或石灰岩山地灌丛半阴处。此外，越南和老挝也有分布。

经济价值
树形古雅别致，叶形美观，四季常青，具较高观赏价值。

科研价值
苏铁属植物中比较罕见的物种，对研究苏铁科植物的系统分类和保护具有重要价值。

濒危原因
分布区狭窄；生境破坏严重；盗挖严重；个体数量稀少，结实率低，天然更新困难。

▶ 大孢子叶球

花期和种子成熟期
花期4—5月，种子9—10月成熟。

孢子叶球形态结构
小孢子叶球：圆锥形；长15~18cm，宽约4cm；基部具长3cm、宽1.5cm的梗；生于雄株茎顶。小孢子叶近匙形或宽楔形，扁平；黄色，边缘橘黄色；长1~1.8cm，宽约8mm；顶部不育部分长约8mm，有绒毛，圆或具短而渐尖的尖头，中下部具花药。花药3~4个聚生。

大孢子叶球：宽球形；生于雌株茎顶。大孢子叶上部的顶片为卵状菱形；边缘羽状深裂，侧裂片为长1.5~2cm的条状钻形，顶裂片呈刺状；宽约3.5cm。中部两侧具种子1~4枚。下部柄状；橘黄色；长约8cm，与顶片近等长或稍短。

传播体类型
种子。

传播方式
动物传播。

种子贮藏特性
顽拗型种子。忌失水，不耐低温，亦不耐久藏，宜随采随播或于室温下混合湿沙进行短期贮藏（沙藏）。

种子萌发特性
具形态生理休眠。新鲜种子在25℃，12h/12h光照条件下，含200mg/L GA_3 的1%琼脂培养基上，萌发率为92%。

◀ 茎

▶ 种子集

▶ 新鲜种子

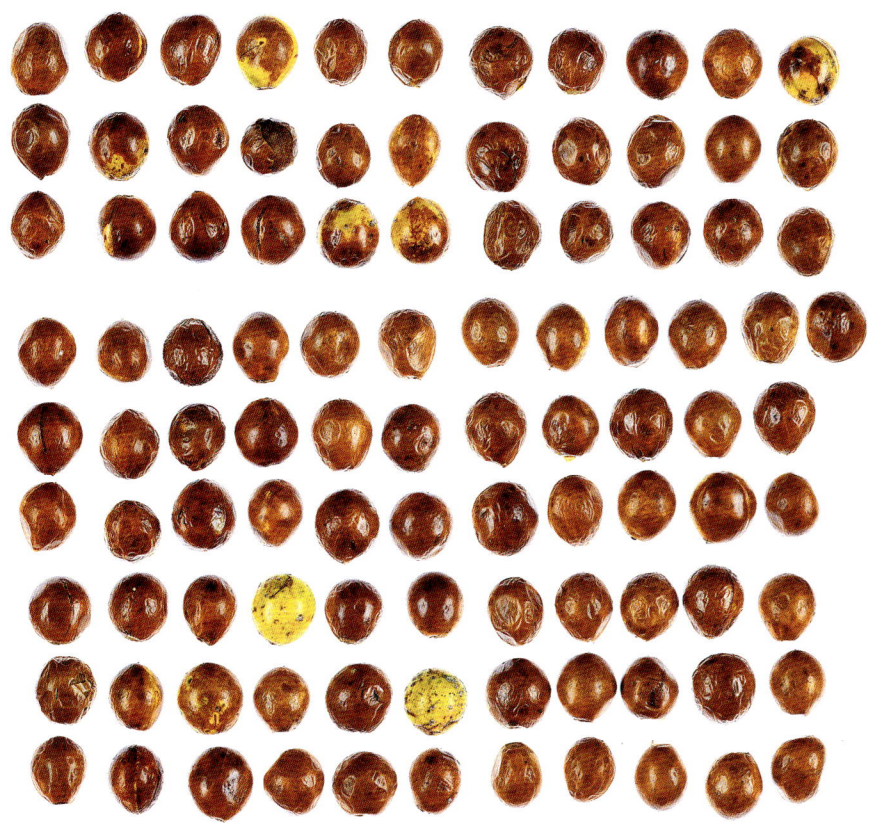

4cm

种子形态结构

种子：核果状；球形或倒卵形；新鲜时为黄色，干后为棕色；长2.75~3.46cm，宽1.92~3.30cm，厚2.20~3.60cm，重9.1421~18.8745g。去除外种皮后，种子为近球形；顶端具喙；黄色；长2.73~3.12cm，宽2.02~2.65cm，厚1.80~2.22cm，重6.6219~9.9058g。

种脐：椭圆形；棕色；长6.11~9.91mm，宽3.98~7.05mm；横生于种子基部。

种皮：外种皮外层为棕色；胶质；厚0.02~0.04mm。而内层新鲜时为肉质，干后为颗粒质，含有众多黄色和红棕色结晶颗粒；硬；厚1.07~1.56mm。中种皮黄色；骨质；厚0.47~0.76mm。内种皮枯黄色；表面密布棕褐色短纵纹；纸状胶质；厚0.02~0.04mm。

胚乳：含量丰富；边缘为黄棕色，角质，而中央为黄白色，粉质；包着胚。

胚：未分化或已分化；椭球形或倒卵形；黄白色或黄色；蜡质；长1.73~9.40mm，宽0.70~2.90mm，厚0.31~1.22mm；直生于种子中部或中上部中央。其中已分化胚具子叶2枚；长椭圆形，稍扁；长0.58~6.40mm，宽0.38~1.50mm，厚0.31~1.22mm；并合。下胚轴和胚根椭圆形；长1.15~3.00mm，宽0.78~1.40mm，厚0.60~0.91mm；朝向种子顶端；基部具一根折叠的白色带状宿存胚柄。

▶ **干燥种子的背面、侧面和基部**

▶ **种子 X 光照**

2cm

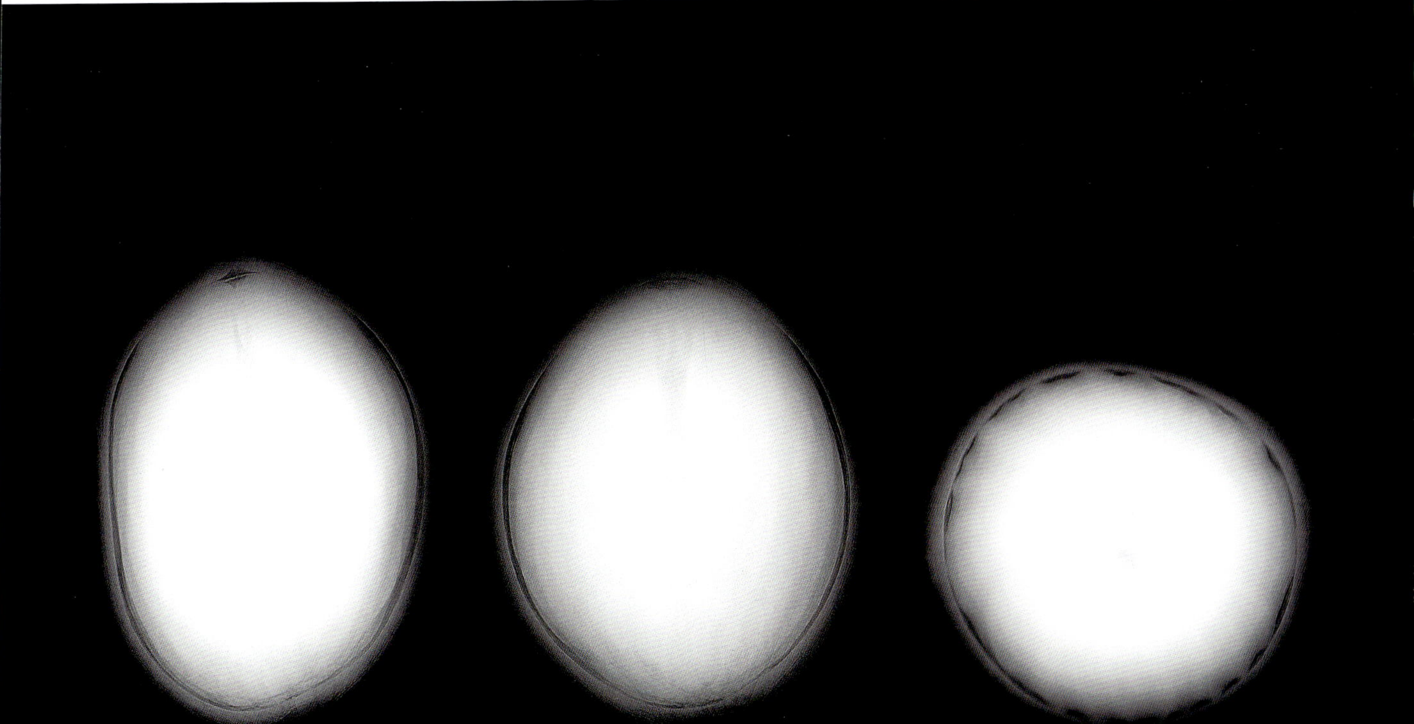

◄ 去除种皮的种子

1cm

◄ 种子横切面

1cm

▶ 去除种皮的种子纵切面

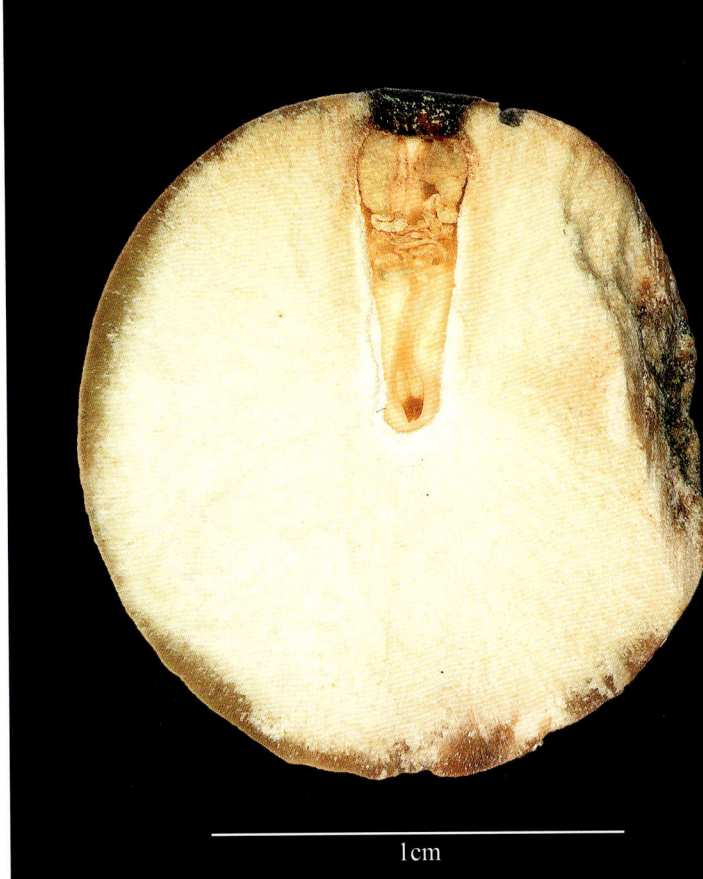

1cm

▶ 变质的胚

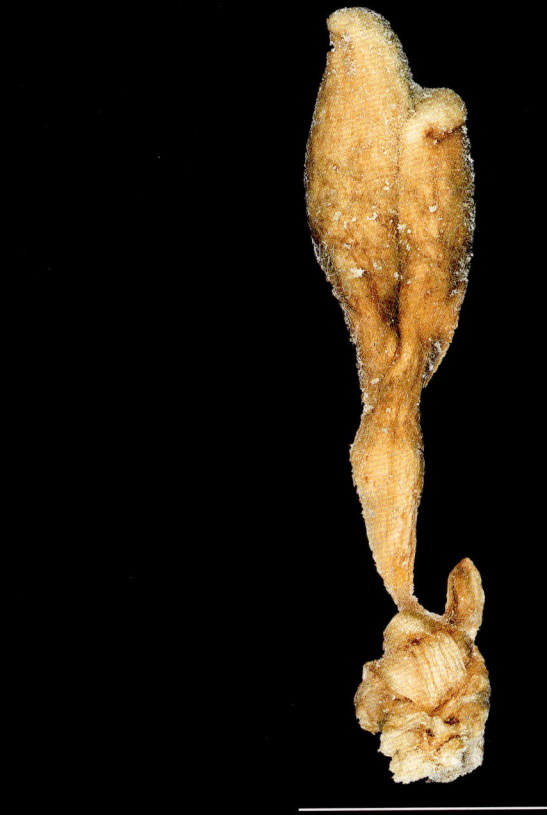

1cm

苏铁科 Cycadaceae

滇南苏铁
Cycas diannanensis Z. T. Guan & G. D. Tao

保护级别 二级

植株生活型
常绿木本植物，树干高0.8~3m，具羽片67~138对。

分　　布
产于云南。生于海拔600~1800m的石灰岩、页岩或片岩山地灌丛草坡或山地雨林和季风常绿阔叶林下。

经济价值
树形古雅别致，叶形美观，四季常青，具较高观赏价值。

科研价值
中国特有植物，对研究中国植物区系的起源与演化，以及苏铁属植物的系统进化具有重要价值。

濒危原因
栖息地大量丧失；生境破坏严重；盗挖严重。

▶ 植株

花期和种子成熟期

花期4—5月，种子9—11月成熟。

孢子叶球形态结构

小孢子叶球： 柱状卵圆形；生于雄株茎顶。小孢子叶长约4cm，上部不育部分被黄色绒毛。

大孢子叶球： 卵形；长约20cm，宽约15cm；生于雌株茎顶。大孢子叶长26~30cm；上部的顶片为宽圆形或掌状菱形，背面密被黄褐色绒毛而腹面无毛，边缘羽状深裂。裂片13~20对；条状钻形；长2~3.5cm。大孢子叶下部柄状；长（3~）6~17.5cm；两侧具种子2~7枚。

◀ 小孢子叶球

▶ 大孢子叶球

▶ 大孢子叶

4cm

传播体类型
种子。

传播方式
动物传播。

种子贮藏特性
顽拗型种子。忌失水，不耐低温，亦不耐久藏，宜随采随播或短期沙藏。

种子萌发特性
具形态生理休眠。新鲜种子在25℃，12h/12h光照条件下，200mg/L GA_3 的1%琼脂培养基上，萌发率为85%。

▶ 种子集

4cm

种子形态结构

种子： 核果状；倒卵形或球形；新鲜时为黄色、光滑、有光泽，干后为黄棕色或棕色、表面微皱、有光泽；长2.06~3.44cm，宽2.07~3.16cm，厚1.83~2.77cm，重6.9903~16.5134g。

种脐： 圆形或椭圆形；棕色；长5.06~9.39mm，宽4.11~8.88mm；微凹；位于种子基端。

种皮： 外种皮外层为黄棕色或棕色；胶质；厚0.02mm。内层为黄白色；蜡质；厚1.33~1.67mm。中种皮为黄色；骨质；厚0.56~0.78mm。内种皮为棕褐色；纸质；厚0.09~0.13mm。

胚乳： 含量丰富；黄棕色；硬，表面具纵纹；厚6.40~7.30mm；包着胚。

胚： 圆柱形，基部尖；新鲜时为黄白色，干后为枯黄色或棕褐色；蜡质；长11.08~11.91mm，宽2.70~4.00mm；直生于种子中上部中央。子叶2枚；圆柱形；长8.38~9.18mm，宽1.35~1.91mm；并合。下胚轴和胚根短圆锥形；长2.73~2.97mm，宽1.62~2.18mm；朝向种子顶端；基部具一根白色的线状宿存胚柄。

◀ 种子表面SEM（扫描电子显微镜）照

▶ 种子的背面、侧面、基部和顶部

▶ 种子X光照

1cm

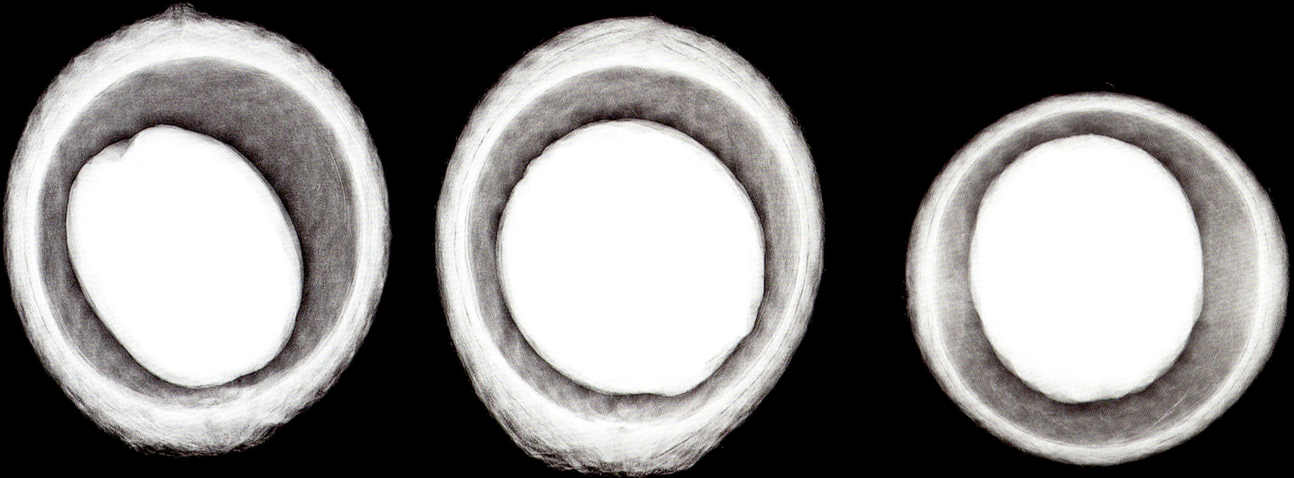

◀ 带中种皮的种子

◀ 种子纵切面

◀ 种子横切面

▶ 变质的胚

2cm

▶ 萌发中的种子

2cm

苏铁科 Cycadaceae

贵州苏铁

Cycas guizhouensis K. M. Lan & R. F. Zou

保护级别  二级

植株生活型
常绿木本植物，高1~3m。

分　　布
产于广西、贵州和云南。生于海拔400~1000m的石灰岩山坡混交林或灌丛中。

经济价值
树形古雅别致，叶形美观，四季常青，具较高观赏价值，是世界著名的园林观赏植物。

科研价值
第四纪冰期遗留下来的古老裸子植物，对研究种子植物的起源与系统演化、古植物区系、古地理和古气候，以及苏铁科植物的系统分类具有重要价值。

濒危原因
生境破碎化；盗挖严重；种群过小。

▶ 植株

花期和种子成熟期
花期4—6月，种子9—10月成熟。

孢子叶球形态结构
小孢子叶球：柱状卵形；黄色；生于雄株茎顶。小孢子叶楔形，扁平；顶端宽平。

大孢子叶球：呈球形；生于雌株顶端。大孢子叶长14~20cm；表面密生黄褐色或褐色绒毛；上部的顶片近圆形，长6~7cm，宽7~8cm，羽状深裂。裂片17~33；条状钻形；长2~4.5cm，宽2~4mm；其中顶裂片长3~4.5cm，宽1.1~1.7cm，渐尖。大孢子叶下部呈短而粗的柄状；长3~5cm；两侧具种子2~8粒。

传播体类型
种子。

传播方式
动物传播。

种子贮藏特性
忌失水，不耐低温，亦不耐久藏。

种子萌发特性
具形态生理休眠。新鲜种子去除外种皮，在20℃或25℃，12h/12h光照条件下，1%琼脂培养基上，萌发率为73%。

◀ 小孢子叶球

▶ 大孢子叶球

▶ 种子集

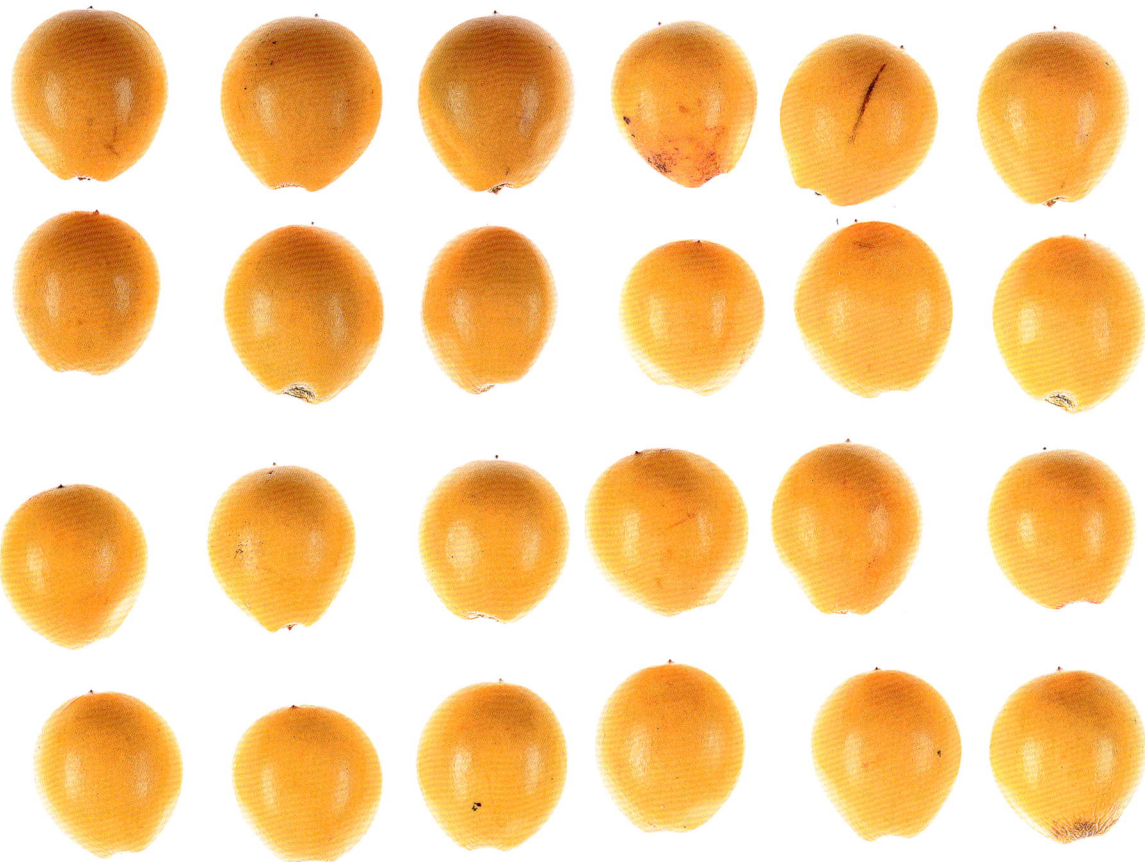

2cm

种子形态结构

种子：核果状；近球形；新鲜时为黄色，干后为黄棕色至褐色，有光泽；长1.92~2.97cm，宽1.83~2.38cm，厚2.04~2.76cm，重4.0847~12.9840g。去除外种皮后，种子为近球形或椭球形；长1.78~2.80cm，宽1.56~2.78cm，厚1.69~2.30cm，重2.5693~7.9757g。

种脐：近圆形；长4.71~7.25mm，宽4.38~5.99mm；位于种子基端。

种皮：外种皮肉质；干后为黄棕色至褐色。中种皮壳质；近光滑或疣状；黄白色；厚0.69~1.27mm。内种皮膜质；棕色。

胚乳：含量丰富；浅黄色或黄色；粉质；包着胚。

胚：1~2个；较小；鼓槌状圆柱形；白色或黄色；长7.57~9.07mm，宽1.57~1.64mm；直生于种子中上部中央。子叶2枚；椭圆形；长1.50~2.86mm，厚0.86~0.93mm。下胚轴和胚根长圆锥形；长4.57~7.57mm，宽1.43~1.57mm；朝向种子顶端；基部具一根白色的线状宿存胚柄。

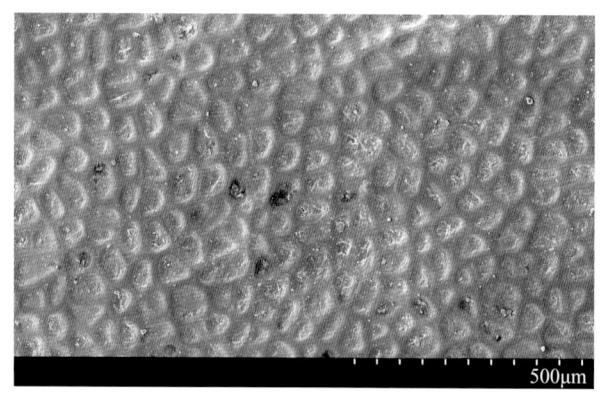

◀ 种子表面SEM照

▶ 新鲜种子的背面、侧面、顶部和基部

▶ 种子X光照

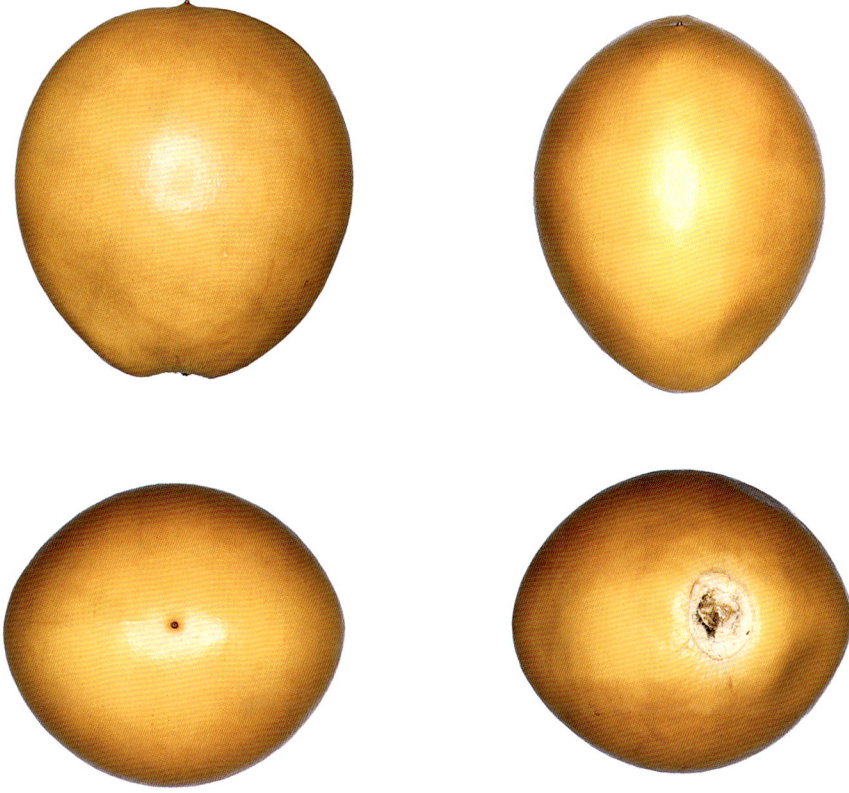

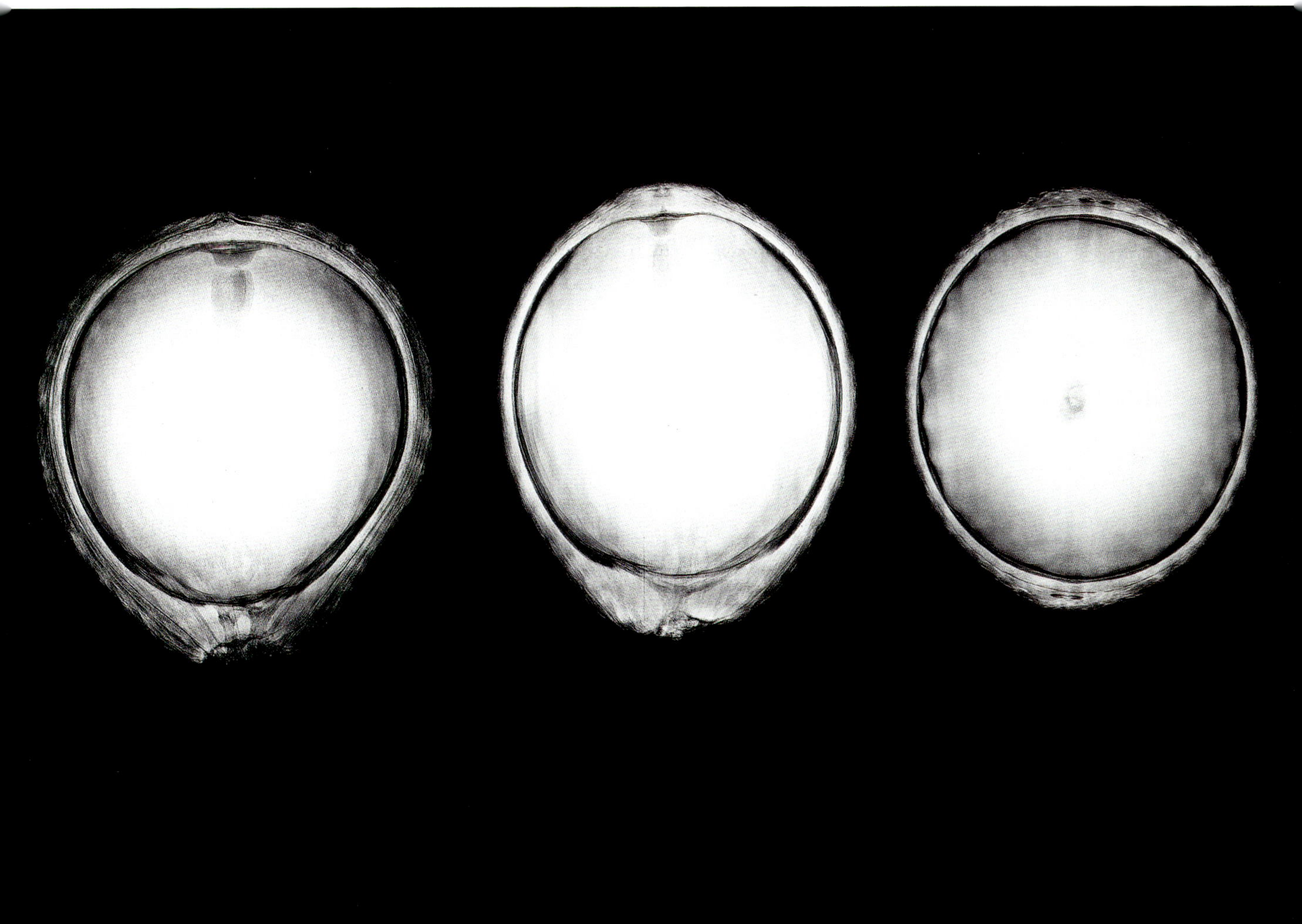

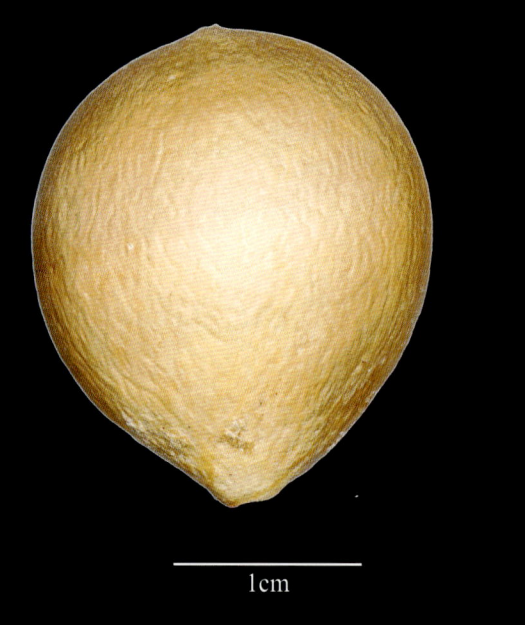

◀ 带中种皮的种子

1cm

◀ 去除种皮的种子

1cm

◀ 种子纵切面

1cm

▶ 种子横切面

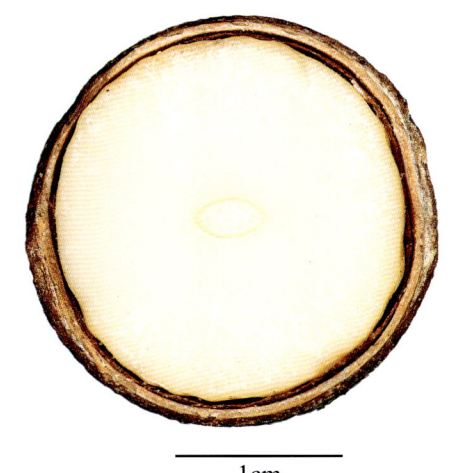

▶ 胚

▶ 幼苗

苏铁科 Cycadaceae

苏铁
***Cycas revoluta* Thunb.**

植株生活型
常绿木本植物，树干高1~3（~7）m。

分　　布
产于福建、台湾和广东。生于海拔10~100m向阳近海边的灌丛。此外，日本、菲律宾和印度尼西亚也有分布。

经济价值
树形古雅别致，叶形美观，四季常青，具较高观赏价值，是世界著名的园林观赏植物；茎内含淀粉，可供食用；种子含油和丰富淀粉，有微毒，漂洗脱毒后可食用，也可药用，有治痢疾、止咳和止血功效。

科研价值
第四纪冰期遗留下来的古老裸子植物，对研究种子植物的起源与系统演化、古植物区系、古地理和古气候，以及苏铁科植物的系统分类具有重要价值。

濒危原因
地质构造格局改变；第四纪冰期影响；栖息地大量丧失；生境破坏严重；盗挖严重。

▶ 植株

花期和种子成熟期
花期4—7月，种子9—12月成熟。

孢子叶球形态结构
小孢子叶球：圆柱形；长30~70cm，宽8~15cm；基部具短梗；生于雄株茎顶。小孢子叶窄楔形；扁平；表面密生黄褐色或灰黄色长绒毛；长3.5~6cm，宽1.7~2.5cm；顶端宽平，两角近圆形，顶部中央为长约5mm的尖头；中下部着生花药。花药通常3个；聚生。

大孢子叶球：宽球形；生于雌株顶端。大孢子叶长14~22cm；橘黄色；表面密生浅黄色或浅灰黄色绒毛；上部的顶片为倒卵形至长倒卵形，边缘羽状分裂。裂片12~18对；条状钻形；长2.5~6cm；顶端有刺状尖头。大孢子叶中部两侧具种子2~6粒；下部柄状。

传播体类型
种子。

传播方式
动物传播。

种子贮藏特性
顽拗型种子。忌失水，不耐低温，亦不耐久藏。

种子萌发特性
具形态生理休眠。添加GA₃和冷层积有助于打破休眠；发芽适温为20~30℃。新鲜种子去除外种皮，在25℃，12h/12h光照条件下，1%琼脂培养基上，萌发率仅为50%。

◀ 带种子的大孢子叶

▶ 大孢子叶球

▶ 种子集

种子形态结构

种子： 核果状；椭球形或宽倒卵形；表面密被黄白色或灰黄色长绒毛；橙红色或红色；长3.21~4.50cm，宽2.44~3.50cm，厚1.87~3.03cm，重4.5680~25.5467g。种脐近圆形或横椭圆形；黄色；长5.70mm，宽6.90mm；稍突起；位于种子基端。

种脐： 近圆形或横椭圆形；黄色；长5.70mm，宽6.90mm；稍突起；位于种子基端。

种皮： 外种皮外层为橙红色或红色；革质；厚0.07mm。内层为橙色；肉质。中种皮外表面为黄白色，内表面为褐色；壳质，表面平滑或略凹凸不平；厚1.65~2.51mm。内种皮膜质；棕色；有叶脉状条纹。

胚乳： 含量丰富；浅黄色；粉质；包着胚。

胚： 1~3个；短圆柱形；黄色；较小，长4mm；位于种子基部。子叶2枚；并合。下胚轴及胚根朝向种子顶端。

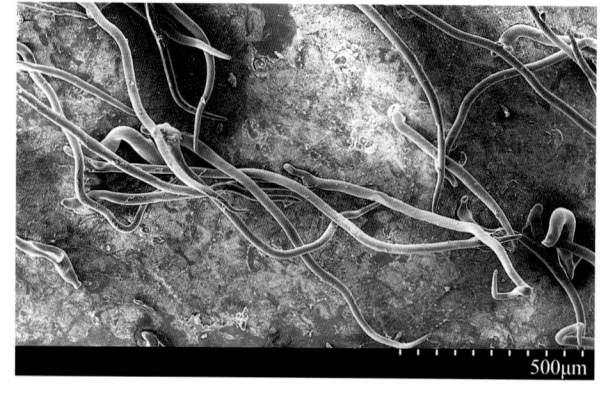

◀ 种子表面 SEM 照

▶ 种子的背面、腹面、侧面、顶部和基部

▶ 种子 X 光照

1cm

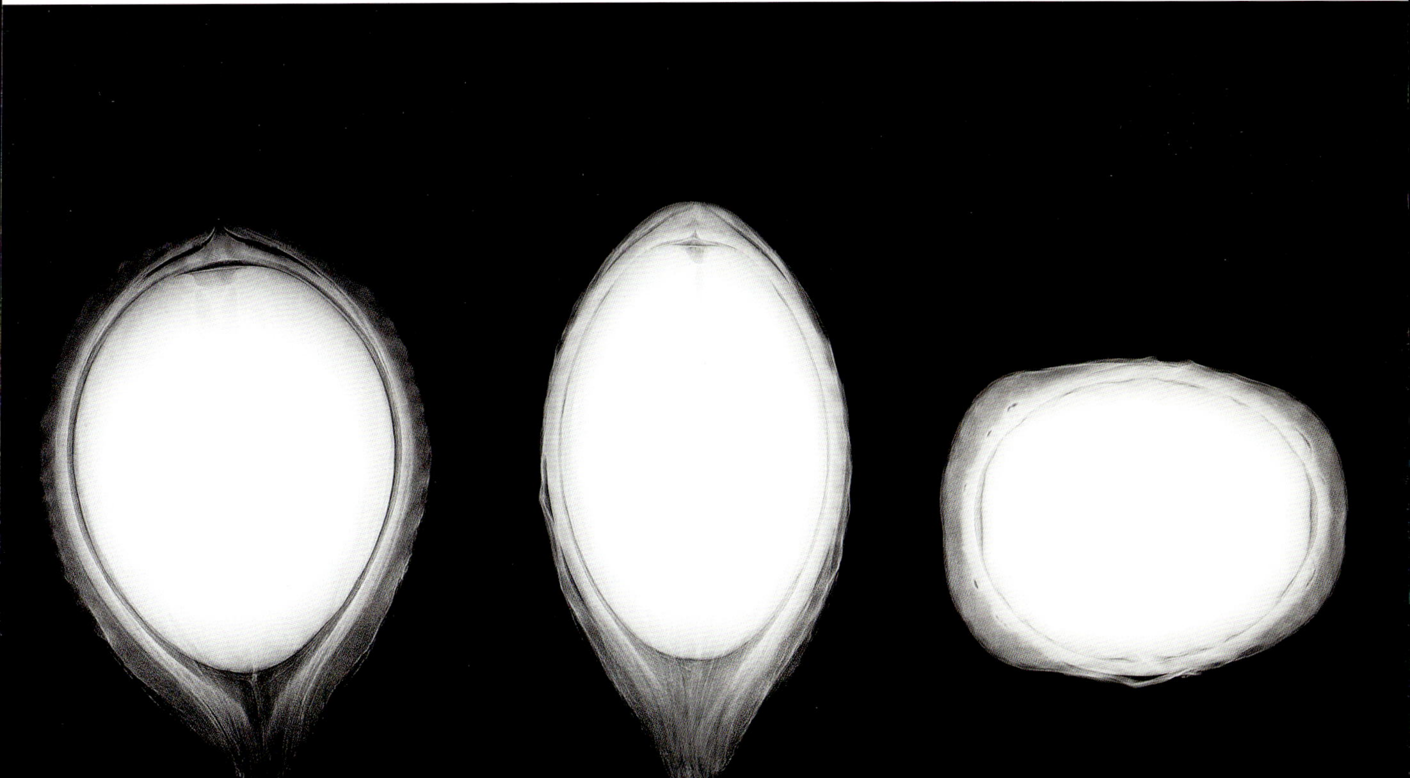

◀ 带中种皮的种子

1cm

◀ 去除种皮的种子

▶ 种子纵切面

▶ 种子横切面

1cm

银杏科 Ginkgoaceae

银杏
***Ginkgo biloba* L.**

植株生活型
落叶乔木，高40~50m，胸径4m。

分　　布
野生植株目前仅存在于我国南方少数地区，如浙江天目山、贵州务川、重庆金佛山、广东南雄、广西兴安等。而现代植株栽培区甚广：北自东北沈阳，南达广州，东起华东海拔40~1000m地带，西南至贵州、云南西部（腾冲），海拔2000m以下地带均有栽培。日本、朝鲜半岛、欧洲、北美等也有栽培。

经济价值
树木既可作材用，又具观赏价值。此外，叶是一味中药，能治疗瘀血阻络、胸痹心痛、中风偏瘫、肺虚咳喘和高脂血症；种子可作干果食用。

科研价值
中国特有、古老的单种科植物和孑遗植物，是第四纪冰期遗留下来的古老裸子植物，有"活化石"之称，对研究裸子植物系统发育、古植物区系、古地理及第四纪冰期气候具有重要价值。

濒危原因
地质构造格局改变；第四纪冰期影响；重要种子传播者恐龙灭绝；野生植株个体稀少，雌雄异株，种群天然更新困难。

▶ 植株

保护级别 一级

花期和种子成熟期
花期4—5月，种子9—10月成熟。

传播体类型
种子。

传播方式
动物传播。

种子贮藏特性
不耐在干燥条件下久藏，宜随采随播或短期沙藏。

种子萌发特性
具形态生理休眠或生理休眠。发芽适温为20~30℃、30℃/20℃、25℃/15℃。湿沙层积7d后，在25℃发芽皿中，萌发率为55%。

◀ 成熟种子

▶ 未成熟种子

▶ 带中种皮的种子集

种子形态结构

种子：核果状；椭球形、倒卵形、卵形或近球形；幼时绿色，成熟后为黄色或橙黄色，表面被白粉状蜡；长1.78~3.50cm，宽1.33~2.50cm；具长梗，常下垂。去除外种皮后，种子为卵形、椭球形或倒卵形；灰白色或浅黄色；两侧各具一条纵棱，偶见两条棱；长1.36~2.80cm，宽1.03~1.80cm，厚1.06~1.09cm，重1.38~3.20g。

种脐：窄椭圆形；长2mm；位于种子基端。

种皮：外种皮肉质；黄色或橙黄色；有臭味。中种皮灰白色或浅黄色；骨质；厚0.24~1.24mm。内种皮膜质；中上部为灰白色，下部为黄棕色。

胚乳：含量丰富；新鲜时为黄绿色，干后为黄色；粉质，味甘中带苦；包着胚。

胚：圆柱形，基部尖；新鲜时为浅绿色，干后为黄色；长7.82~11.91mm，宽1.70~2.77mm；直生于种子中央；具多胚现象。子叶2枚，稀3枚；窄椭圆形，顶端直或外翘；新鲜时为绿白色或白色，干后为黄色，中下部有黄色树脂道；长7.88~9.77mm，宽0.67~1.00mm。胚芽明显；长1.15~1.32mm，宽0.67~0.78mm；位于两子叶中间。胚根短圆柱形；黄色；长1.38~3.12mm，宽1.25~2.07mm；朝向种子顶端。

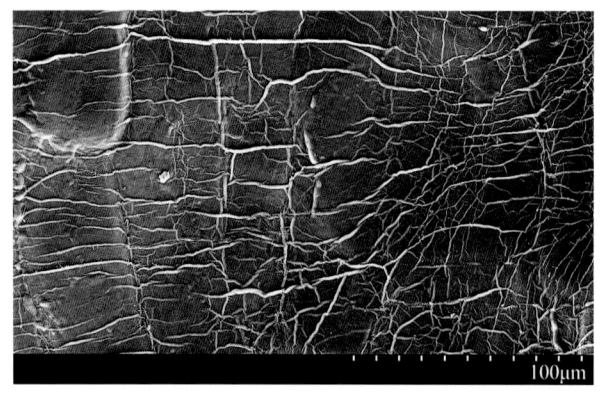

◀ 种子表面 SEM 照

▶ 带中种皮的种子的背面、侧面、基部和顶部

▶ 带中种皮的种子 X 光照

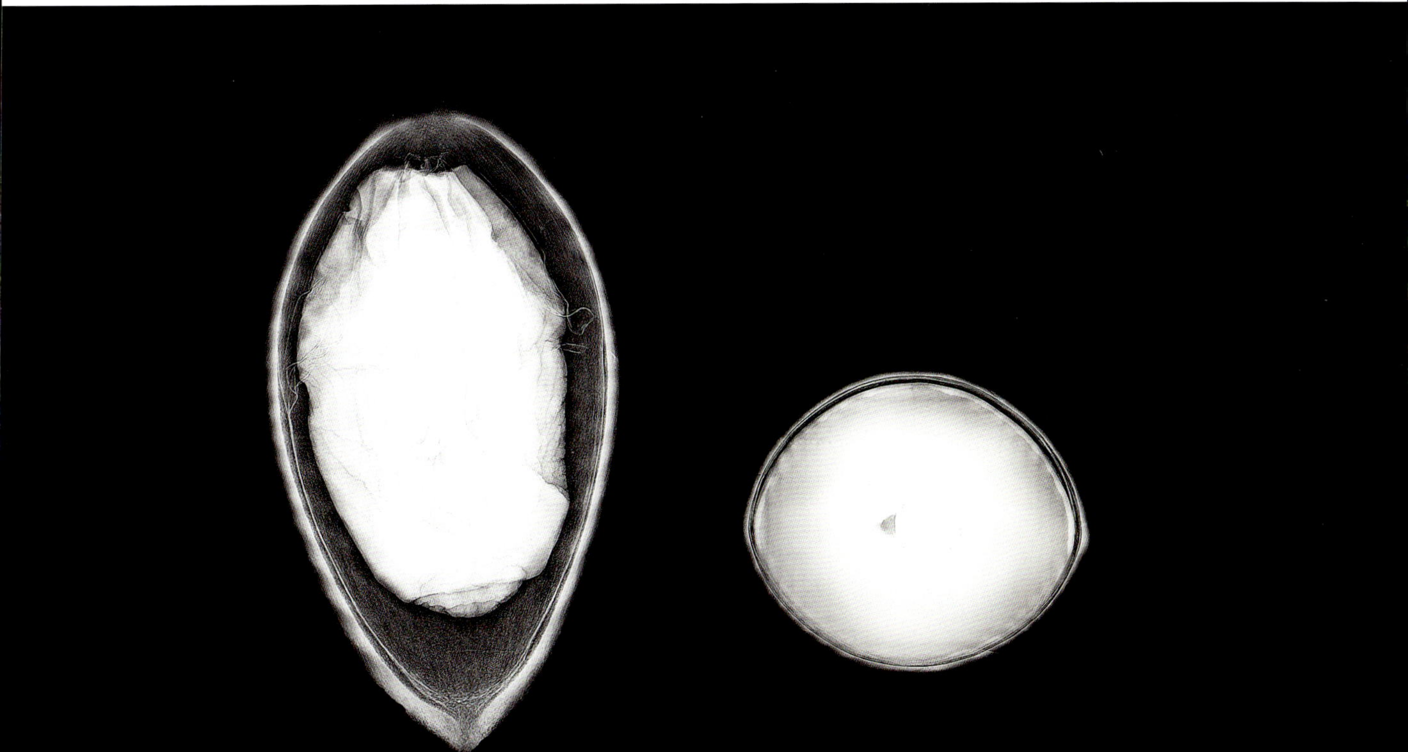

◀ 带中种皮的种子

◀ 带内种皮的干燥和新鲜种子

◀ 去除种皮的干燥和新鲜种子

▶ 去除种皮的干燥和新鲜种子的横切面

▶ 带内种皮的干燥和新鲜种子的纵切面

▶ 干燥的胚和新鲜的胚

罗汉松科 Podocarpaceae

罗汉松
Podocarpus macrophyllus (Thunb.) Sweet

保护级别 二级

植株生活型

常绿乔木，高达20m，胸径达60cm。

分　　布

产于江苏、浙江、福建、安徽、江西、湖南、四川、云南、贵州、广西、广东和台湾。此外，日本和缅甸也有分布。

经济价值

材质优良，可作家具、器具、文具和农具等用材；树形古雅，种子与种柄组合奇特，既可作室内盆栽，又可作花坛花卉。

濒危原因

生境破坏严重；过度砍伐和采挖；种子寿命短，幼苗生长缓慢，种群天然更新困难。

▶ 植株

花期和种子成熟期

花期4—5月,种子7—9月成熟。

传播体类型

种子。

传播方式

动物传播。

种子贮藏特性

顽拗型种子。宜随采随播。

种子萌发特性

无休眠。发芽适温在20℃以上。

▶ 种子枝

▶ 种子集

2cm

种子形态结构

种子： 核果状；椭球形或球形；新鲜时为绿色，表面被白粉；长0.86~1.25cm，宽0.60~0.98cm，厚0.77~0.95cm；位于膨大的种托之上。种托为宽倒卵形；中上部3裂；幼时绿色，然后变黄，再变红，成熟后则为紫黑色；肉质；长1.00~1.73cm，宽1.07~1.36cm，厚0.87~1.28cm，较种子大。

种皮： 外种皮肉质；绿色；厚0.50~1.30mm。内种皮纸质；白色或褐色；厚0.87mm；紧贴胚乳。

胚乳： 含量丰富；厚2.00~3.00mm；乳白色或浅绿色；鲜时肉质，干后为粉质；包着胚。

胚： 圆柱形；黄色或黄绿色；长4.90~11.04mm，宽0.91~1.60mm，厚1.00~1.50mm。子叶2枚；椭圆形或矩圆形；长1.40~2.35mm，宽0.85~1.50mm，厚0.30~0.64mm；并合，偶见分离。胚芽弯月形；黄色；长0.36~0.58mm，宽0.22~0.58mm，厚0.22~0.33mm；夹于两子叶基部中央。下胚轴和胚根圆柱形；长3.60~8.06mm，宽0.91~1.50mm，厚1.00~1.49mm；朝向种脐。

▶ 种子的侧面、腹面和顶部

▶ 种子 X 光照

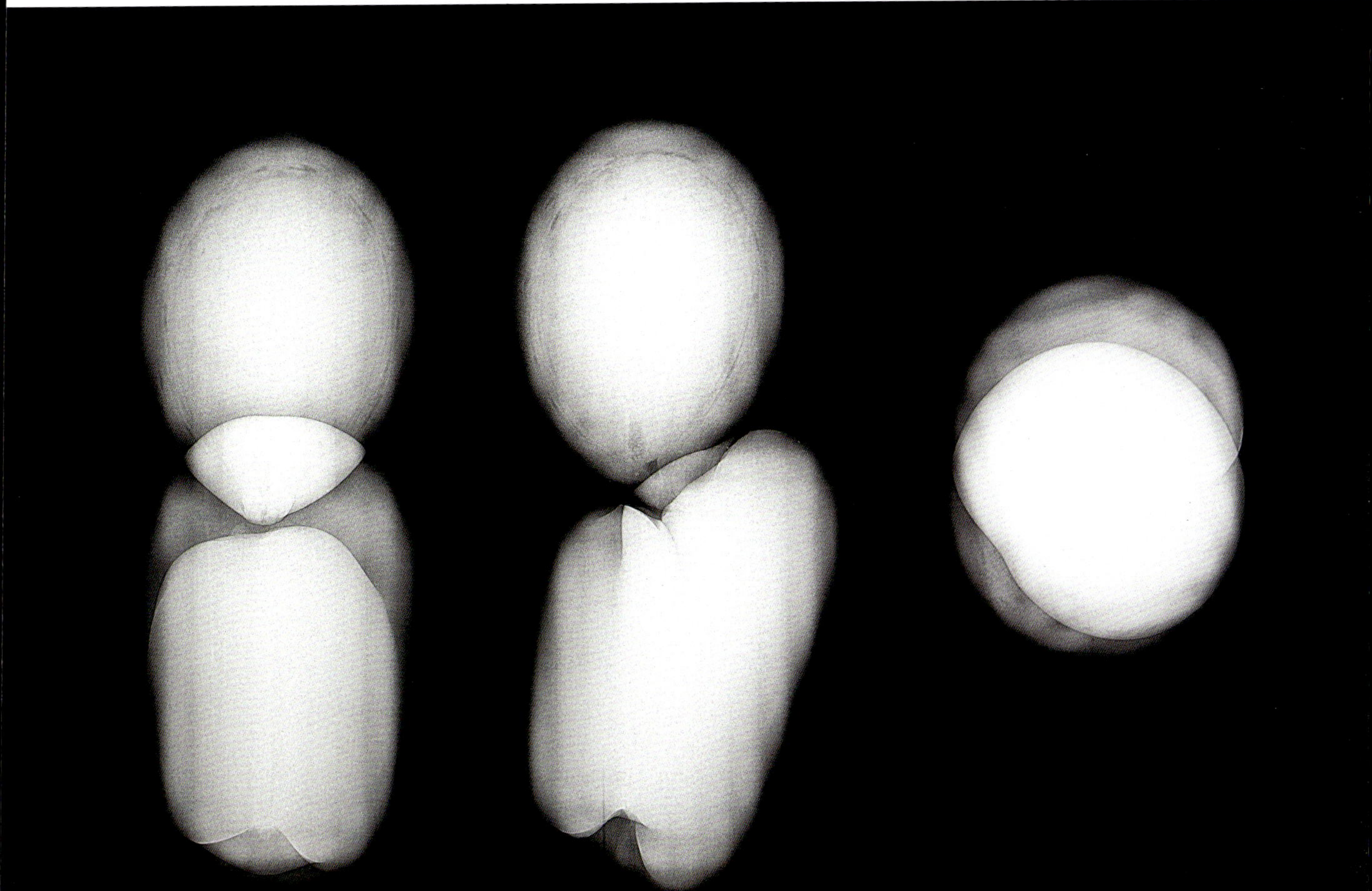

◀ 带种托的种子纵切面

5mm

◀ 种子纵切面

2mm

◀ 种子横切面

2mm

▶ 胚

2mm

▶ 幼苗

2cm

柏科 Cupressaceae

翠柏
Calocedrus macrolepis Kurz

保护级别 一级

植株生活型
常绿乔木，高达30~35m，胸径（0.4~）1~1.2m。

分　　布
产于云南、广西、广东、贵州和海南。生于1000~2000m的山地针阔混交林中。此外，老挝、缅甸、泰国和越南也有分布。

经济价值
为优良的用材树种和分布地的造林树种，以及城市绿化与庭园观赏树种。此外，木材锯屑称"净香"，有止锈之效，还可制香；种子可榨油，供制漆、蜡及硬化油等用；树皮可葺屋；枝叶可提取芳香油。

科研价值
翠柏属两个古老孑遗种之一，间断分布于北美与中国，中国台湾还有其变种——台湾翠柏，对研究亚热带、热带区系及古地理、古气候有重要价值。

濒危原因
生境破坏严重；过度砍伐；种群数量稀少，天然更新困难。

▶ 植株

花期和球果成熟期

花期3—4月，球果9—10月成熟。

球果形态结构

矩圆形、椭球形或长卵状圆柱形；棕色或棕褐色；长1~2cm。种鳞3对；木质，扁平，外部顶端之下有一短尖头；最下一对形小，长约3mm，最上一对结合而生；仅中间一对各具2粒种子。球果成熟后，种鳞开裂，种子散落。

传播体类型

种子。

传播方式

风力传播、动物传播。

种子贮藏特性

正常型种子。在低温干燥条件下贮藏，有助于延长其寿命。

种子萌发特性

新鲜种子，在20℃或25℃，12h/12h光照条件下，1%琼脂培养基上，萌发率为100%。

◀ 开裂球果

▶ 球果的腹面、背面、基部和顶部

▶ 球果集

种子形态结构

种子：卵形或椭圆形，微扁；黄棕色、棕色或棕褐色；长5.47~8.92mm，宽2.49~4.42mm，厚1.40~2.86mm，重0.0108~0.0418g；顶部具一大一小、仅顶部稍分离的2枚膜质翅，总翅长5.64~13.04mm，宽4.67~8.99mm，厚0.01~0.04mm，背腹面具多个椭圆形或卵形树脂囊，内含黄色、透明的液态树脂。

种皮：外种皮黄棕色、棕色或棕褐色；胶质；厚0.02mm。内种皮黄棕色，透明；膜状胶质；紧贴胚乳。

胚乳：含量中等；乳白色；肉质，富含油脂；包着胚。

胚：匙形；黄色；半肉半蜡质，富含油脂；长4.94~7.00mm，宽1.31~2.07mm，厚0.67~0.88mm；直立于种子中央。子叶2枚；椭圆形，稍扁；长2.10~3.60mm，宽1.31~2.07mm，厚0.33~0.47mm；并合。下胚轴和胚根圆柱形，稍扁；长2.50~3.15mm，宽0.81~1.40mm，厚0.73~0.75mm；朝向种子顶端。

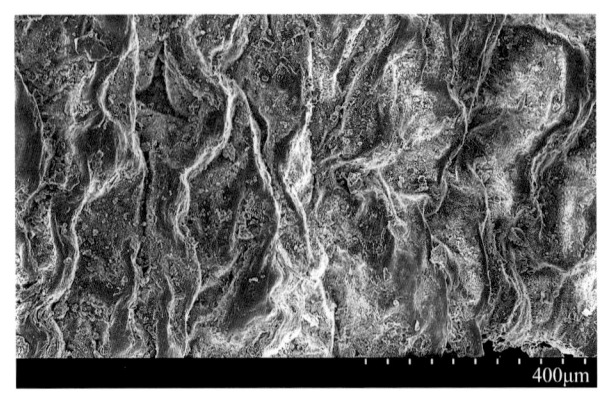

◀ 种子表面 SEM 照

▶ 种子的腹面、背面和侧面

▶ 种子 X 光照

5mm

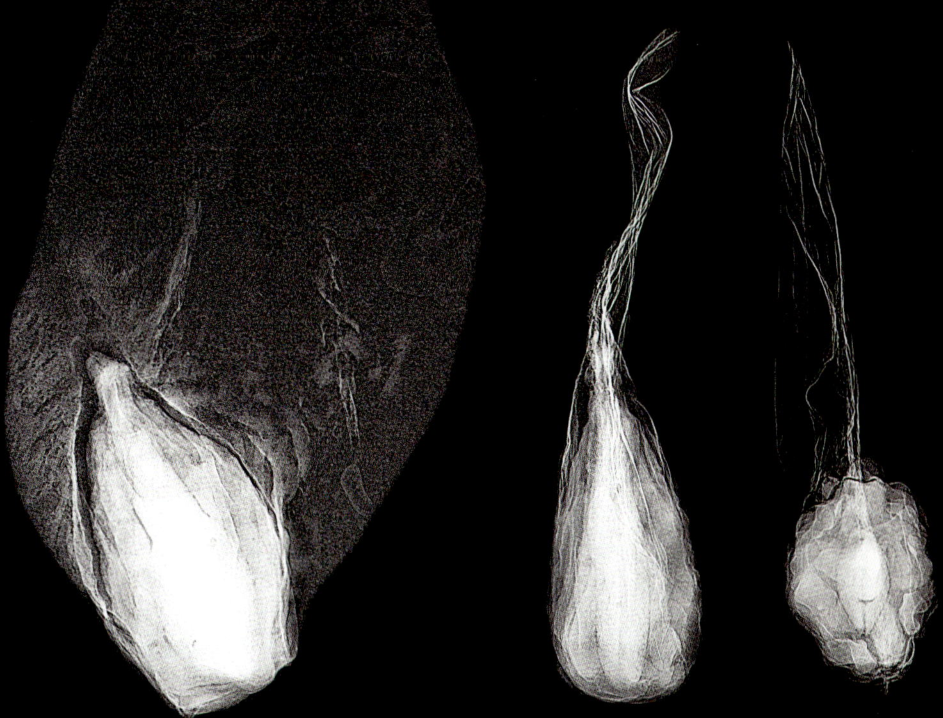

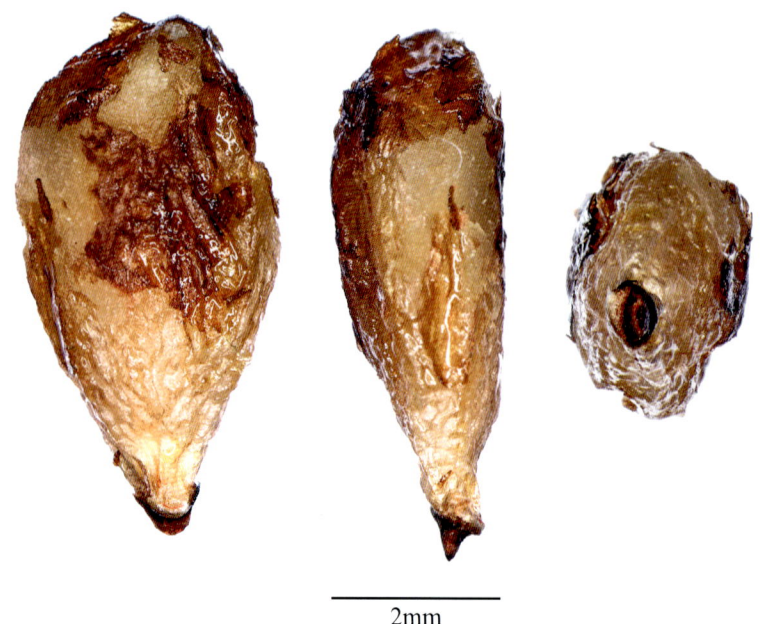

2mm

◀ 带内种皮的种子

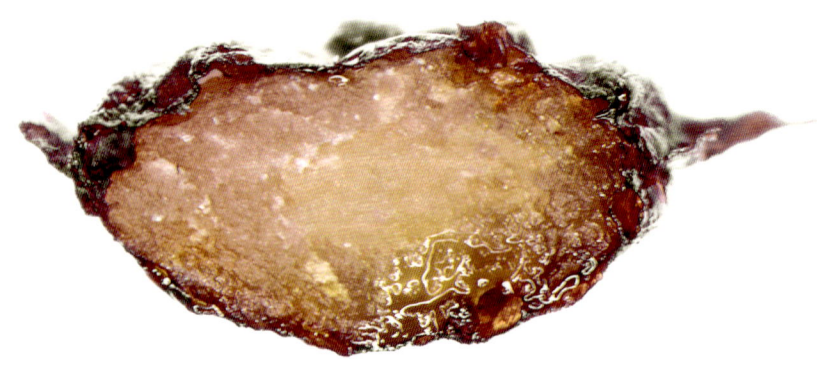

1mm

◀ 种子横切面

▶ 种子纵切面

▶ 胚

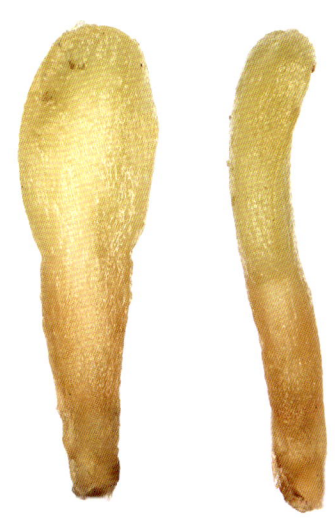

▶ 幼苗

柏科 Cupressaceae

岷江柏木
Cupressus chengiana S. Y. Hu

保护级别 二级

植株生活型
常绿乔木，高达30m，胸径1m。

分　　布
产于四川和甘肃。生于海拔1200~2900m的干燥阳坡（峡谷两侧和干旱河谷地带）。

经济价值
材质坚硬、质密、有香气，是优良的用材树种。此外，还是长江上游干旱河谷地区水土保持的重要树种和高山峡谷地区干旱河谷地带荒山造林的先锋树种之一。

科研价值
中国特有植物，对研究中国植物区系的起源与演化具有重要价值。

濒危原因
分布区狭窄；生境破坏严重；过度砍伐。

▶ 植株

花期和球果成熟期
花期4—5月，球果翌年10月成熟。

球果形态结构
近球形或椭球形；直径为1.2~2cm；黄棕色至棕褐色。种鳞4~5对；为不规则钝四边形或五边形，顶部平，中央有凸起的短尖头；黄棕色至棕褐色；木质；成熟后开裂；内含种子多粒。

传播体类型
种子。

传播方式
风力传播。

种子贮藏特性
正常型种子。在低温干燥条件下贮藏，有助于延长其寿命。

种子萌发特性
在20℃或25℃/15℃，12h/12h光照条件下，1%琼脂培养基上，萌发率均可达88%。

◀ 球果枝

▶ 球果的顶部、腹面和背面

▶ 种子集

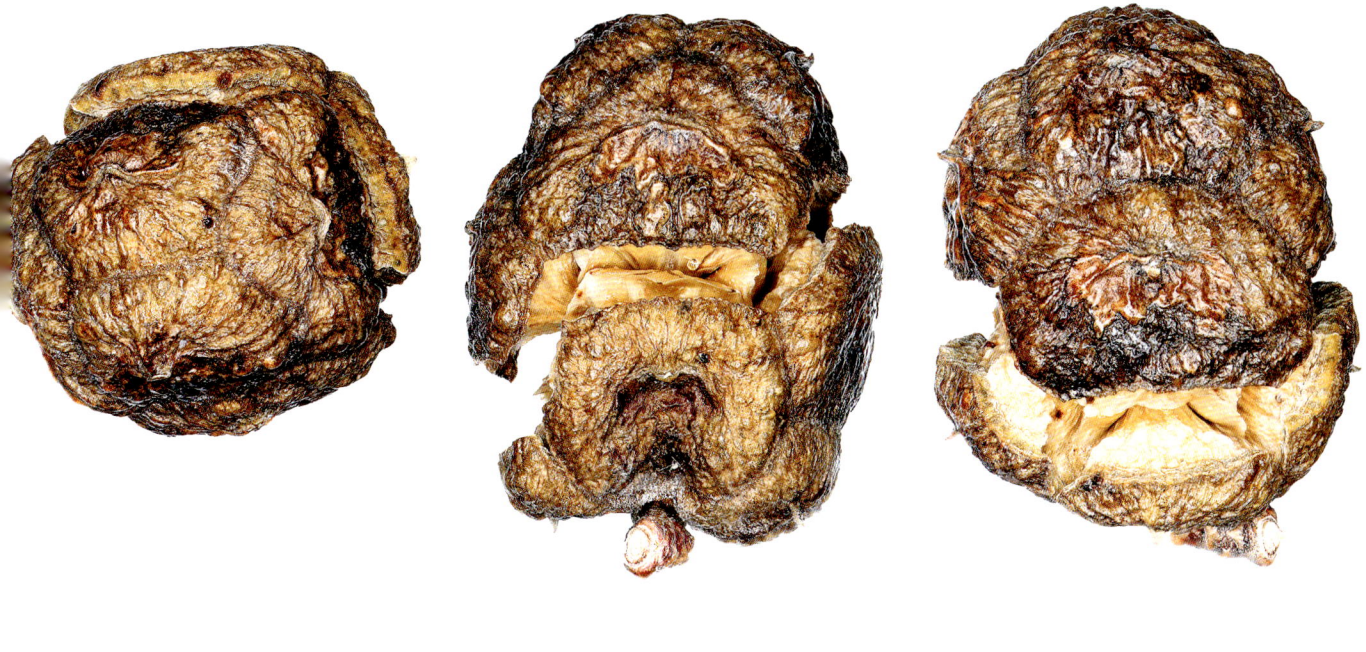

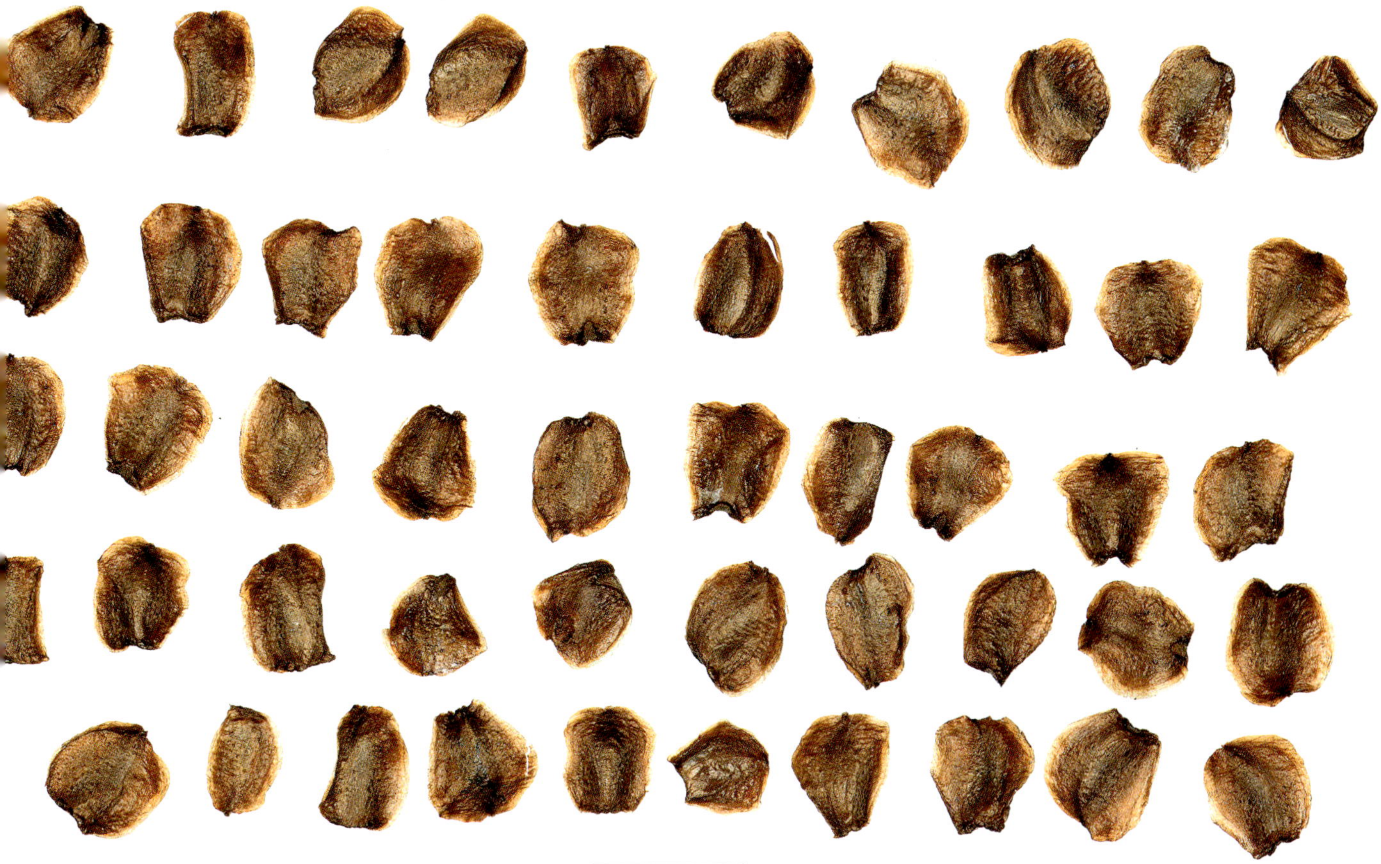

种子形态结构

种子：三棱状矩圆形；腹面稍平，背面隆起成脊；除底边外，三边都具狭翅，顶部中央具一褐色小尖头；棕色或棕褐色；长3.20~6.34mm，宽2.85~6.27mm，厚0.75~1.57mm，重0.0023~0.0060g。

种脐：椭圆形或倒卵形；黄棕色；长0.89~0.93mm，宽0.47~0.56mm；位于种子基部。

种皮：外种皮棕色或棕褐色；半胶半壳质；厚0.09~0.17mm。内种皮黄棕色；膜质；紧贴胚乳。

胚乳：含量中等；乳白色；蜡质，含油脂；包着胚。

胚：扁圆柱形；乳白色或黄色；蜡质，含油脂；长2.76~2.78mm，宽0.76~0.78mm，厚0.56~0.84mm；直生于种子中央。子叶2枚；椭圆形，平凸；乳白色；长0.92~0.98mm，宽0.76~0.82mm，厚0.29~0.47mm；并合。下胚轴和胚根扁圆柱形；乳白色或黄色；长1.72~1.82mm，宽0.58~0.64mm；朝向种子顶端。

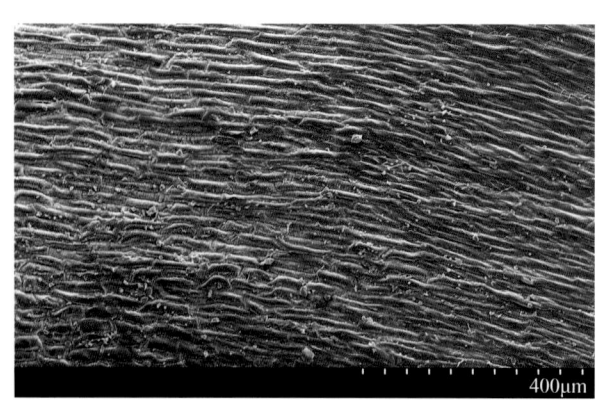

◀ 种子表面 SEM 照

▶ 种子的背面、腹面和侧面

▶ 种子 X 光照

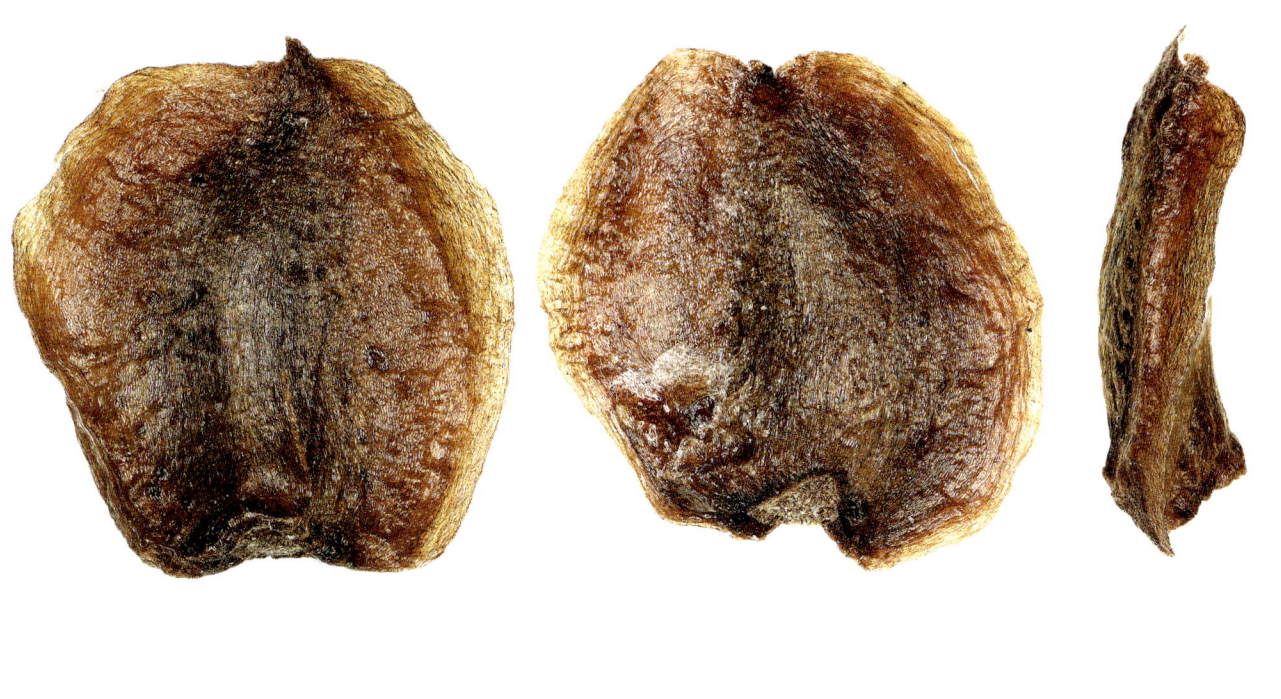

2cm

◀ 带内种皮的种子

500μm

◀ 种子横切面

500μm

▶ 种子纵切面

500μm

▶ 胚

500μm

柏科 Cupressaceae

巨柏

Cupressus gigantea W. C. Cheng & L. K. Fu

保护级别 一级

植株生活型
常绿大乔木，高25~45m，胸径1~3m，稀达6m。

分　　布
产于西藏和云南。生于海拔3000~3400m的河漫滩和石灰石露头的阶地阳坡中下部。

经济价值
优良的用材树种，也可作雅鲁藏布江下游地区的造林树种。

科研价值
中国特有植物，对研究柏科植物的系统发育和西藏植被的发生发展及环境变化具有重要价值。

濒危原因
分布区狭窄；生境破坏严重；过度砍伐。

▶ 植株

花期和球果成熟期

花期4—5月，球果翌年9—10月成熟。

球果形态结构

矩圆状球形；棕褐色，常被一层白色薄蜡；长1.6~2cm，宽1.3~1.6cm；单生于侧枝顶端。种鳞4~6对，交互对生；木质；顶部平，多呈四边形、五边形或六边形，中央有扁平喙状、凸起的尖头，基部呈盾形或多角锥形；成熟后开裂，内含种子约36粒。

传播体类型

种子。

传播方式

风力传播。

种子贮藏特性

正常型种子。低温干燥条件下贮藏有助于延长其寿命，寿命可达4年以上。

种子萌发特性

在20℃，12h/12h光照条件下，1%琼脂培养基上，萌发率可达100%。

◀ 球果枝

▶ 球果的腹面、背面、基部和顶部

▶ 种子集

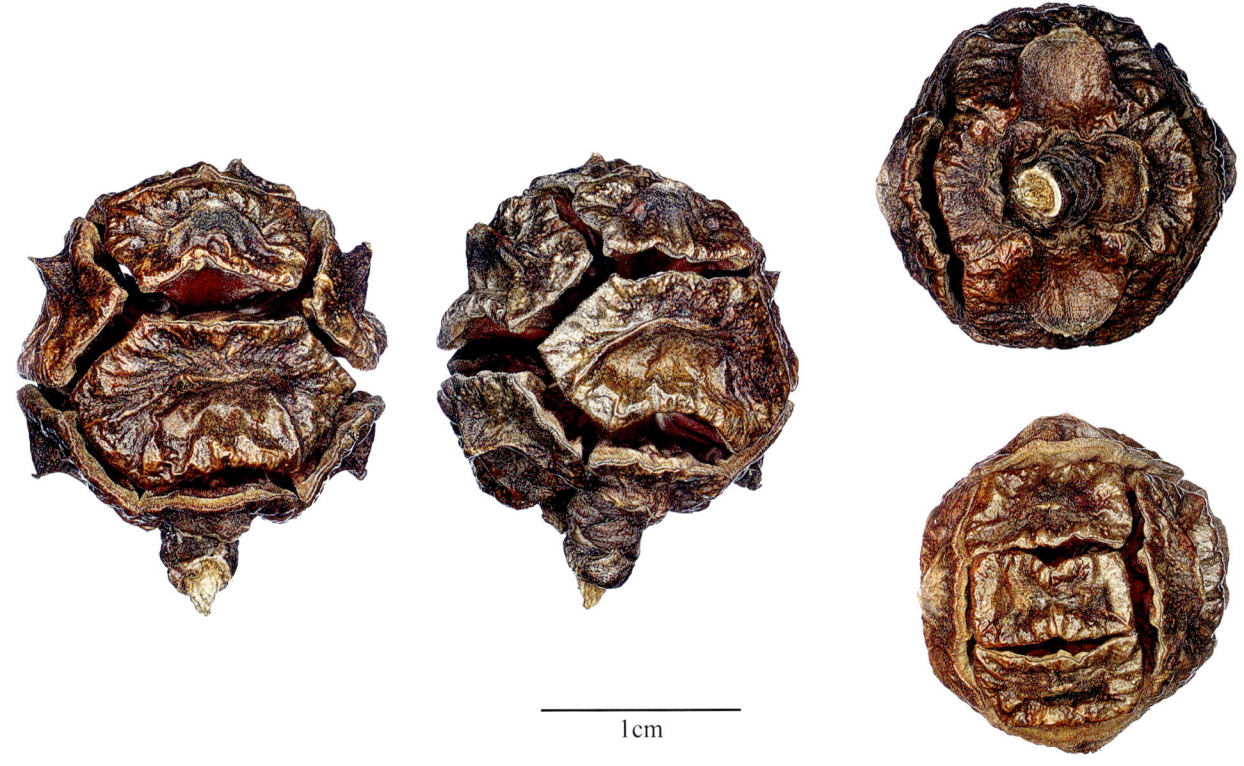

1cm

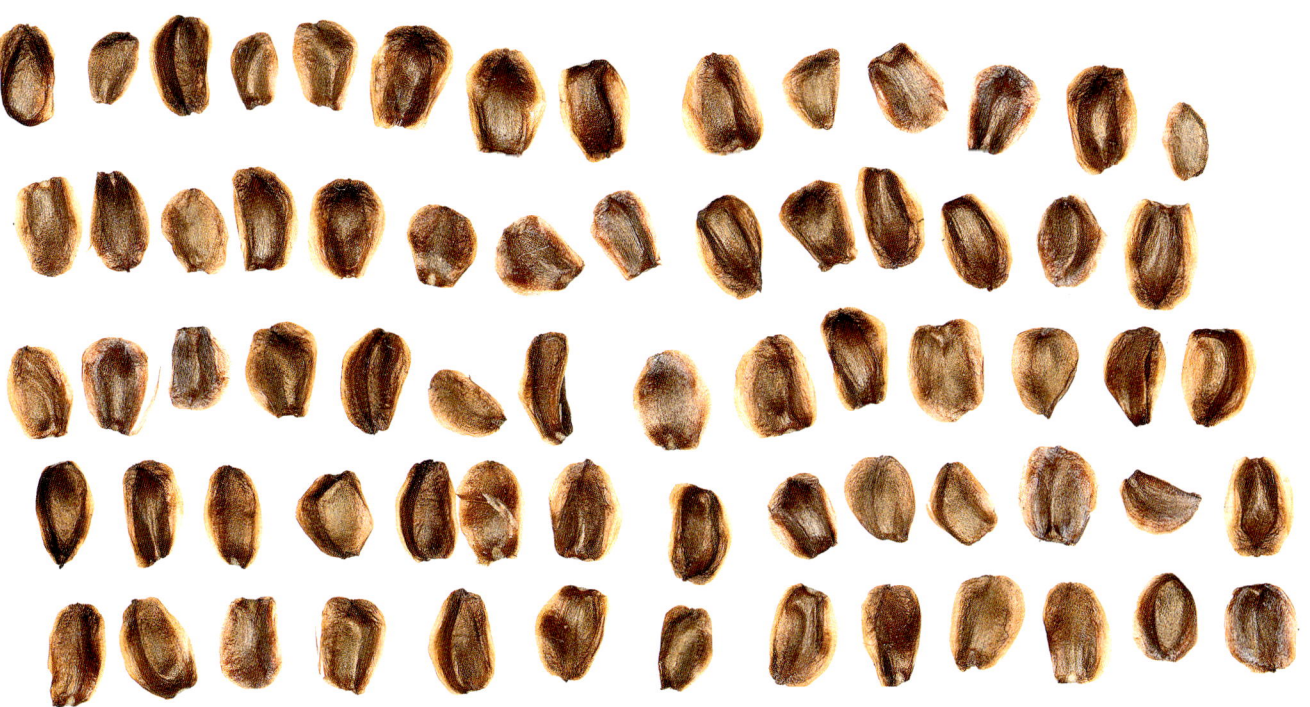

1cm

种子形态结构

种子：三棱状椭圆形、矩圆形或卵形，扁平；棕色，有光泽；两侧具膜质狭翅，背腹面中央呈脊状突起或仅单面中央呈脊状突起；长2.94~4.95mm，宽1.75~3.67mm，厚0.40~1.55mm，重0.0027~0.0064g。

种脐：圆形或椭圆形；白色或黄白色；长0.71~1.00mm，宽0.44~0.67mm；位于种子基端。

种皮：外种皮棕色；半胶半壳质；厚0.09~0.23mm。内种皮黄棕色；膜质；紧贴胚乳。

胚乳：含量中等；乳白色；蜡质，含油脂；包着胚。

胚：扁圆柱形；白色；蜡质，含油脂；长3.16~4.00mm，宽0.84mm；直生于种子中央。子叶2枚；倒卵形，平凸；乳白色；长1.29~1.50mm，宽0.80mm，厚0.22mm；并合。下胚轴及胚根扁圆柱形；长1.87~3.55mm，宽0.60mm，厚0.36mm；朝向种子顶端。

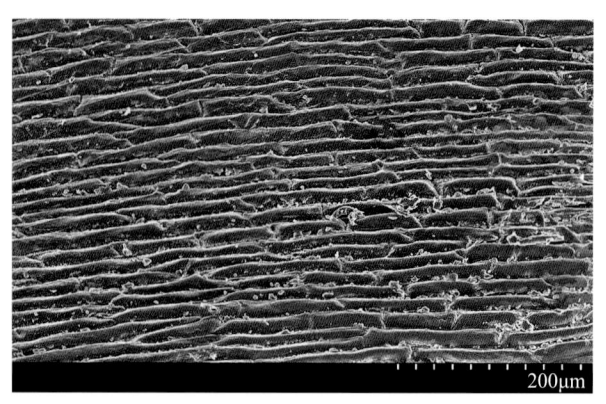

◀ 种子表面 SEM 照

▶ 种子的腹面、背面、侧面和顶部

▶ 种子 X 光照

2mm

◀ 带内种皮的种子

◀ 种子横切面

▶ 种子纵切面

1mm

▶ 胚

500μm

▶ 萌发中的种子

2mm

柏科 Cupressaceae

福建柏

Fokienia hodginsii (Dunn) A. Henry & H. H. Thomas

保护级别 二级

植株生活型
常绿乔木，高17~30m。

分　　布
产于浙江、福建、江西、湖南、广东、广西、重庆、四川、贵州和云南。生于海拔100~1800m的山地针阔混交林中。此外，越南、老挝也有分布。

经济价值
材质优良，可作房屋建筑、桥梁、土木工程及家具等用材。此外，由于适应性强、生长快、材质好、抗风能力强，可作造林树种；树形优美，树干通直，是庭园绿化的优良树种。

科研价值
单种属植物和古老孑遗植物，对研究柏科植物的系统发育具有重要价值。

濒危原因
生境破坏严重；过度砍伐。

▶ 植株

花期和球果成熟期
花期3—4月，球果翌年9—11月成熟。

球果形态结构
近球形；棕褐色，表面具白粉；直径为2~2.5cm。种鳞表面盾形，中央具一横向皱褶，并有一舌状、向下弯的突起；木质；成熟后开裂。中部种鳞具1~2粒种子。

传播体类型
种子。

传播方式
风力传播。

种子贮藏特性
正常型种子。不耐久藏。

种子萌发特性
无休眠。在25℃，8h/16h光照条件下，湿润滤纸上，萌发率为66%。

◀ 球果枝

▶ 球果的腹面、背面和顶部

▶ 种子集

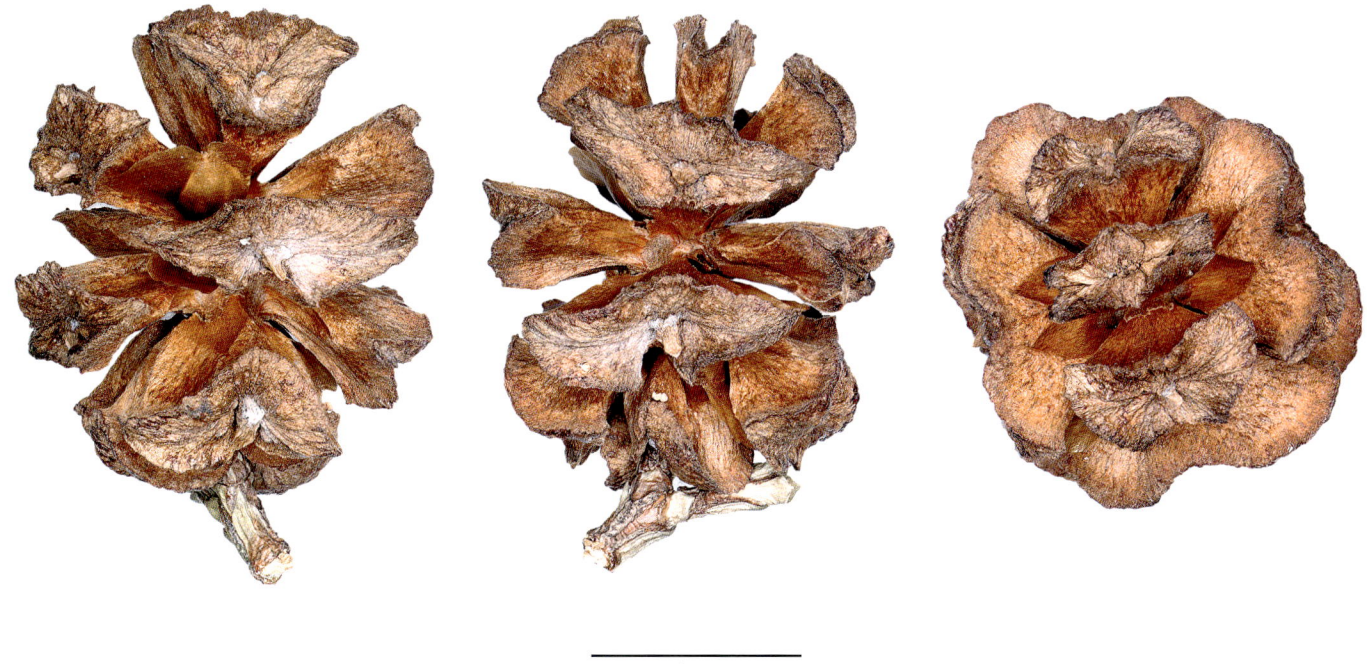

种子形态结构

种子：卵形；顶端尖，基部圆钝，背部中央隆起成脊，两侧各具一大一小两枚黄棕色膜质翅，大翅为长4~5mm、宽3~4mm的卵形、倒卵形或钝三角形，小翅为长1.5~2.5mm、宽2~3mm的窄椭圆形；棕色至褐色，具光泽；长4.84~5.70mm，宽3.06~3.81mm。

种脐：宽卵形；棕色或棕褐色；长1.76~2.44mm，宽1.60~1.93mm；位于种子基端。

种皮：外种皮棕色至褐色；壳质；厚0.06~0.31mm；背腹部内面各具两个卵形树脂囊，内含无色油状树脂。内种皮黄棕色或棕色；胶质；紧贴胚乳。

胚乳：含量中等；乳白色或浅黄色；半蜡半粉质，含油脂；包着胚。

胚：鼓槌形；乳白色；肉质，含油脂；长2.67~4.73mm，宽1.37~1.91mm；直生于种子中央。子叶2枚；乳白色；矩圆形或倒卵形；长1.00~1.80mm，宽1.29~1.67mm，厚0.24~0.33mm，平凸；并合。下胚轴和胚根圆柱形，稍扁；长2.22~2.40mm，宽0.96~1.00mm，厚0.58~0.78mm；朝向种子顶端。

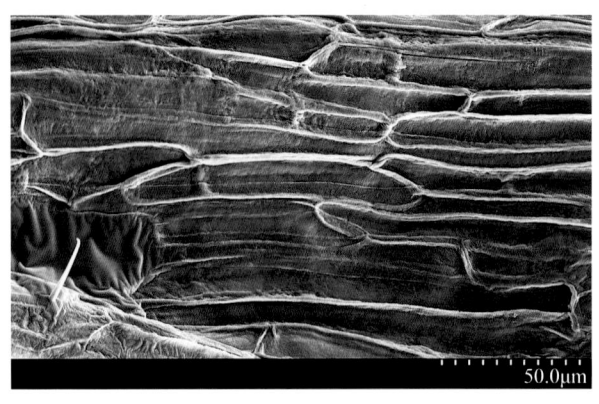

◀ 种子表面 SEM 照

▶ 种子的腹面、背面和侧面

▶ 种子 X 光照

5mm

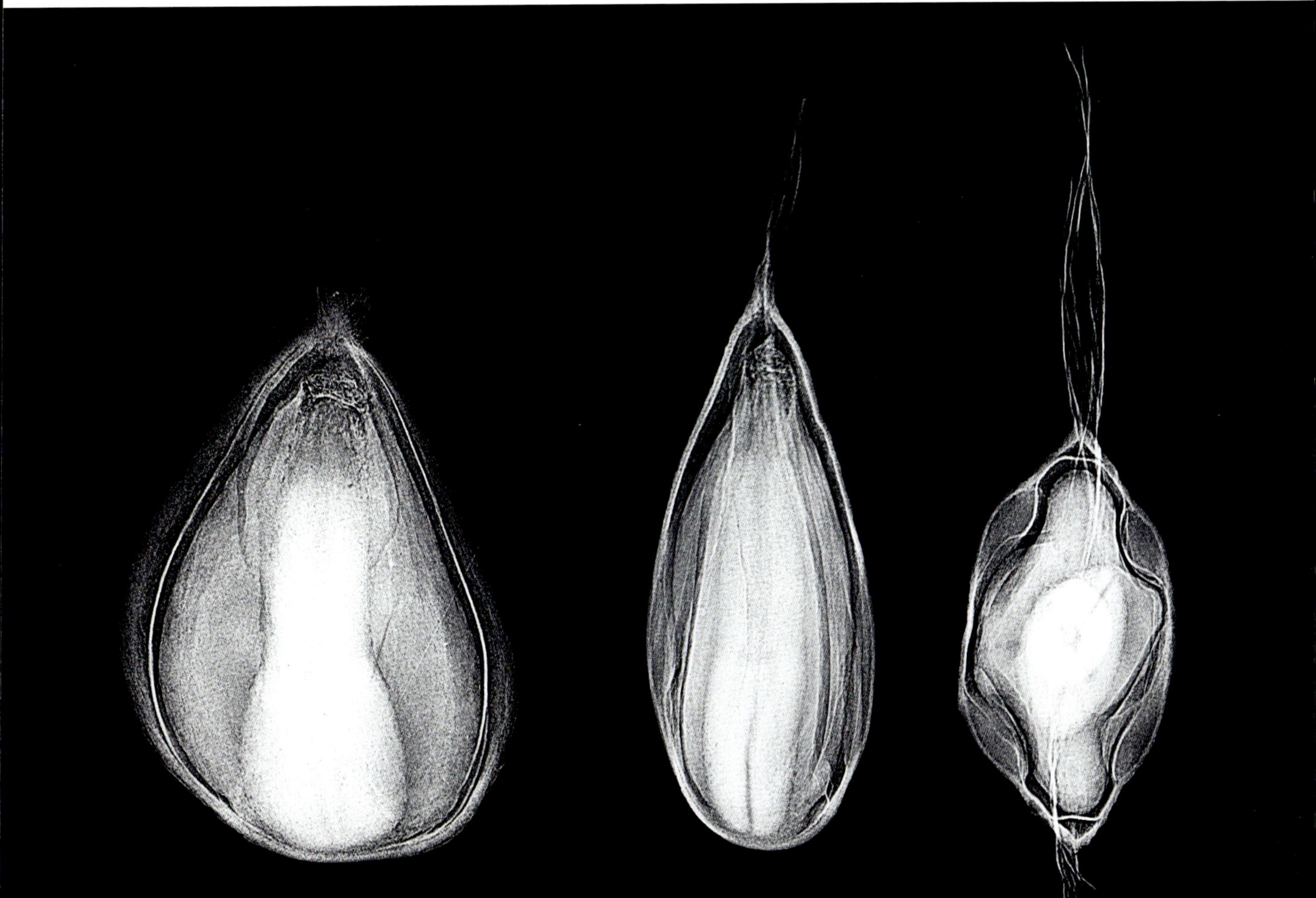

◂ 带内种皮的种子

1mm

◂ 种子纵切面

1mm

◂ 种子横切面

1mm

▶ 胚

1mm

▶ 萌发中的种子

4mm

柏科 Cupressaceae

水松

Glyptostrobus pensilis (Staunton ex D. Don) K. Koch

保护级别 一级

植株生活型
乔木，高8~20m，稀达25m。

分　　布
产于海南、福建、江西、浙江、湖南、广东、广西、四川和云南。生于河流两岸。此外，越南也曾有分布。

经济价值
既可用材，又可观赏，还可作固堤护岸和防风林的珍贵树种。此外，种鳞、树皮含鞣酸（单宁），可染渔网和提取栲胶；枝叶可入药，有化气止痛功效，能治疗风湿性关节炎、高血压和皮炎；种子含油量较高，是驱蛔和消积食的药材。

科研价值
中国特有的单种属植物，是中生代白垩纪留下的孑遗植物，有"活化石"之称，对研究柏科植物的系统发育、古植物区系、古地理及第四纪冰期气候等具有重要价值。

濒危原因
地质构造格局改变；晚第三纪气候变冷；第四纪冰期影响；生境特殊且破坏严重；过度砍伐；更新能力弱。

▶ 植株

花期和球果成熟期
花期1—3月，球果9—11月成熟。

球果形态结构
倒卵形或长椭圆形；棕褐色；长1.37~2.50cm，宽0.83~1.50cm，重0.2424~0.6345g；由20~22枚螺旋着生的种鳞组成。种鳞木质；扁平；顶端圆，中部倒卵形，基部楔形，背面近边缘处有6~10个微向外反的三角形尖齿；厚7.56~11.93mm；成熟后开裂，每片种鳞内着生种子2粒。苞鳞与种鳞几乎全部合生，仅顶端分离，呈向外反曲的三角形小尖头，位于种鳞背面的中部或中上部。球果基部具1.30~1.90cm的梗。

传播体类型
种子。

传播方式
风力传播和动物传播。

种子贮藏特性
正常型种子。在低温干燥条件下贮藏，有助于延长其寿命。

种子萌发特性
无休眠。新鲜种子在25℃，12h/12h光照条件下，1%琼脂培养基上，萌发率可达100%。

▶ 球果枝

▶ 未成熟球果的腹面、侧面和顶部

种子形态结构

种子：斜三角形，顶部斜截或长倒卵形，腹面三棱状凸起；棕色；长5.85~8.28mm，宽2.42~6.79mm，厚1.03~2.08mm；鲜重为0.05~0.06g，干重为0.0042~0.0195g。棕褐色的翅包着种子背面、一侧和腹面的1/2，并向上延伸出种子呈长2.98~8.81mm、宽1.82~3.32mm、厚0.03~0.17mm的钝三角形或长卵形顶翅，翅的表面具细纵纹。

种脐：宽椭圆形；棕色；长0.33~0.35mm；突起；位于种子一侧的近基部。

种皮：外种皮棕色；半胶半纸质；厚0.05~0.08mm。中种皮棕色；纸质；背部全包着种子，腹面仅包着种子中上部。内种皮黄棕色；膜质；紧贴胚乳，难分离。

胚乳：含量中等；乳白色或黄色；蜡质，富含油脂；包着胚。

胚：鼓槌状圆柱形；乳白色或黄色；蜡质；长5.45~6.49mm，宽1.04~1.56mm；直生于种子中央。子叶常4枚，稀5枚；三棱状指形；长1.45~2.28mm，宽0.31~0.84mm，厚0.45~0.64mm。下胚轴和胚根扁圆柱形；长3.94~5.08mm，宽1.14~1.45mm，厚0.85~0.95mm；朝向种脐。

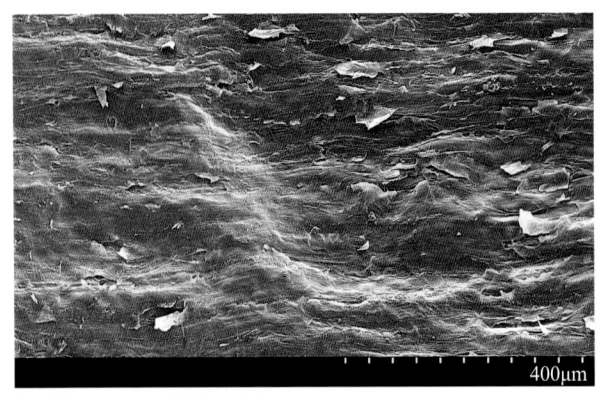

◀ 种子表面 SEM 照

▶ 种子的背面、腹面和侧面

▶ 种子 X 光照

4mm

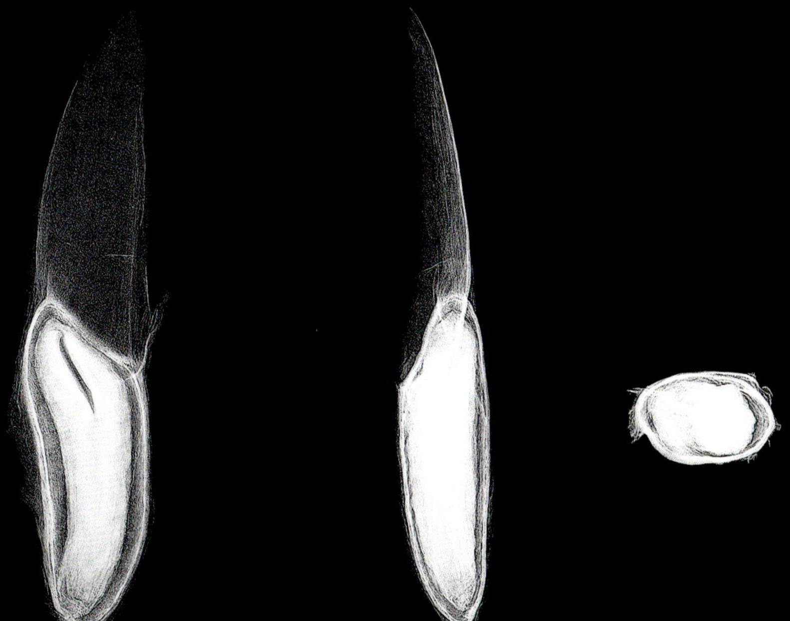

2mm

◀ 种子纵切面

1mm

◀ 种子横切面

▶ 胚

1mm

▶ 萌发中的种子

4mm

柏科 Cupressaceae

水杉
Metasequoia glyptostroboides Hu & W. C. Cheng

保护级别 二级

植株生活型
落叶乔木，高达35m，胸径2.5m。

分　　布
产于湖北、湖南和重庆。生于海拔750~1500m、气候温和、夏秋多雨、酸性黄壤地区的林中。

经济价值
既可用材，又可观赏，还可作固堤护岸和防风林的珍贵树种。

科研价值
中国特有的单种属植物，是中生代白垩纪留下的孑遗植物，有"活化石"之称，对研究柏科植物的系统发育、古植物区系、古地理及第四纪冰期气候等具有重要价值。

濒危原因
地质构造格局改变；第四纪冰期影响；亚洲季风气候发展导致的冬春季干旱加剧；分布区狭窄；生境特殊且破坏严重；过度砍伐；种子败育严重，种群天然更新困难。

▶ 植株和生境

花期和球果成熟期
花期2—5月，球果9—11月成熟。

球果形态结构
近四棱状球形或矩圆状球形；幼时绿色，成熟后为深褐色；长1.3~2.5cm，宽1.2~2.5cm；基部具2~4cm的梗。种鳞盾形；鳞顶扁菱形，中央有一条横槽，基部楔形；木质；扁平；长7~9mm；通常为11~12对，交叉对生，能育种鳞有5~9粒种子；成熟后开裂。

传播体类型
种子。

传播方式
风力传播。

种子贮藏特性
正常型种子。在低温干燥条件下贮藏，有助于延长其寿命。

种子萌发特性
萌发的适宜温度为19~28℃，最适温度为24℃。

◀ 未成熟球果

▶ 成熟球果的腹面、背面和顶部

▶ 种子集

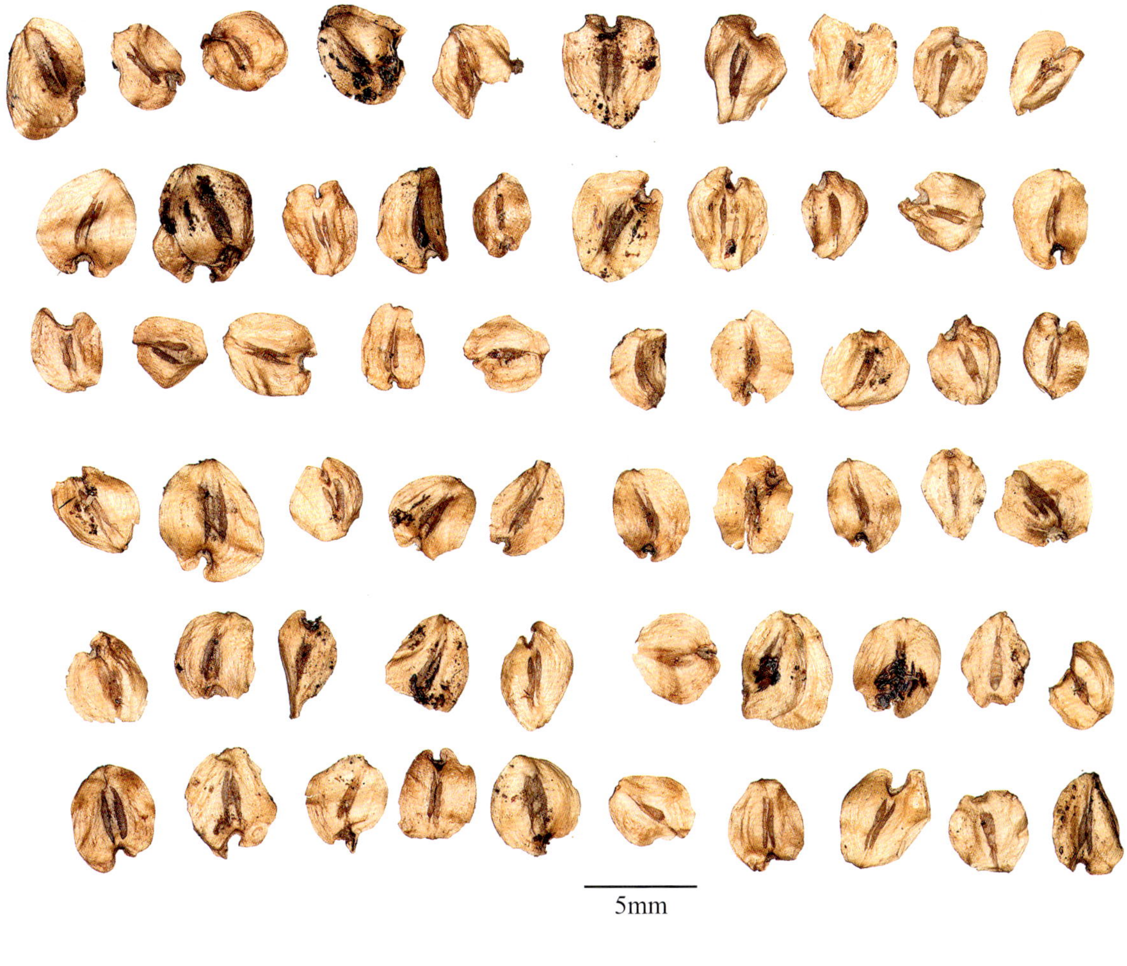

种子形态结构

种子：矩圆形；黄棕色；腹面三棱状，背面稍平，背腹面中线两侧各具一长1.90~2.40mm、宽0.40~0.75mm的棕色椭圆形树脂囊，内含白色、透明的液态树脂；除底边外，其余三边都具黄棕色壳质翅，顶部中央凹陷呈圆形，其下有一圆形或宽椭圆形、灰棕色疤痕。种子长4.80~6.00mm，宽4.10~5.00mm，厚1.03~2.08mm，鲜重为0.05~0.06g，干重为0.0096~0.0195g。

种脐：宽椭圆形；黄白色；长0.07~0.11mm，宽0.11~0.35mm；突起；位于种子基端。

种皮：外种皮黄棕色；半胶半纸质；厚0.05~0.08mm。内种皮棕褐色；膜质；紧贴胚乳。

胚乳：含量中等；乳白色；半蜡半粉质，含油脂；包着胚。

胚：圆柱形，顶部斜截；乳白色或黄色；蜡质，含油脂；长2.61~2.68mm，宽0.70~0.73mm，厚0.71~0.77mm；直生于种子中央。子叶2枚；斜卵形，平凸；长1.03~1.06mm，宽0.70~0.73mm，厚0.33~0.47mm。胚芽圆锥形；乳黄色；长0.11mm，宽0.11mm；位于子叶中间。下胚轴和胚根扁圆柱形，稍弯，基端平截；长1.55~1.62mm，宽0.58~0.69mm，厚0.47~0.53mm；朝向种脐。

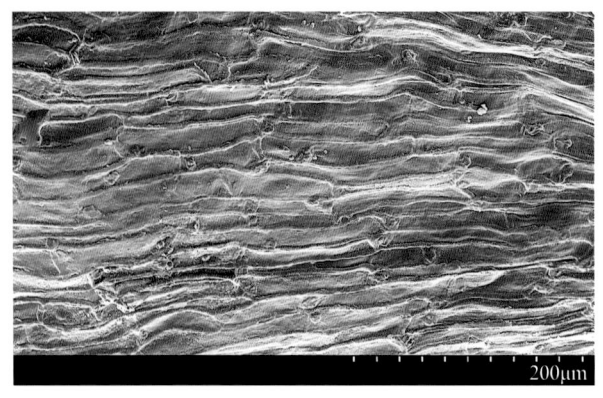

◀ 种子表面 SEM 照

▶ 种子的背面、腹面、基部和侧面

▶ 种子 X 光照

◀ 带内种皮的种子

1mm

◀ 去除种皮的种子

1mm

▶ 种子横切面

1mm

▶ 胚

500μm

柏科 Cupressaceae

台湾杉（秃杉）
Taiwania cryptomerioides **Hayata**

保护级别  二级

植株生活型
常绿乔木，高60~75m，胸径2~3m。

分　　布
产于福建、湖北、重庆、贵州、四川、云南、西藏和台湾。生于海拔500~2700m的山地沟谷林中。

经济价值
优良的用材树种、速生造林树种和庭园观赏树种。

科研价值
中国特有种，是第三纪古热带植物区孑遗植物和单种属植物，对研究裸子植物系统发育、古植物区系、古地理及第四纪冰期气候具有重要价值。

濒危原因
地质构造格局改变；晚第三纪气候变冷；第四纪冰期影响；生境特殊；过度砍伐；天然更新困难。

▶ 植株和生境

花期和球果成熟期

花期3—5月，球果10—11月成熟。

球果形态结构

卵形或短圆柱形；新鲜时长11.81~19.40mm，宽5.28~8.12mm，厚5.15~7.82mm，重0.1219~0.4933g。种鳞扁平；革质，顶部边缘膜质；上部宽圆，基部楔形；顶端中央具突起的小尖头，背面顶端下方有不明显圆形腺点；成熟后开裂，每片发育种鳞具2枚种子。

传播体类型

种子。

传播方式

风力传播。

种子贮藏特性

正常型种子。在低温干燥条件下贮藏，寿命可达3年以上。

种子萌发特性

在20℃，12h/12h光照条件下，1%琼脂培养基上，萌发率为70%。

◀ 球果枝

▶ 未成熟球果的背面、腹面和顶部

▶ 种子集

5mm

1cm

种子形态结构

种子：椭圆形、矩圆形或倒卵形；黄棕色；腹平背拱；四周具宽0.50~1.14mm的膜质翅，翅的顶部和基部中央向内凹陷，两侧或一侧翅的中部或中上部也有一凹缺，顶部缺口下还有一倒卵形或三角形的棕色或褐色斑块。种子长3.54~7.17mm，宽2.31~4.66mm，厚0.33~1.04mm，重0.0008~0.0026g。

种脐：宽椭圆形；黄棕色；长0.13mm，宽0.12mm；位于种子基端凹缺处。

种皮：外种皮黄棕色；膜质。内种皮黄棕色，具褐色纵线纹；膜质。

胚乳：含量中等；乳白色；半蜡半粉质；包着胚。

胚：长倒卵形；乳白色或黄色；蜡质；长2.63~2.73mm，宽0.80~0.83mm，厚0.37mm；直生于种子中央。子叶2枚；卵形，扁平；黄色；长1.08~1.27mm，宽0.69~0.79mm，厚0.11~0.20mm；并合。下胚轴扁柱形；乳白色或黄色；长1.22~1.54mm，宽0.63~0.67mm，厚0.27~0.38mm；朝向种子顶端。

▶ **种子的背面、腹面和侧面**

▶ **种子 X 光照**

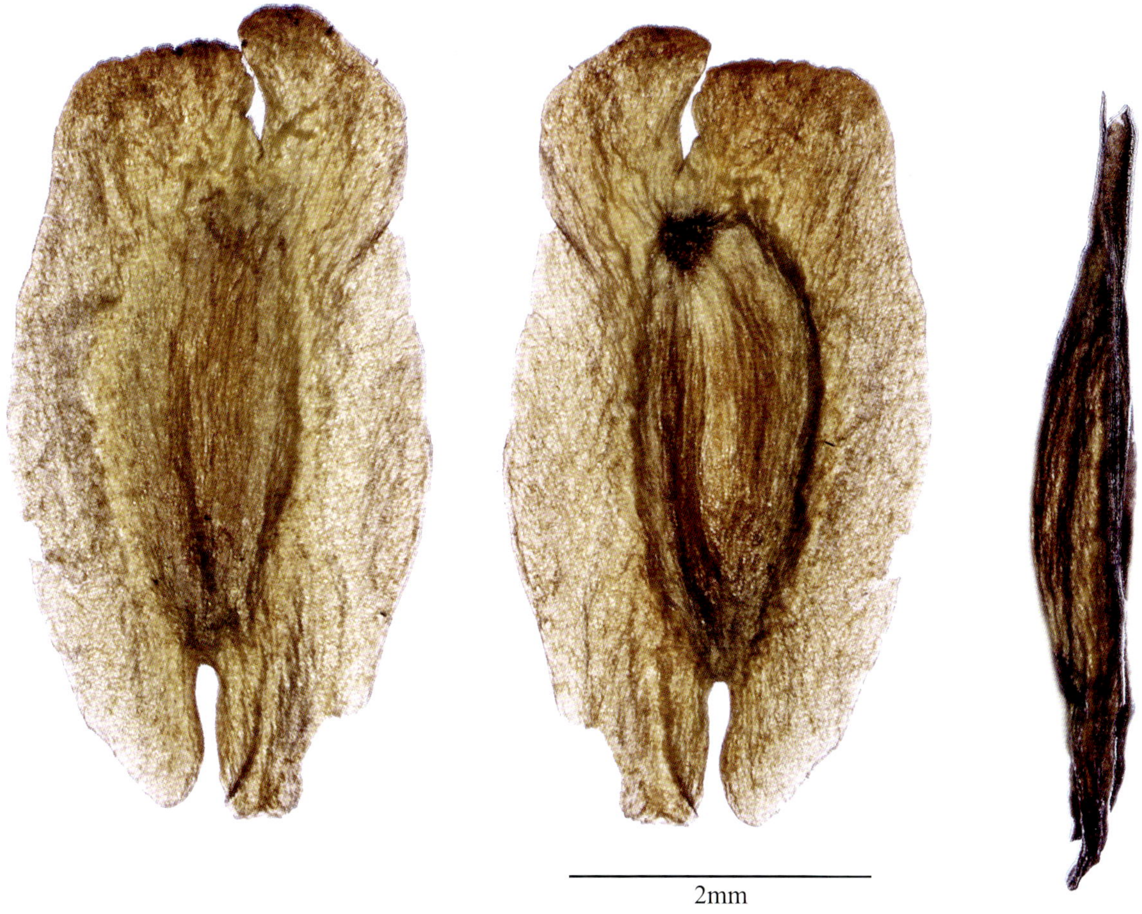

2mm

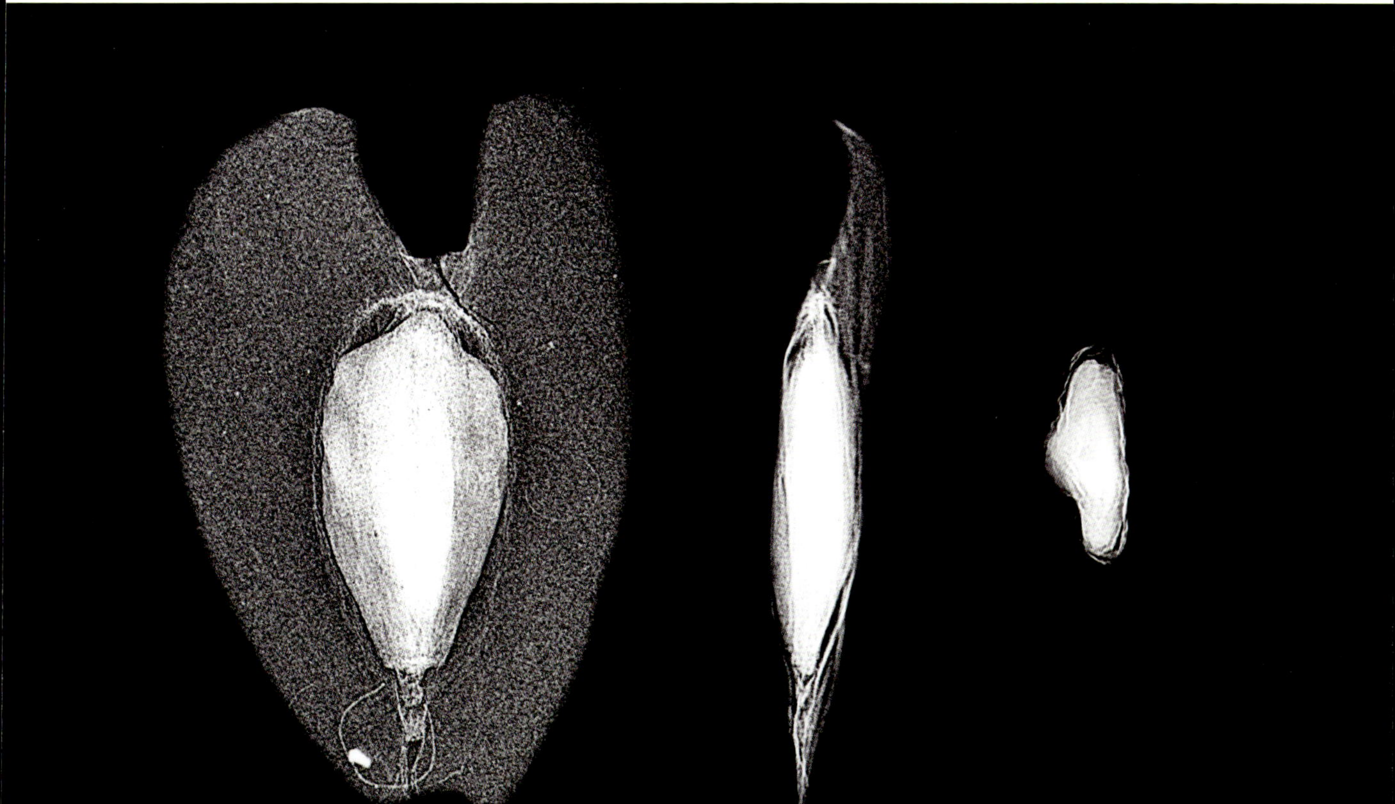

◀ 带内种皮的种子

1mm

◀ 种子横切面

1mm

▶ 种子纵切面

1mm

▶ 胚

1mm

红豆杉科 Taxaceae

云南穗花杉
***Amentotaxus yunnanensis* H. L. Li**

保护级别 二级

植株生活型
常绿乔木，高10~20m，胸径25cm。

分　　布
产于云南、广西、贵州等。生于海拔1000~1600m的石灰岩山地针阔混交林中。此外，越南和老挝也有分布。

经济价值
材质优良，可作建筑、家具、农具及雕刻等用材。此外，为名贵观赏树种；种子可榨油。

科研价值
中国特有的中生代残余植物，对研究裸子植物系统发育、古植物区系、古地理具有重要价值。

濒危原因
分布区狭窄；生境特殊且破坏严重；过度砍伐；自然繁殖能力弱。

▶ 植株

花期和种子成熟期
花期4—5月,球果翌年9—10月成熟。

传播体类型
种子。

传播方式
动物传播。

种子贮藏特性
不耐在干燥条件下久藏,宜随采随播或短期沙藏。

种子萌发特性
具深度休眠。

▶ 带假种皮的种子

▶ 种子集

2cm

种子形态结构

种子：椭球形；表面多具棕色短线纹，顶端具圆锥状尖头，自尖头基部向下有8~10条纵向浅沟，少数可达基部；黄白色、黄棕色或棕色；长1.89~2.92cm，宽0.89~1.25cm；包于红色、微被白粉的肉质假种皮中，仅顶端尖头露出。假种皮带种子长1.80~3.30cm，宽0.80~1.50cm，厚0.79~1.23cm，重0.3785~1.9224g；基部苞片宿存，背有棱脊。

种脐：圆锥状突起；直径为14~19mm；位于种子基端。

种皮：外种皮黄白色、黄棕色或棕色；壳质；厚0.22~0.37mm。内种皮黄白色；膜质；紧贴外种皮内表面。

胚乳：含量丰富；黄白色或黄色；粉质；硬；包着胚。

胚：椭圆形；白色；蜡质，含油脂；未分化的胚长0.22~0.28mm，宽0.16~0.18mm，而已分化的胚长6mm，具长2mm、宽0.4mm的2枚子叶，以及4mm长的下胚轴、胚根和胚柄；直生于种子中上部中央。

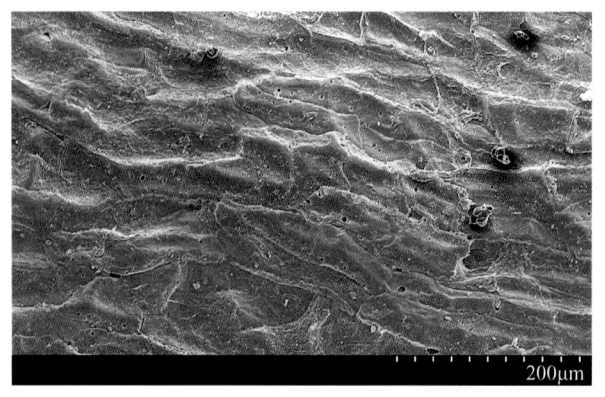

◀ 种子表面 SEM 照

▶ 种子的背面、腹面和顶部

▶ 种子 X 光照

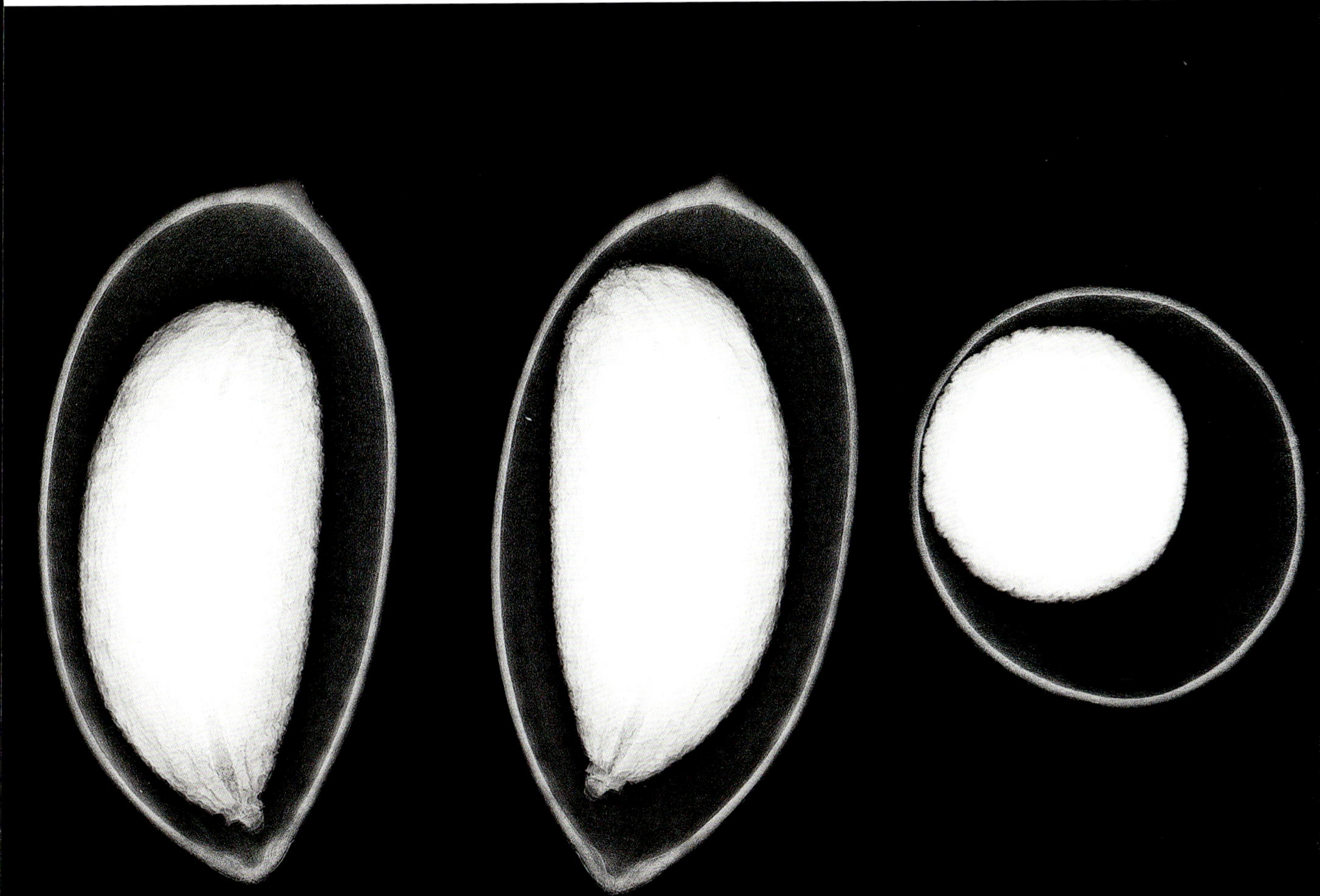

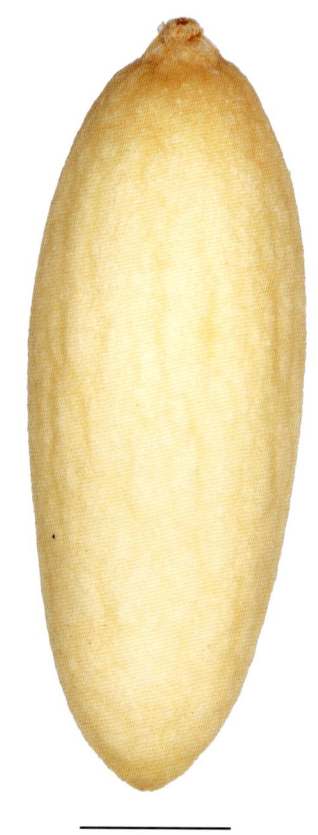

4mm

◀ 去除种皮的种子

5mm

◀ 种子横切面

▶ 种子纵切面

5mm

▶ 胚与胚柄

500μm

红豆杉科 Taxaceae

篦子三尖杉
***Cephalotaxus oliveri* Mast.**

植株生活型
灌木，高达4m。

分　　布
产于江西、广东、广西、湖北、湖南、重庆、四川、贵州和云南。生于海拔300~1200m的林中。此外，越南也有分布。

经济价值
优良用材和名贵观赏树种；其枝、叶、根还可提炼生物碱，对治疗白血病及恶性淋巴瘤有疗效。

科研价值
篦子三尖杉组的唯一物种，对研究三尖杉属的系统发育具有重要价值。

濒危原因
生境特殊且破坏严重；过度砍伐；结实率低，种子休眠期长，导致种群天然更新困难。

▶ 植株

保护级别 二级

花期和种子成熟期
花期3—4月,种子8—10月成熟。

传播体类型
种子。

传播方式
动物传播。

种子贮藏特性
不耐在干燥条件下久藏,宜随采随播或短期沙藏。

种子萌发特性
具形态生理休眠。新鲜种子去除假种皮,然后在室温沙藏至翌年4月播种,萌发率为89%。另外,低温层积有助于打破种子休眠。

◀ 种子枝

▶ 带假种皮的干燥种子的侧面、背面和基部

▶ 带假种皮的种子集

种子形态结构

种子：椭球形，顶端具长0.73~0.93mm、宽0.73~2.00mm的尖头状残存花柱；棕色至棕褐色；长1.56~2.73cm，宽0.95~1.27cm，厚0.92~1.27cm，重0.4609~0.8824g；包于由珠托发育而成的棕色、肉质假种皮中。假种皮干后为棕色或棕褐色；胶质；内具密集的纵向树脂道，其内含浅黄色、透明、油状树脂。

种脐：椭圆形；黄棕色；长0.78~1.44mm，宽0.78~0.93mm；位于种子基端。

种皮：外种皮壳质；棕色至棕褐色；厚0.31~0.44mm。内种皮棕色；膜质；表面具棕褐色腺点。

胚乳：含量丰富；乳白色；肉质，富含油脂；包着胚。

胚：长椭圆形，扁平；乳白色或乳黄色；半肉半蜡质；长4.27~4.65mm，宽1.09~1.30mm，厚1.10mm；直生于种子中央。子叶2枚；卵形，平凸；长1.11mm，宽0.82~0.97mm，厚0.24mm；并合。下胚轴和胚根圆柱形，扁平；长3.33mm，宽1.30mm，厚0.40mm；朝向种子顶端；基部具一根长1.04mm、宽0.53mm、带状的白色宿存胚柄。

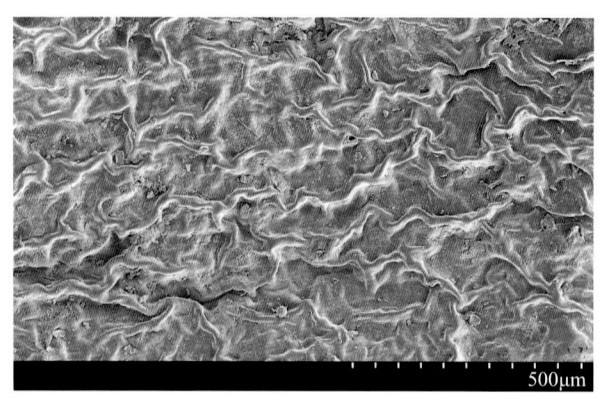

◀ 种子表面 SEM 照

▶ 种子的背面、侧面、基部和顶部

▶ 带假种皮的种子 X 光照

◀ 带内种皮的种子

4mm

◀ 种子横切面

4mm

▶ 种子纵切面

4mm

▶ 胚

1mm

红豆杉科 Taxaceae

东北红豆杉
***Taxus cuspidata* Siebold & Zucc.**

保护级别 二级

植株生活型
常绿乔木，高达20m，胸径40~100cm。

分　　布
产于黑龙江、吉林、辽宁和陕西。生于海拔400~1000m的针阔混交林中。此外，俄罗斯、朝鲜半岛和日本也有分布。

经济价值
是东北及华北地区的庭园树种和造林树种。此外，材质优良，可作建筑、家具、器具、文具、雕刻、箱板等用材；心材可提取红色染料；种子可榨油；木材、枝叶、树根、树皮能提取紫杉素，治疗糖尿病。

濒危原因
分布区狭窄；生境破坏严重；过度砍伐。

▶ 植株

花期和种子成熟期
花期4—6月,种子9—10月成熟。

传播体类型
种子。

传播方式
动物传播。

种子贮藏特性
正常型种子。寿命稍短,沙藏效果好。

种子萌发特性
具形态生理休眠。干燥低温贮藏1.3年的种子在5℃层积28d,然后于20℃/10℃层积210d,再在5℃,12h/12h光照条件下,1%琼脂培养基上,萌发率为58%。

▶ 带假种皮的种子

▶ 干燥种子集

种子形态结构

种子：卵形或宽卵形，顶端尖而基部平截，具明显或不明显的侧棱；棕褐色或褐色；长5.06~6.33mm，宽3.80~5.36mm，厚3.64~4.60mm，重0.0357~0.0606g；包于红色杯状肉质假种皮中，顶端外露。

种脐：圆形；长1.97~3.09mm，宽1.27~2.29mm；位于种子基部。

种皮：外种皮棕褐色或褐色；胶质；厚0.07mm；其下具一层厚0.04mm紫红色的树脂颗粒。中种皮黄白色；壳质，厚0.22~0.27mm。内种皮黄色或浅黄棕色，表面具黄棕色纵条纹和白色膜片；胶质。

胚乳：含量丰富；白色；肉质，富含油脂；包着胚。

胚：长椭圆形；乳白色；肉质，含油脂；长1.31~2.14mm，宽0.33~0.73mm，厚0.27~0.47mm；直生于种子中部中央，背面与胚乳存在胚腔。子叶2枚；卵形；长0.31~0.58mm，宽0.20~0.24mm，厚0.13~0.19mm；并合。下胚轴及胚根扁圆柱形；长1.58mm，宽0.42~0.78mm，厚0.33~0.40mm；朝向种子顶端；基部具一根白色的线状宿存胚柄。

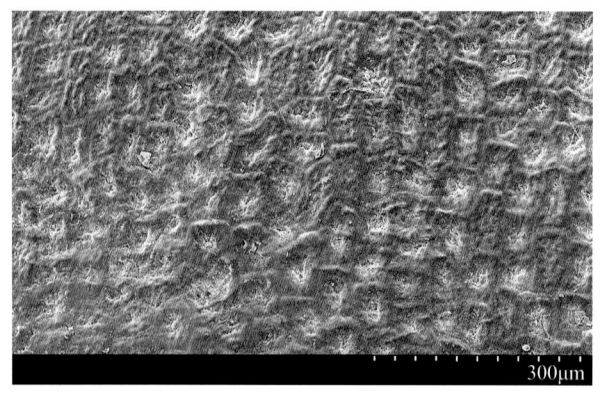

◀ 种子表面 SEM 照

▶ 种子的背面、侧面和顶部

▶ 种子 X 光照

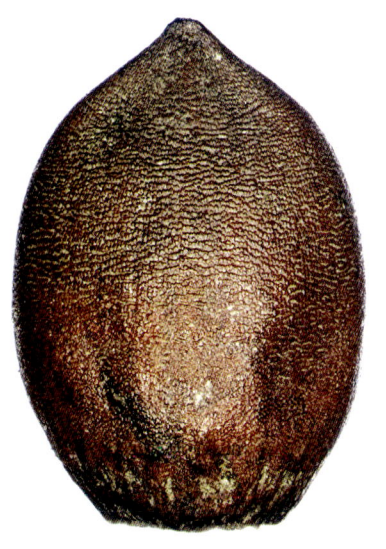  

2mm

◀ 带内种皮的种子

1cm

◀ 种子纵切面

2mm

◀ 种子横切面

2mm

▶ 胚

500μm

▶ 幼苗

1cm

红豆杉科 Taxaceae

西藏红豆杉
Taxus wallichiana Zucc.

保护级别  一级

植株生活型
乔木或大灌木。

分　　布
产于西藏、四川、云南、贵州、湖南、湖北、陕西、甘肃、河南、安徽、江西、浙江、福建、广东、广西和台湾。生于海拔2500~3000m地带。此外，阿富汗至喜马拉雅山区东段也有分布。

经济价值
材质优良，可作建筑、桥梁、家具、器具、车辆等用材，也可作产区的造林树种。

科研价值
中国分布区和资源蕴藏量都较小的植物种类之一。

濒危原因
分布区狭窄；生境破坏严重；过度砍伐和利用。

▶ 植株

花期和种子成熟期

花期4—5月,种子9—10月成熟。

传播体类型

种子。

传播方式

动物传播。

种子贮藏特性

正常型种子。寿命稍短,沙藏效果好。

种子萌发特性

具形态生理休眠。

◀ 带假种皮的种子

▶ 干燥种子集

5mm

种子形态结构

种子：卵形；顶端尖而基部平截，两侧多具两棱，偶为三棱；黄棕色、棕色或棕褐色；长5.27~7.04mm，宽4.33~6.22mm，厚3.20~4.75mm，重0.0516~0.0818g；半包于红色、肉质、杯状假种皮中。

种脐：宽椭圆形或钝三角形；黄白色或棕色；四周稍凹，中央隆起，边缘具黄色突起的脐晕；长2.37~3.88mm，宽1.53~3.42mm；位于种子基部。

种皮：外种皮黄棕色、棕色或棕褐色；胶质；厚0.03~0.04mm；其下具一层厚0.02mm的棕色颗粒状树脂层。中种皮棕色；壳质；厚0.31~0.36mm。内种皮黄棕色，表面具短棕色纵条纹和白色膜片；胶质；厚0.01~0.02mm；紧贴胚乳。

胚乳：含量丰富；乳白色；肉质，富含油脂；包着胚。

胚：椭圆形；肉质，含油脂；长1.67~2.54mm，宽0.51~0.89mm，厚0.36~0.44mm；直生于种子中部中央，背面两侧与胚乳之间存在胚腔。子叶2枚；乳黄色或黄绿色；三棱状卵形，平凸；长0.38~0.62mm，宽0.22~0.47mm，厚0.24~0.36mm；并合。下胚轴和胚根圆锥形或椭圆形；乳白色或黄绿色；长1.56~1.58mm，宽0.82~0.84mm，厚0.36~0.44mm；朝向种子顶端；基部具一根白色的薄带状宿存胚柄。

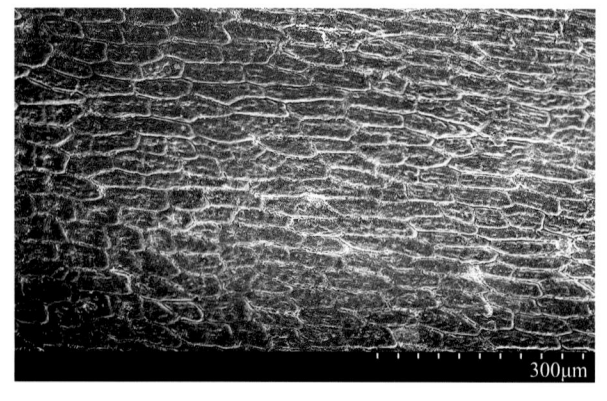

◀ 种子表面 SEM 照

▶ 种子的背面、侧面、基部和顶部

▶ 种子 X 光照

2mm

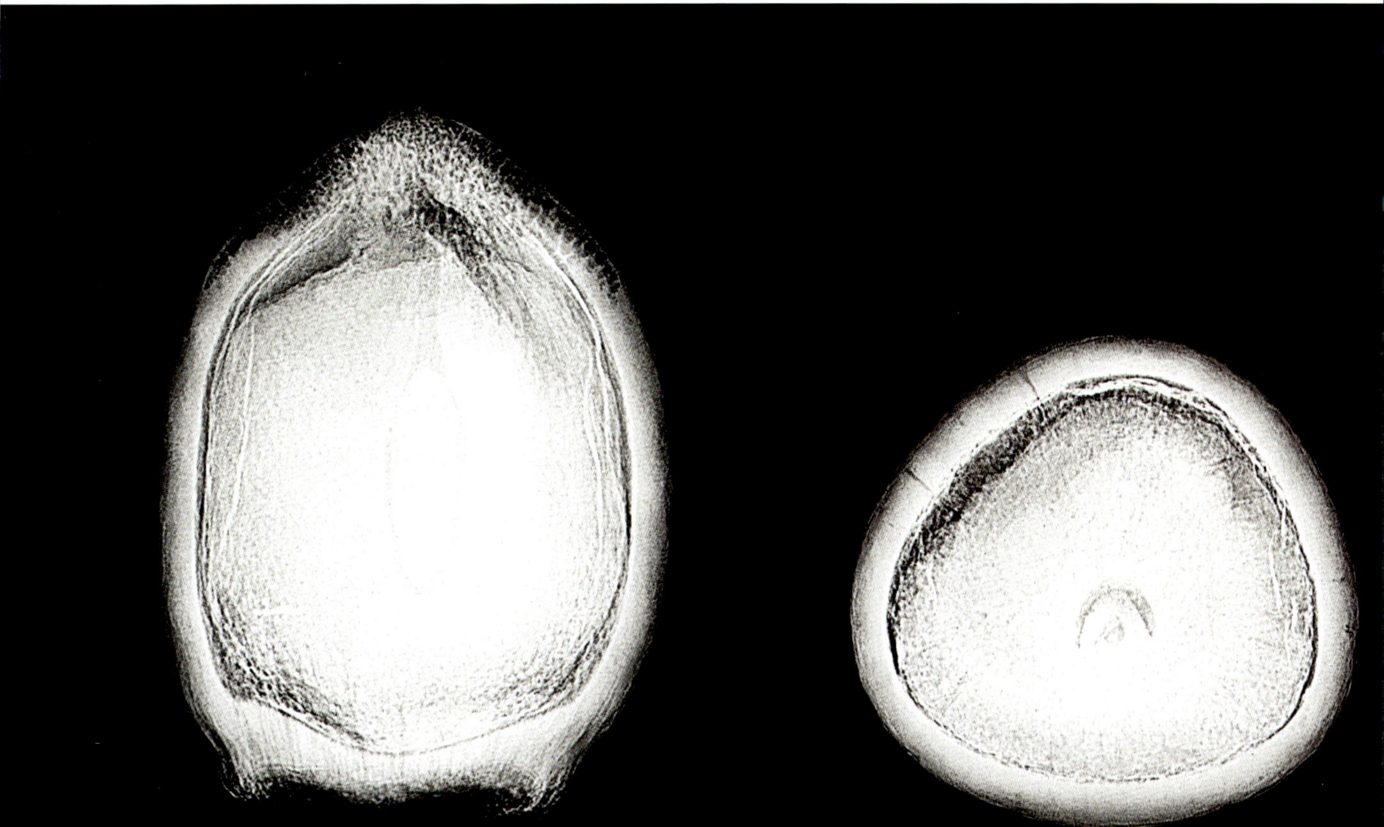

◀ 种子纵切面

2mm

◀ 种子横切面

2mm

▶ 胚

500μm

▶ 萌发中的种子

2mm

红豆杉科 Taxaceae

榧

***Torreya grandis* Fortune ex Lindl.**

植株生活型
常绿乔木，高达30m，胸径达55cm。

分　　布
产于浙江、安徽、江苏、福建、江西、湖北、湖南和贵州。生于海拔1400m以下的混交林中。

经济价值
材质优良，可作建筑、造船、家具等用材。此外，种子为干果"香榧"，亦可榨食用油；假种皮可提炼芳香油。

科研价值
中国特有植物和孑遗植物，对研究中国植物区系具有重要价值。

濒危原因
第四纪冰期影响；生境特殊且破坏严重；过度砍伐和采摘种子。

保护级别 二级

▶ 植株

花期和种子成熟期

花期3—4月，种子翌年10月成熟。

传播体类型

种子。

传播方式

动物传播。

种子贮藏特性

不耐久藏。

种子萌发特性

于10月在室外混合湿沙层积催芽，150d后，萌发率可达88%。

◀ 种子枝

▶ 带假种皮的种子的侧面、背面、顶部和基部

▶ 种子集

1cm

4cm

种子形态结构

种子：卵形，顶端稍尖；表面具纵棱和浅的纵沟；黄棕色、棕色或棕褐色；长2.12~3.00cm，宽1.73~2.34cm，厚1.64~2.24cm，重1.8658~3.7715g；全包于肉质假种皮中。假种皮未成熟时为绿色，成熟后为棕红色；表面被白粉；基部具宿存苞片。

种脐：宽梭形；棕色；长1.14~1.82cm，宽0.68~1.19cm；位于种子基端。

种皮：外种皮黄棕色至棕褐色；壳质；厚0.46~1.24mm；在基部脐的两侧生有2~3个黄色、横椭圆形、长1.96~5.86mm、宽1.00~3.09mm的框眼。内种皮黄棕色或紫褐色，表面凹凸不平，不规则嵌入胚乳中。

胚乳：含量丰富；乳白色或黄色；蜡质；包着胚。

胚：倒卵形，稍扭转或稍弯曲；乳白色或黄色；长1.93~2.00mm，宽0.68mm，厚0.43mm；直生于种子中央；与胚乳之间存在胚腔。子叶2枚；三棱状卵形；长0.25mm，宽0.35mm，厚0.40mm；分离。下胚轴和胚根为扁圆柱形；长1.68mm，宽0.53mm，厚0.43mm；朝向种脐；基部具一根宿存的白色的泡沫状胚柄。

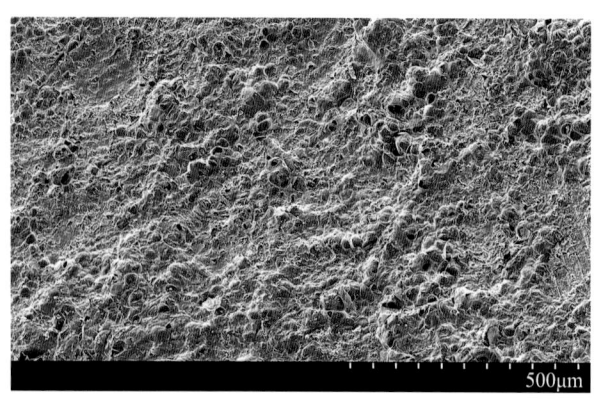

◀ 种子表面 SEM 照

▶ 种子的背面、侧面和基部

▶ 种子 X 光照

1cm

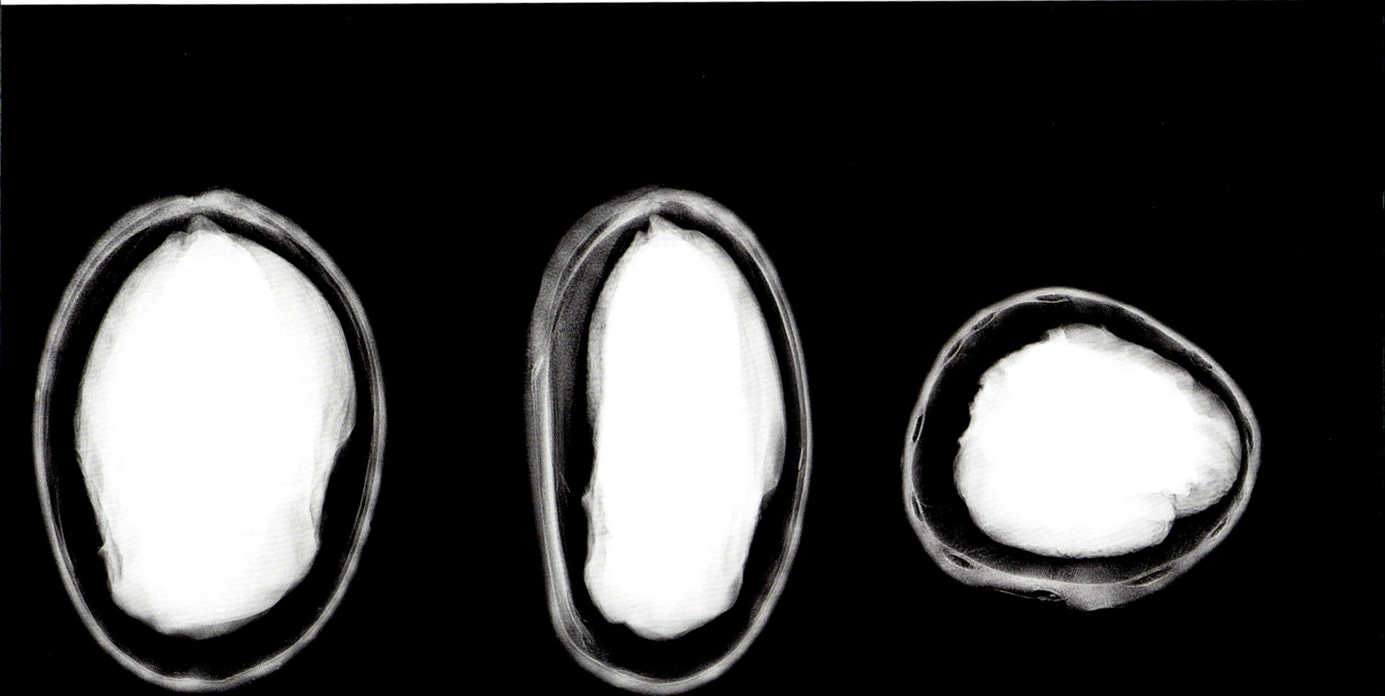

◀ 带内种皮的种子

5mm

◀ 种子横切面

1cm

▶ 种子纵切面

1cm

▶ 胚

500μm

松科 Pinaceae

秦岭冷杉
Abies chensiensis Tiegh.

保护级别 二级

植株生活型
乔木，高达50m。

分　　布
产于甘肃、河南、湖北、陕西、四川、重庆、云南和西藏。零星生于海拔2300~3000m地带的山沟溪旁和阴坡。此外，喜马拉雅山区东段也有分布。

经济价值
重要用材树种，木材较轻软，纹理直，可作建筑等用材。此外，还是优良的庭园绿化树种和生态恢复树种；树皮和叶可提取冷杉油、制精油等。

科研价值
中国特有植物，对研究中国植物区系的起源与演化具有重要价值。

濒危原因
分布区缩小；过度砍伐；植株结实性差，种子易遭鼠类啃食，导致种群天然更新较差。

▶ 植株

花期和球果成熟期
花期5—6月，球果9—10月成熟。

球果形态结构
圆柱状椭球形；幼时绿色，成熟后为褐色；长5.70~12.40cm，宽2.74~4.76cm，重9.34~71.34g；基部近无梗。中部种鳞肾形；长约1.50cm，宽约2.50cm；背部露出部分密生短毛。苞鳞长约种鳞的3/4，不外露；上部近圆形，边缘有细齿，中央有短急尖头，中下部近等宽，基部渐窄。

传播体类型
种子。

传播方式
风力传播。

种子贮藏特性
正常型种子。在低温干燥条件下贮藏，寿命可得到有效延长。

种子萌发特性
在25℃/15℃，12h/12h光照条件下，1%琼脂培养基上，萌发率为94%。

▶ 球果

▶ 种子集

1cm

种子形态结构

种子：斜三棱形，顶部斜截；黄棕色；背面和腹面两侧被黄棕色至黑褐色、表面光亮的纸质翅，背面较腹面稍厚，翅向上稍延伸出种子顶部而呈短冠状；长8.34~12.87mm，宽3.46~6.78mm，厚2.08~3.02mm，重0.0301~0.0650g。

种脐：窄椭圆形；黄棕色；位于种子腹面基端。

种皮：外种皮黄棕色；纸质；厚0.19~0.34mm；腹面的外种皮内具有2个椭圆形的树脂囊，背面的上、中、下部位各具1个树脂囊，内含白色或黄色油状树脂。中种皮浅黄棕色；膜质；上部3/4紧贴内种皮，下部1/4紧贴外种皮。内种皮白色；胶质；紧贴胚乳。

胚乳：含量中等；乳白色；肉质，富含油脂；包着胚。

胚：鼓槌形，子叶部分稍弯；蜡质，含油脂；长6.64~8.89mm，宽0.98~1.71mm；直生于种子中央。子叶5枚；浅黄色；指状三棱状；长1.94~3.36mm；边缘互相并合。下胚轴和胚根四棱状圆柱形；上半部分浅黄色，下半部分乳白色或黄白色；蜡质；长4.33~6.27mm，宽0.68~1.00mm，厚0.28~0.58mm；朝向种脐。

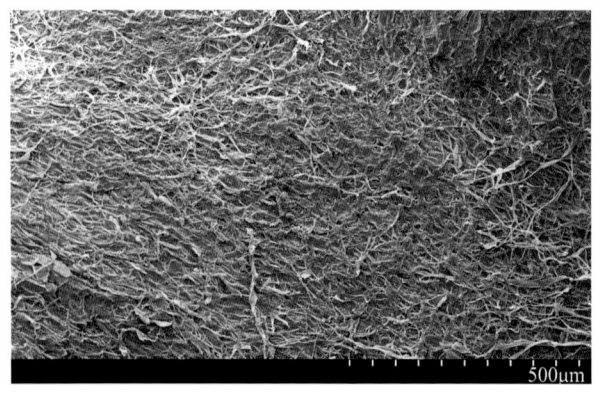

◀ 种子表面 SEM 照

▶ 种子的背面、腹面和侧面

▶ 种子 X 光照

4mm

◀ 带内种皮的种子

◀ 种子横切面

▶ 种子纵切面

2mm

▶ 胚

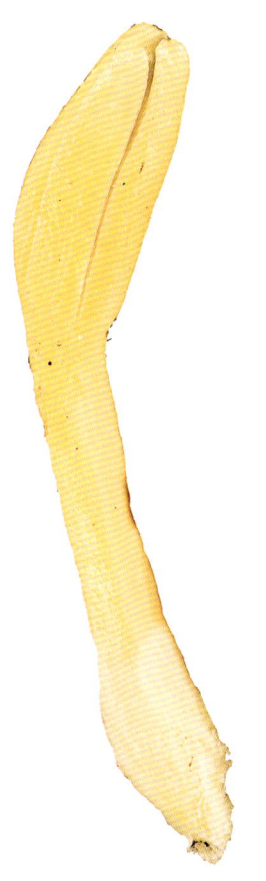

2mm

松科 Pinaceae

梵净山冷杉

Abies fanjingshanensis W. L. Huang, Y. L. Tu & S. Z. Fang

保护级别 一级

植株生活型
常绿乔木，高达22m。

分　布
产于贵州。生于海拔2100~2350m的近山脊北山坡林中。

经济价值
用材树种。

科研价值
中国特有的第四纪孑遗植物，对研究古植物区系、古地理及第四纪冰期气候具有重要价值。

濒危原因
第四纪冰期影响；分布区狭窄；过度砍伐；结实周期长达4~5年，球果出籽率少，种子发芽率低，幼苗长势弱，种群天然更新较差。

▶ 植株

花期和球果成熟期
花期5—6月，球果9—11月成熟。

球果形态结构
圆柱状椭球形；长5~6cm；成熟前为紫褐色，成熟后为褐色。中部种鳞肾形，长约1.5cm，宽1.8~2.2cm，背面露出部分密被短毛。苞鳞长为种鳞的4/5，上部宽圆，顶端微凹或平截，凹处有由中肋延伸、长1~2mm的短尖，不露出，稀部分露出。

传播体类型
种子。

传播方式
风力传播。

种子贮藏特性
正常型种子。在低温干燥条件下贮藏，寿命可得到有效延长。

种子萌发特性
在15℃或20℃，12h/12h光照条件下，1%琼脂培养基上，萌发率均可达100%。

▶ 球果

▶ 种子集

1cm

种子形态结构

种子： 三角形、倒卵形或长椭圆形；棕色；背腹面两侧被黄灰色、棕灰色或灰黑色、表面光亮的纸质翅，翅向上延伸出顶部而呈短冠状；长7.26~10.05mm，宽2.36~4.04mm，厚1.12~2.34mm，重0.0173~0.0257g。

种脐： 小；棕色；稍突起；位于种子基端。

种皮： 外种皮棕色；纸质（牛皮纸状）。腹面具有2~5个树脂囊，背面具3~4个树脂囊，内含黄白色、油状树脂。中种皮黄棕色；膜质；上部3/4紧贴内种皮，下部1/4紧贴外种皮。内种皮黄白色；胶质；紧贴胚乳。

胚乳： 含量中等；乳白色；肉质，富含油脂；包着胚。

胚： 鼓槌形；黄色；蜡质，含油脂；长4.31~7.22mm，宽0.79~1.29mm；直生于种子中央。子叶3~5枚；黄色；三棱状长卵形；长1.47~2.03mm，宽0.48~0.62mm；边缘互相并合。下胚轴和胚根圆柱形，稍扁；上部黄色，下部黄白色；蜡质；长3.18~5.56mm，宽0.58~0.79mm；朝向种脐。

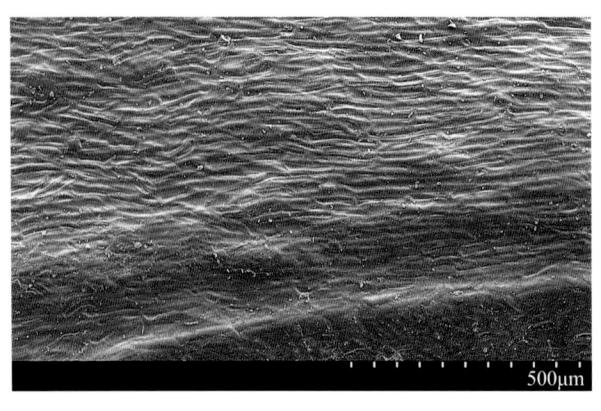

◀ 种子表面 SEM 照

▶ 种子的背面、腹面和侧面

▶ 种子 X 光照

2cm

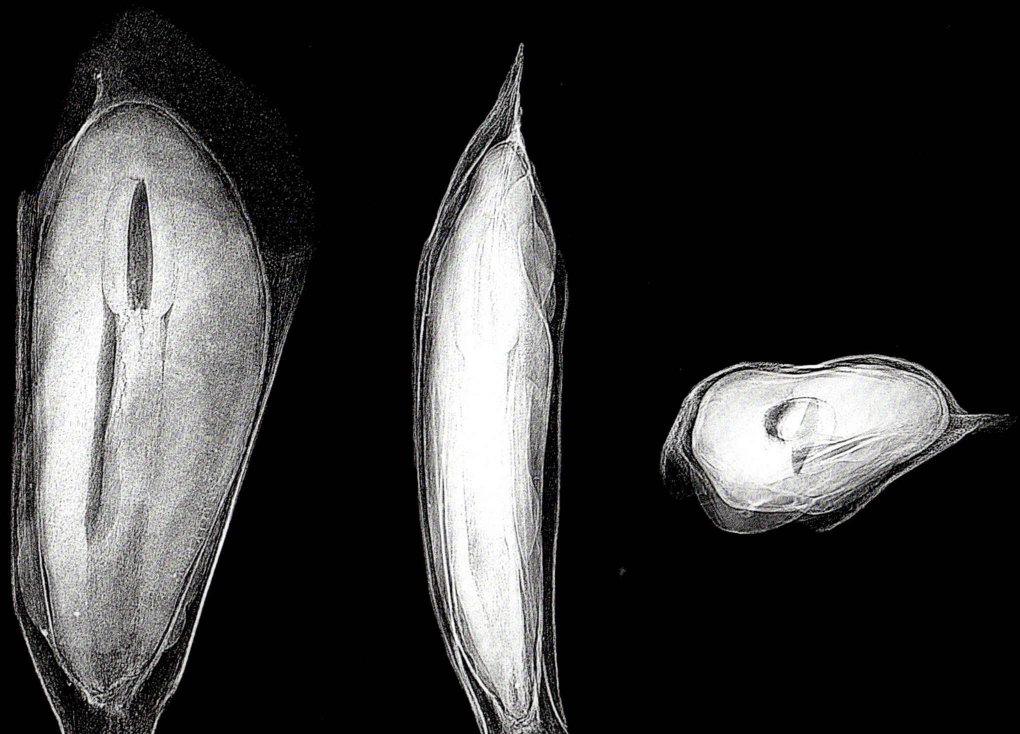

◀ 带内种皮的种子

◀ 种子横切面

▶ 种子纵切面

2mm

▶ 胚

1mm

松科 Pinaceae

银杉
Cathaya argyrophylla Chun & Kuang

植株生活型

常绿乔木，高达20m。

分　　布

产于湖北、湖南、四川、重庆、贵州和广西。生于海拔900~1900m的阳坡针叶林或针阔混交林中，或山脊地带。

经济价值

为有脂材，心材浅红褐色，边材灰白色，纹理细致，材质坚硬，可作建筑、家具等用材。

科研价值

中国特有的松柏类单种属植物和第三纪孑遗植物，对研究松科植物的系统发育、古地理及第四纪冰期气候具有重要价值。

濒危原因

第四纪冰期影响；生境破坏严重；过度砍伐；植株生存能力弱，幼树得不到光照则很难长成，动物取食种子严重，导致种群天然更新困难。

保护级别 一级

▶ 树枝

花期和球果成熟期

花期4—5月，球果翌年9—10月成熟。

球果形态结构

卵形、长卵形或长椭球形；成熟前为绿色，成熟后为棕褐色；长3~5cm，宽1.5~3cm。种鳞为13~16枚；近圆形或宽卵形；长1.5~2.5cm，宽1~2.5cm；背面（尤其是被覆盖部分）密被微透明的短柔毛。苞鳞长约种鳞的1/4~1/3。

传播体类型

种子。

传播方式

风力传播和动物传播。

种子贮藏特性

正常型种子。在低温干燥条件下贮藏，寿命可得到有效延长。

◀ 成熟球果

▶ 未成熟球果

▶ 成熟球果的侧面、正面和顶部

5mm

种子形态结构

种子：倒卵形；表面具不明显细网纹；背面褐色，腹面中上部为黄棕色，中下部为棕色或棕褐色；背部具黄棕色、卵形的膜质翅，翅上有多条棕色纵条纹，背面有光泽而腹面无，向上延伸出顶部而呈长翅状，易与种子分离；长5.00~7.72mm，宽3.20~3.88mm，厚2.53~2.71mm（不带翅），重0.0220~0.0264g。

种脐：黄棕色；椭圆形；长约0.20mm；横生于种子基端。

种皮：外种皮褐色；壳质，内无树脂囊。中种皮棕色；具光泽；上半部紧贴内种皮，下半部紧贴外种皮。内种皮灰白色或黄棕色；胶质；紧贴胚乳。

胚乳：含量中等；白色或黄色；肉质，富含油脂；包着胚。

胚：鼓槌形；蜡质，含油脂；长3.45~4.00mm，宽0.82mm；直生于种子中央。子叶3~5枚；黄色；宽椭圆形；长0.72~0.80mm，宽0.36mm；边缘互相并合。下胚轴和胚根圆柱形，稍扁；除基端为黄色外，其余部分为黄白色；长2.73~3.20mm，宽0.64mm；朝向种脐；基部具一根白色的带状宿存胚柄。

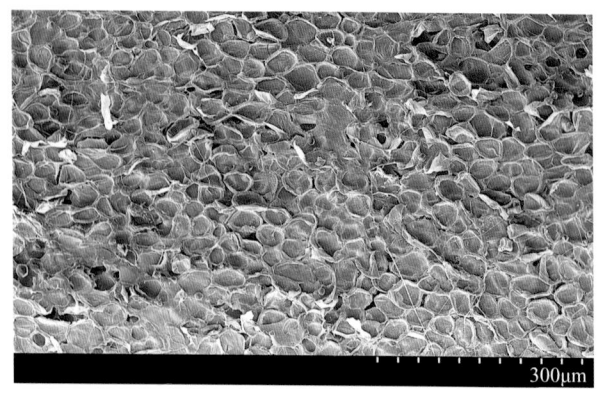

◀ 种子表面 SEM 照

▶ 种子的背面、腹面和侧面

▶ 种子 X 光照

2mm

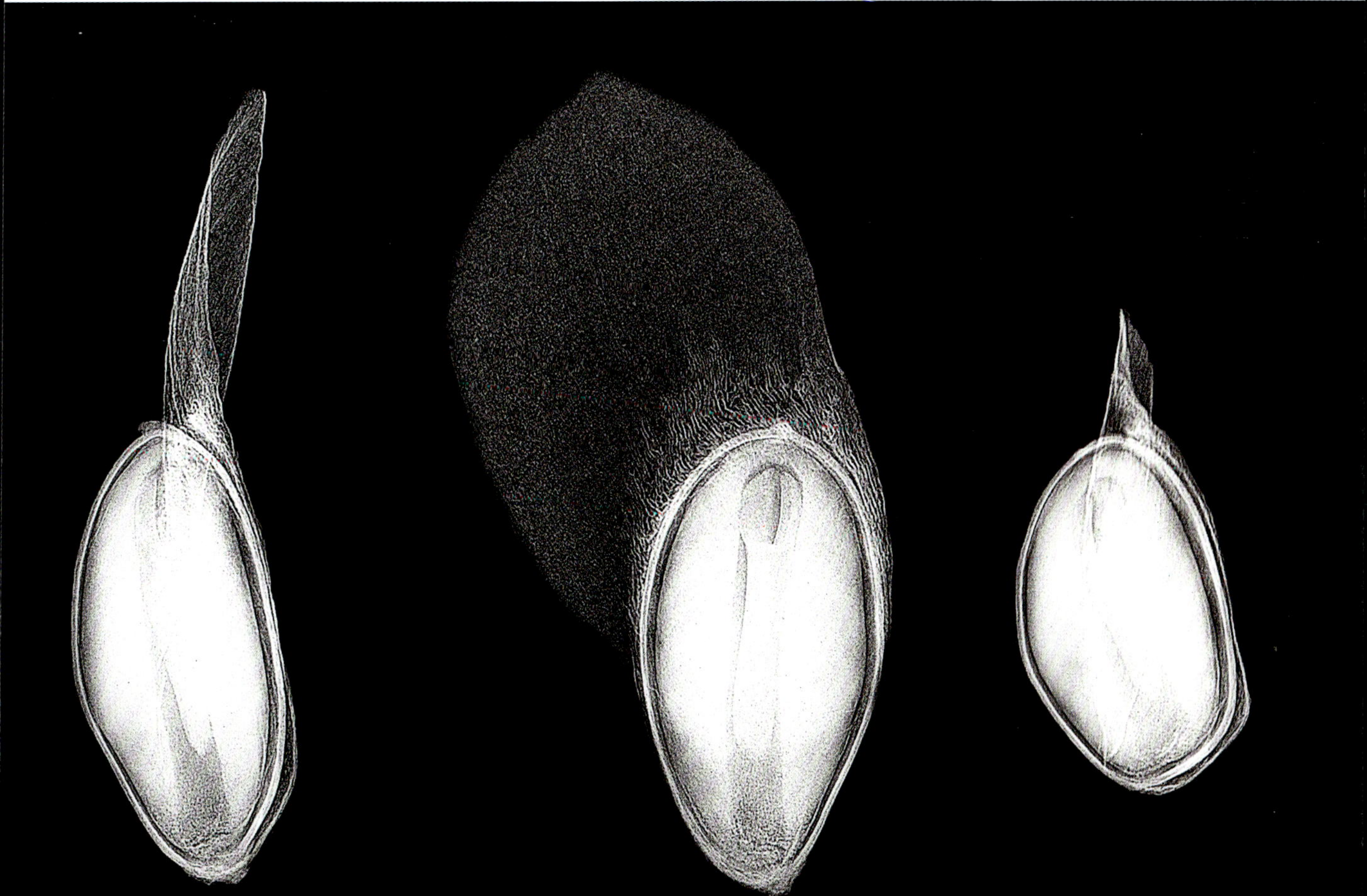

◀ 带内种皮的种子

2mm

◀ 种子横切面

1mm

▶ 种子纵切面

1mm

▶ 胚

1mm

松科 Pinaceae

柔毛油杉
Keteleeria pubescens W. C. Cheng & L. K. Fu

保护级别 二级

植株生活型
乔木，高达30m。

分　　布
产于广西和贵州。生于海拔600~1000m的山地。

经济价值
木材供建筑、家具使用。

科研价值
中国特有植物，对研究中国植物区系的起源与演化具有重要价值。

濒危原因
分布区狭窄；生境破坏严重；过度砍伐。

▶ 植株

花期和球果成熟期

花期3—4月，球果10月成熟。

球果形态结构

短圆柱状或椭圆状圆柱形；表面被白粉，成熟前为浅绿色，成熟后为褐色；长7~11cm，宽3~3.5cm。中部种鳞五角状圆形，宽与长相等或稍宽；顶部宽圆，中央微凹，两侧边缘向外反曲；背面密被长约2cm的短柔毛。苞鳞近倒卵形；长为种鳞的2/3；上部宽圆，中部窄，下部稍宽，顶端3裂，中裂呈长约3mm的窄三角形刺状，侧裂宽短，顶端三角状，外侧边缘较薄，有不规则细齿。

传播体类型

种子。

传播方式

风力传播。

▶ 球果背面、腹面和顶部

▶ 种子集

4cm

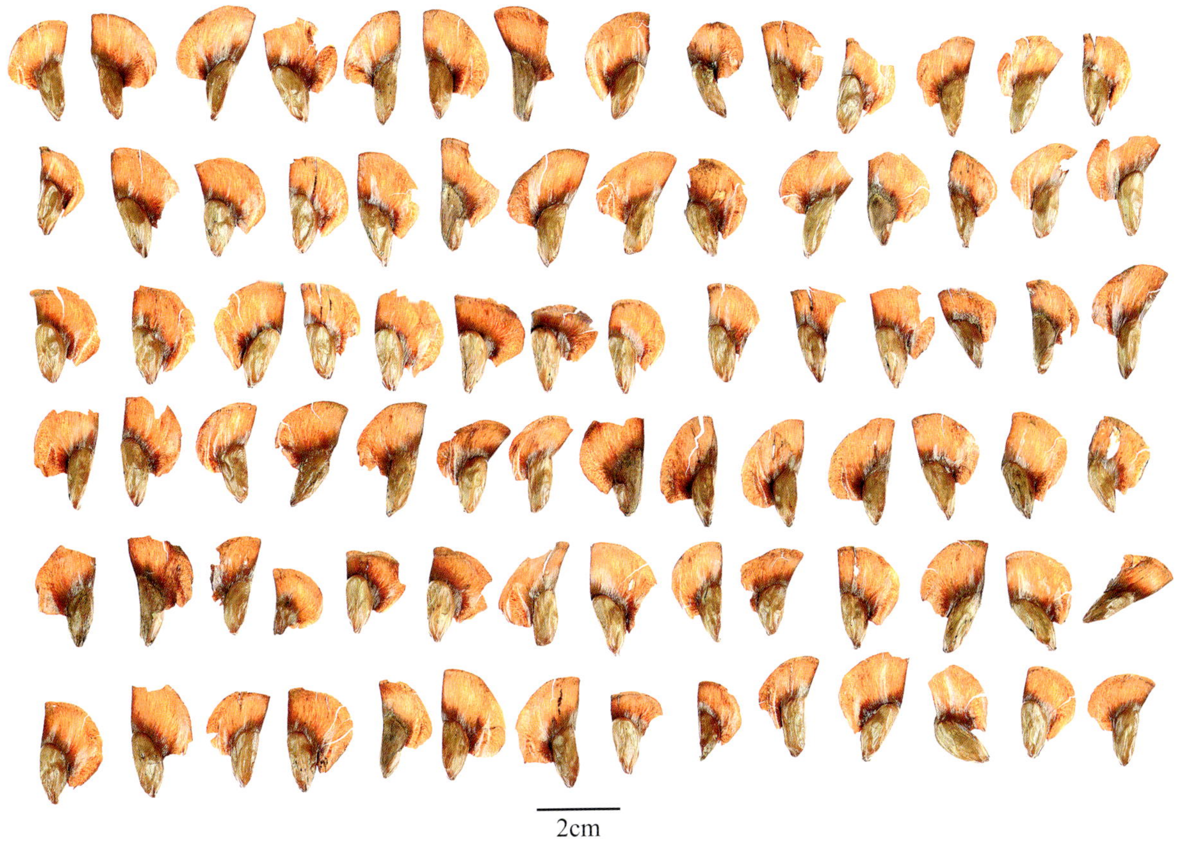

2cm

种子形态结构

种子：倒卵形；黄白色至黄棕色；顶部具白色团状绵毛，背面较腹面多；背面及腹面两侧被有棕色、具光泽的纸质脆翅，且向上延伸成长14.79~23.59mm、宽10.79~16.93mm、厚0.06~0.30mm的冠状翅，与种子难分离。种子长11.50~16.50mm，宽4.99~7.92mm，厚3.04~4.96mm（不带翅），重0.0444~0.1359g。

种脐：黄棕色或褐色；椭圆形；位于种子基端；突起。

种皮：外种皮棕色；有光泽；纸状壳质，腹面具1~2个大小不等的树脂囊，背面具3个树脂囊，内含无色、油状树脂。中种皮棕色；膜质；上半部紧贴内种皮，下半部紧贴外种皮。内种皮灰白色；胶质；紧贴胚乳。

胚乳：含量中等；白色；肉质，富含油脂；包着胚。

胚：圆柱形；蜡质，含油脂；长6.00~8.91mm，宽1.13~1.59mm，厚1.18mm；直生于种子中央。子叶3枚；黄绿色或绿色；指状条形，顶端尖；长3.88~6.24mm，宽0.66~0.75mm；边缘互相并合。下胚轴和胚根圆柱形，稍扁；其中下胚轴呈绿色，而胚根呈黄白色；长2.80~4.13mm，宽0.88~1.42mm；朝向种脐。

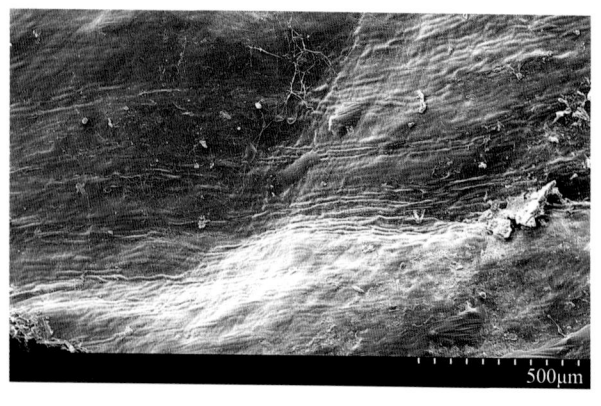

◀ 种子表面 SEM 照

▶ 种子的背面、腹面和侧面

▶ 种子 X 光照

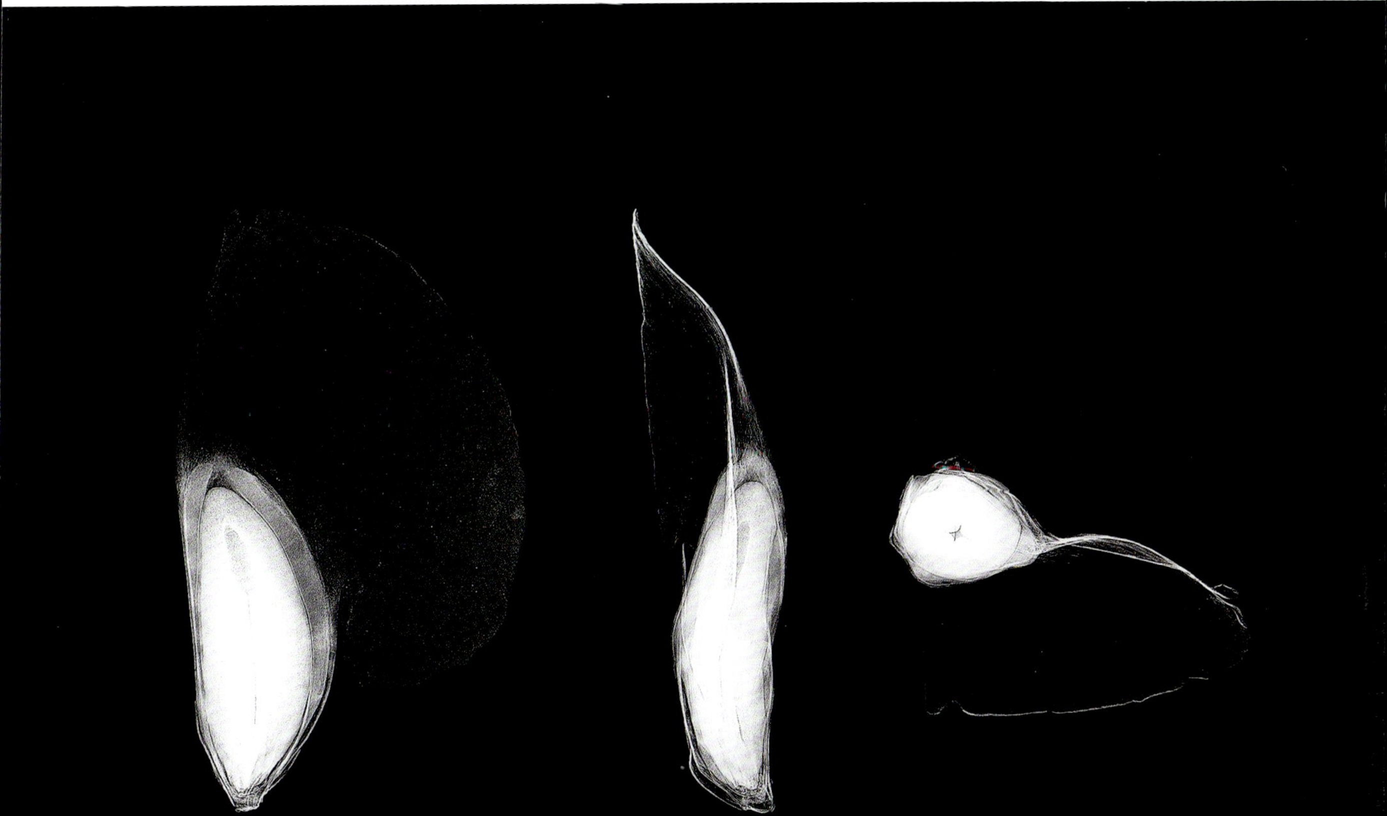

◀ 带内种皮的种子

2mm

◀ 种子横切面

2mm

▶ 种子纵切面

2mm

▶ 胚

1mm

松科 Pinaceae

大果青扦
Picea neoveitchii Mast.

保护级别 二级

植株生活型
常绿乔木，高8~15m，胸径50cm。

分　　布
产于河南、湖北、四川、重庆、陕西、山西和甘肃。生于海拔1300~2000m山地针阔林中。

经济价值
木材优良，可作建筑、家具等用材。

科研价值
中国特有植物，对研究中国植物区系的起源与演化具有重要价值。

濒危原因
生境破坏严重；过度砍伐。

附注： 本种在《国家重点保护野生植物名录》中为"大果青扦"，而在《中国生物物种名录》和《中国植物志》中为"大果青杆"。

▶ 植株

花期和球果成熟期
花期4—5月，球果翌年9—10月成熟。

球果形态结构
长卵形或卵状圆柱形；幼时绿色，有树脂，成熟后为浅褐色或褐色，稀带黄绿色；长6~14cm，宽5~6.5cm。种鳞宽大；倒五角形、斜方状卵形或倒三角状宽卵形；顶部种鳞宽圆或微为三角状，边缘薄，有细齿或近全缘；中部种鳞长2.7cm，宽2.7~3cm。苞鳞短小，长约5mm。

传播体类型
种子。

传播方式
风力传播。

种子贮藏特性
正常型种子。在低温干燥条件下贮藏，寿命可得到有效延长。

▶ 球果枝

▶ 去翅种子集

1cm

种子形态结构

种子： 三棱状倒卵形；腹平背拱；表面光滑，具微弱光泽；顶端具长0.70~0.80mm的翅；棕色至褐色；长7.51~9.48mm，宽3.87~5.37mm，厚3.15~4.00mm（不含翅），重0.0490~0.0713g。

种脐： 棕色；椭圆形；长0.44~0.53mm，宽0.22~0.33mm；位于种子基端；唇状突起。

种皮： 外种皮棕色至褐色；壳质；厚0.11~0.20mm。中种皮棕色；纸质；薄；紧贴外种皮。内种皮灰白色或黄棕色；上半部较薄，膜质，紧贴胚乳；下半部稍厚，胶质，基部具一小团棕褐色树脂。

胚乳： 含量丰富；上半部为白中带黄，下半部为乳白色；肉质，富含油脂；包着胚。

胚： 鼓槌形；黄色；蜡质，含油脂；长4.17~6.01mm，宽0.97~1.56mm；直生于种子中央。子叶12枚；三棱状指形；长1.35~1.55mm，宽0.25mm，厚0.38~0.75mm；边缘互相并合。下胚轴圆柱形，稍扁；长3.28~6.30mm，宽0.78~1.27mm，厚0.80mm。胚根斜四棱状，基部钝；白色；朝向种脐。

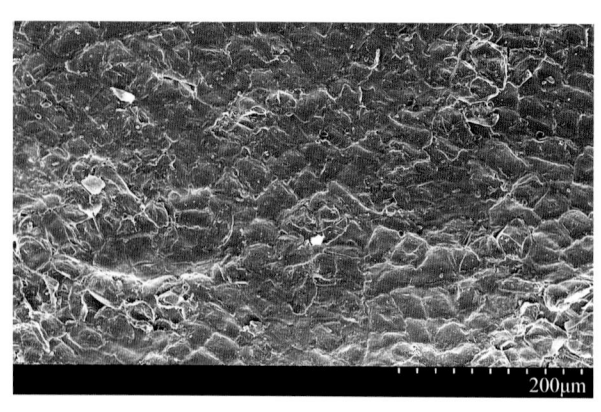

◀ 种子表面 SEM 照

▶ 去翅种子的背面、腹面、侧面和基部

▶ 去翅种子 X 光照

5mm

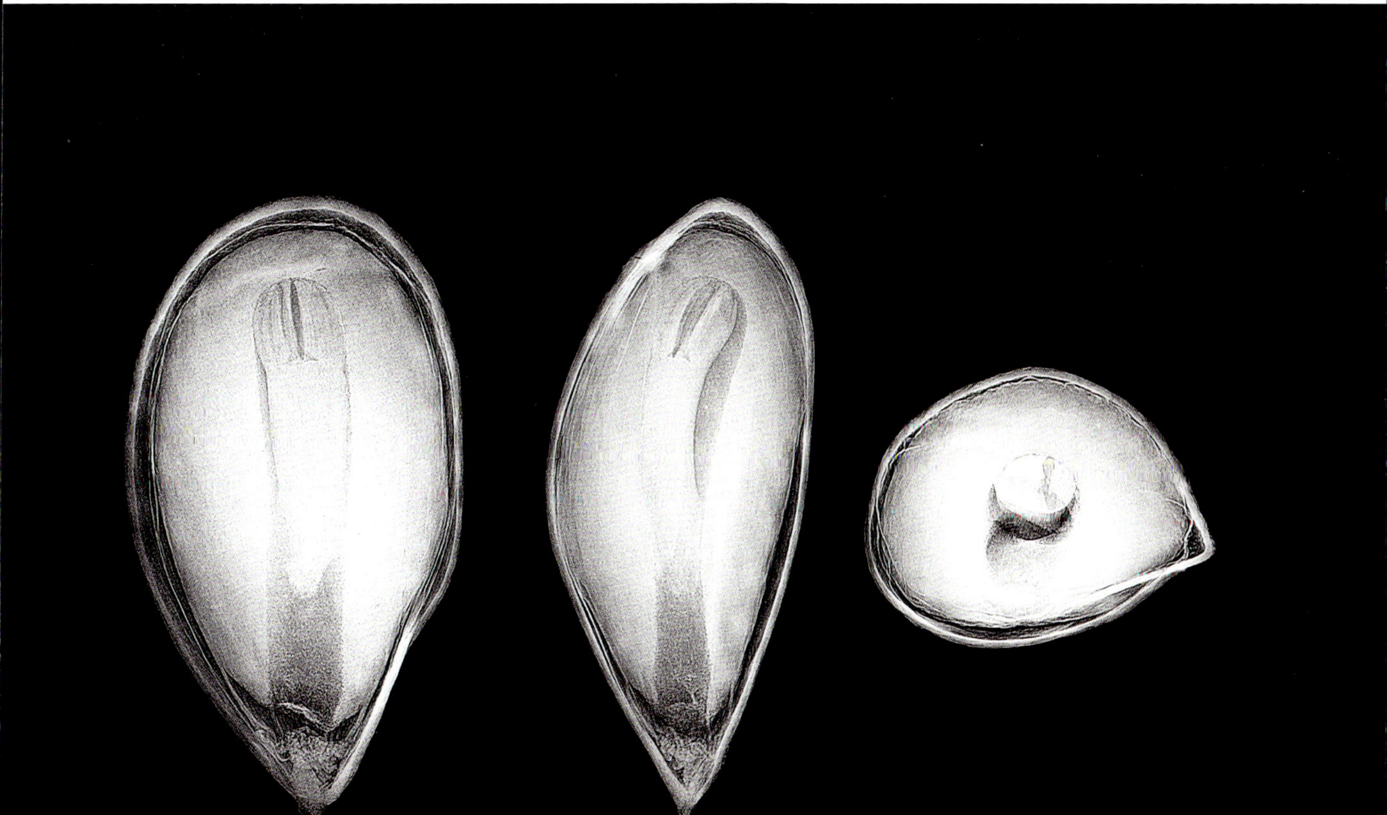

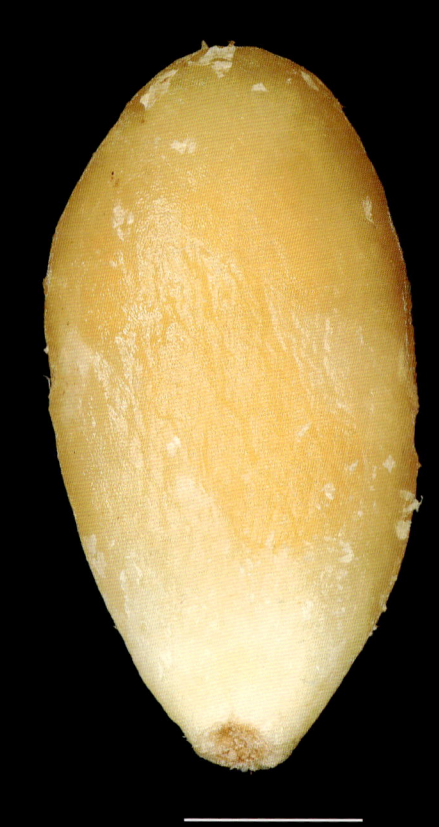

◀ 带内种皮的种子

2mm

◀ 种子横切面

1mm

▶ 带内种皮的种子纵切面

▶ 胚

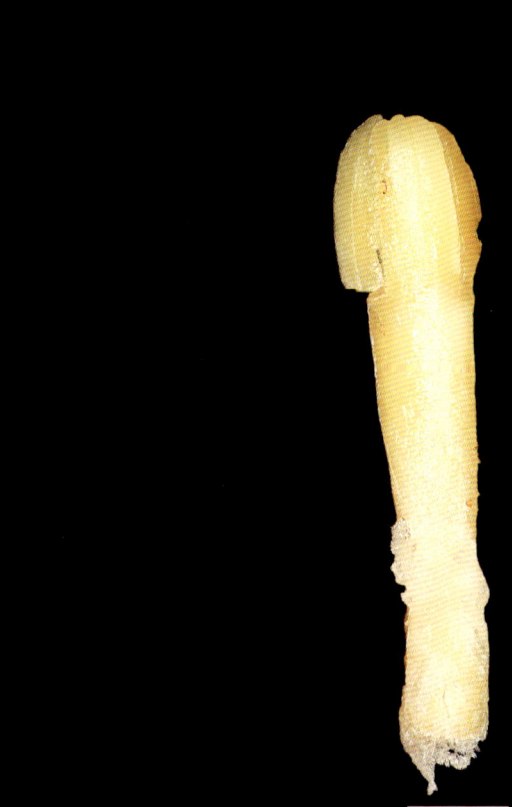

松科 Pinaceae

大别山五针松
Pinus dabeshanensis C. Y. Cheng & Y. W. Law

保护级别 一级

植株生活型
常绿乔木，高达20m。

分　　布
产于安徽、河南和湖北。生于海拔900~1400m的山地，常与黄山松混生或组成针阔混交林。

经济价值
重要用材树种，木材可作建筑、家具等用材。此外，还是大别山区的造林树种。

科研价值
中国特有植物，对研究中国植物区系的起源与演化具有重要价值。

濒危原因
分布区狭窄；生境破坏严重；过度砍伐。

▶ 植株

花期和球果成熟期

花期4月，球果翌年9—10月成熟。

球果形态结构

圆柱状椭圆形或长卵形；棕褐色；长约14cm，宽4.5cm；基部具长0.7~1cm的梗。中部种鳞近楔状倒卵形；长3~4cm，宽2~2.5cm。鳞盾近菱形；浅黄色，有光泽；边缘明显向外反卷。鳞脐不明显，顶生，微凹。

传播体类型

种子。

传播方式

风力传播。

种子贮藏特性

正常型种子。在低温干燥条件下贮藏，寿命可得到有效延长。

种子萌发特性

先用0.2mg/L GA_3 浸种36h，然后在25℃/16℃，12h/12h光照条件下，湿润滤纸上，萌发率为56%。

▶ 球果枝

▶ 种子集

种子形态结构

种子： 倒卵形或椭圆形；棕色至褐色；背部覆有棕色翅，与外种皮结合紧密，并向上延伸出顶部，呈三角形、木质短狭翅；长10.05~17.02mm，宽6.19~9.82mm，厚4.92~6.65mm，重0.1230~0.3337g。

种脐： 黄棕色；圆形，平或稍凹；长约0.22mm；位于种子基端。

种皮： 外种皮棕色至褐色；骨质；厚0.42~0.63mm。中种皮棕褐色；纸质；具不规则凹点。内种皮灰白色；包裹种子下部1/5的部分，基部有一小团棕色树脂。

胚乳： 含量中等；乳白色或黄色；肉质或蜡质，富含油脂；包着胚。

胚： 鼓槌状，稍弯；黄色；蜡质；长8.29~11.43mm，宽1.59~2.47mm，厚1.04mm；直生于种子中央。子叶11~12枚；三棱状指形突起；长2.18~3.49mm，宽0.33~0.38mm，厚0.54~0.96mm，边缘互相贴合。下胚轴和胚根钝三棱形或圆柱形，腹面稍平；长5.36~7.98mm，宽0.99~1.75mm，厚1.10mm；朝向种脐；基部有时具一根白色的带状胚柄遗迹。

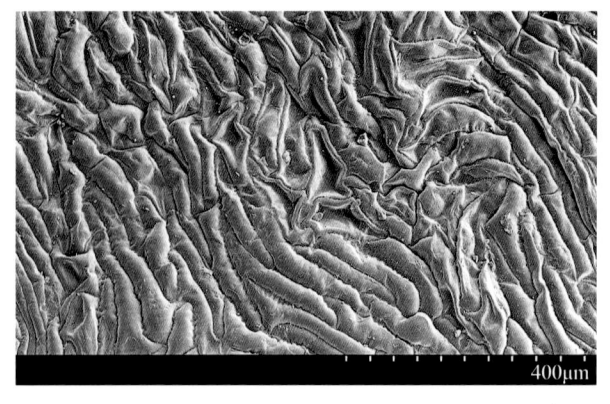

◀ 种子表面 SEM 照

▶ 种子的背面、腹面和侧面

▶ 种子 X 光照

5mm

◀ 种子纵切面

◀ 带内种皮的种子

◀ 去除种皮的种子横切面

▶ 带内种皮的种子纵切面

2mm

▶ 胚

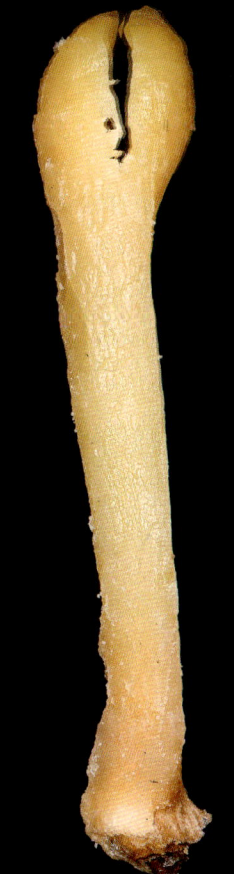

2mm

松科 Pinaceae

红松

***Pinus koraiensis* Siebold & Zucc.**

保护级别 二级

植株生活型

常绿乔木，高达50m，胸径达1m。

分　　布

产于辽宁、吉林和黑龙江。生于海拔150~1800m地带，组成混交林或纯林。此外，俄罗斯、日本、朝鲜半岛也有分布。

经济价值

材质优良，可作建筑、舟车、桥梁、枕木、电杆、家具、板材及木纤维工业原料等用材；木材及树根可提松节油；树皮可提栲胶；种子为人们喜食的干果，还可榨油供食用，或供制肥皂、油漆、润滑油等，亦可供药用。此外，红松还是小兴安岭、张广才岭、长白山区及沈阳丹东线以北地区的主要造林树种。

濒危原因

分布区狭窄；生境破坏严重；过度砍伐和采摘种子。

▶ 植株

花期和球果成熟期
花期4—5月，球果翌年9—10月成熟。

球果形态结构
圆锥状长卵形、圆锥状卵形或卵状矩圆形；幼时绿色，成熟后为绿棕色或浅黄棕色；表面有浅黄色树脂；长9~15cm，宽6~9cm，厚7~9cm，重138~201g；基部具长1~1.5cm的梗。种鳞菱形；上部渐窄而开展，顶端钝，向外反曲；成熟后不张开或中上部微微张开而露出种子，但种子不脱落，脱落的是带有种子的整个球果。鳞盾宽菱形或钝三角形；下部底边截形或微成宽楔形，表面有皱纹；黄棕色或黄褐色，有光泽。鳞脐不明显。

传播体类型
种子或球果。

传播方式
自体传播或动物传播。

种子贮藏特性
正常型种子。在低温干燥条件下贮藏，寿命可达3年以上。

种子萌发特性
具混合休眠。在5℃层积91d，然后在25℃/15℃培养，119d移至5℃，12h/12h光照条件下，萌发率可达100%。

◀ 新鲜球果

▶ 干燥球果

▶ 种子集

2cm

2cm

种子形态结构

种子：倒卵形或三棱状倒卵形；顶端斜截，无翅，近中央有一纵向长卵形或椭圆形黑斑；黄棕色、棕色或棕褐色；长11.77~19.96mm，宽7.05~14.98mm，厚5.15~9.71mm（不含翅），重0.2747~0.8118g。

种脐：棕色；点状；长0.36~0.56mm；位于种子基端一侧。

种皮：外种皮黄棕色、棕色或棕褐色；骨质；厚0.58~1.38mm。中种皮棕色；纸质。内种皮灰白色；胶质；位于种子下部1/4处；紧贴胚乳；基部具一团红棕色树脂。

胚乳：含量中等；乳白色或黄色；蜡质，富含油脂；包着胚。

胚：鼓槌状；上部2/3为黄色，下部1/3为黄白色；蜡质；长5.58~9.04mm，宽1.51~2.54mm；直生于种子中央。子叶11~16枚；黄色；三棱状指形突起；长1.45~2.69mm，宽0.33~0.40mm，厚0.40mm。下胚轴四棱形；黄色；长3.00~3.50mm，宽1.15~1.70mm，厚0.93~1.35mm。胚根乳白色；长1.44~3.00mm，宽1.15~1.20mm；朝向种脐；基部有一根白色的带状胚柄。

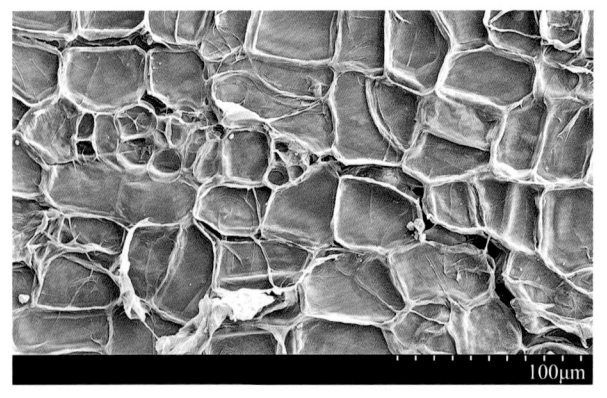

◀ 种子表面SEM照

▶ 种子的背面、腹面、顶部和基部

▶ 种子X光照

4mm

◀ 去除种皮的种子

2mm

◀ 种子横切面

2mm

▶ 种子纵切面

5mm

▶ 胚

1mm

▶ 幼苗

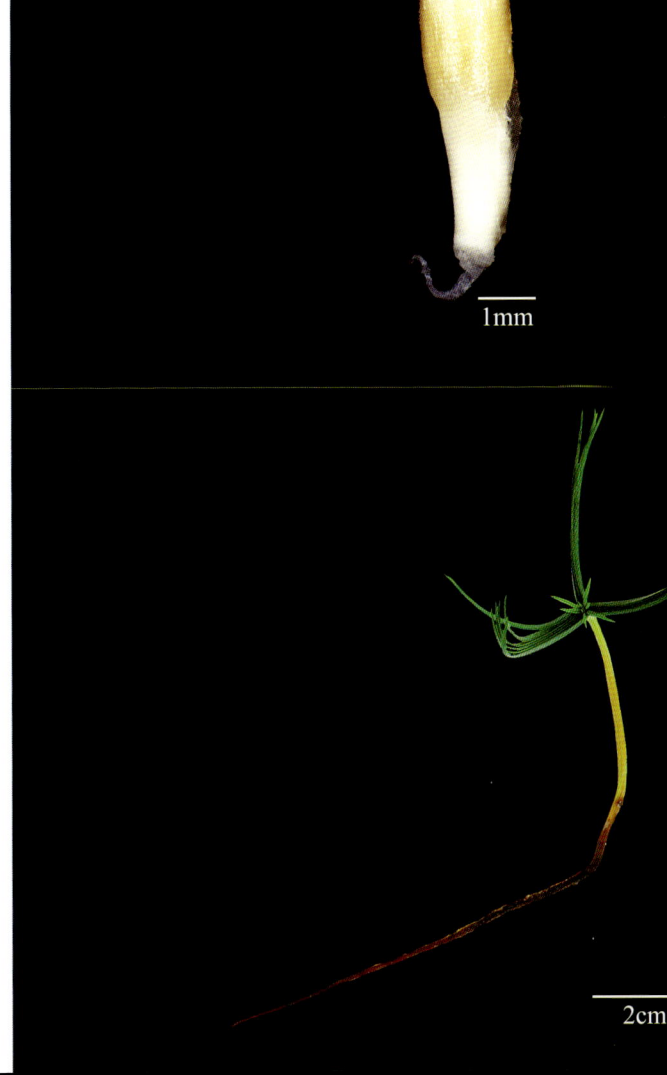

2cm

松科 Pinaceae

巧家五针松
Pinus squamata X. W. Li

保护级别 二级

植株生活型
常绿乔木，高达20m，胸径达50cm。

分 布
产于云南。生于海拔2000~2300m的林中。

经济价值
材质优良，可作建筑、家具等用材。

科研价值
中国特有植物，是连接松属单维管束亚属与双维管束亚属的又一佐证，对研究松属的系统发育和古地理、古气候等具有重要价值。

濒危原因
分布区狭窄；生境破坏严重；过度砍伐；种群小，天然更新困难。

▶ 植株

花果期和球果成熟期
花期4—5月，球果翌年9—10月成熟。

球果形态结构
卵形或长椭球形；棕色或棕褐色；长6~9cm，宽4~6cm。种鳞倒卵状椭圆形或近斜长方形；长2.7~3.5cm，宽1.2~1.8cm；种子成熟后张开。鳞盾显著隆起；呈菱形，横脊明显。鳞脐三角状，凹陷无刺或顶端有极短的直刺，生于鳞盾中央。果梗长1.2~2cm。

传播体类型
种子。

传播方式
风力传播。

种子贮藏特性
正常型种子。在低温干燥条件下贮藏，寿命可达9年以上。

种子萌发特性
无休眠。在15℃、20℃、25℃、25℃/10℃、25℃/15℃，12h/12h光照条件下，1%琼脂培养基上，萌发率均可达100%。

◀ 球果枝

▶ 带翅种子的背面、腹面和侧面

▶ 去翅种子集

5mm

1cm

种子形态结构

种子：倒卵形；黄棕色；表面粗糙，密布不规则褐色小点；顶部具长4.40~5.00mm、有纵纹和光泽、易与种子分离的三角形或矩形翅；长5.35~7.70mm，宽2.85~4.33mm，厚2.06~3.15mm，重0.0064~0.0316g。

种脐：椭圆形；长0.22~0.24mm，宽0.11mm；位于种子基端。

种皮：外种皮壳质；黄褐色；厚0.20mm。内种皮黄棕色；膜质；紧贴胚乳。

胚乳：含量丰富；乳白色，或部分区域黄色；蜡质，含油脂；包着胚。

胚：鼓槌形；蜡质，含油脂；长4.36~5.91mm，宽0.82~1.32mm；直生于种子中央。子叶8~12枚；三棱形指状突起；乳白色或黄色；长1.33~1.60mm，宽0.31~0.38mm，厚0.33~0.38mm；边缘互相贴合。下胚轴和胚根四棱形；长3.55~4.35mm，宽0.75~1.00mm，厚0.55~0.80mm；中上部黄色，中下部黄白色；朝向种脐。

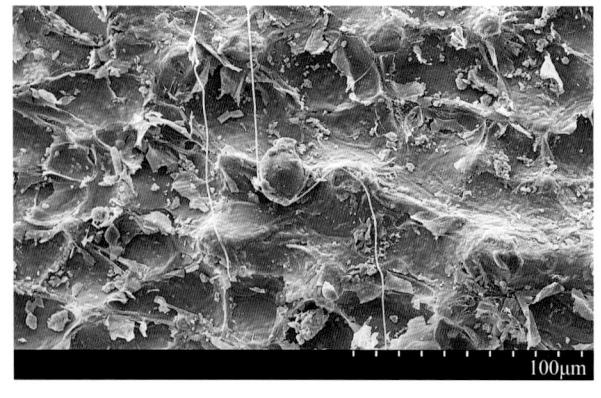

◀ 种子表面 SEM 照

▶ 去翅种子的背面、腹面、侧面和基部

▶ 去翅种子 X 光照

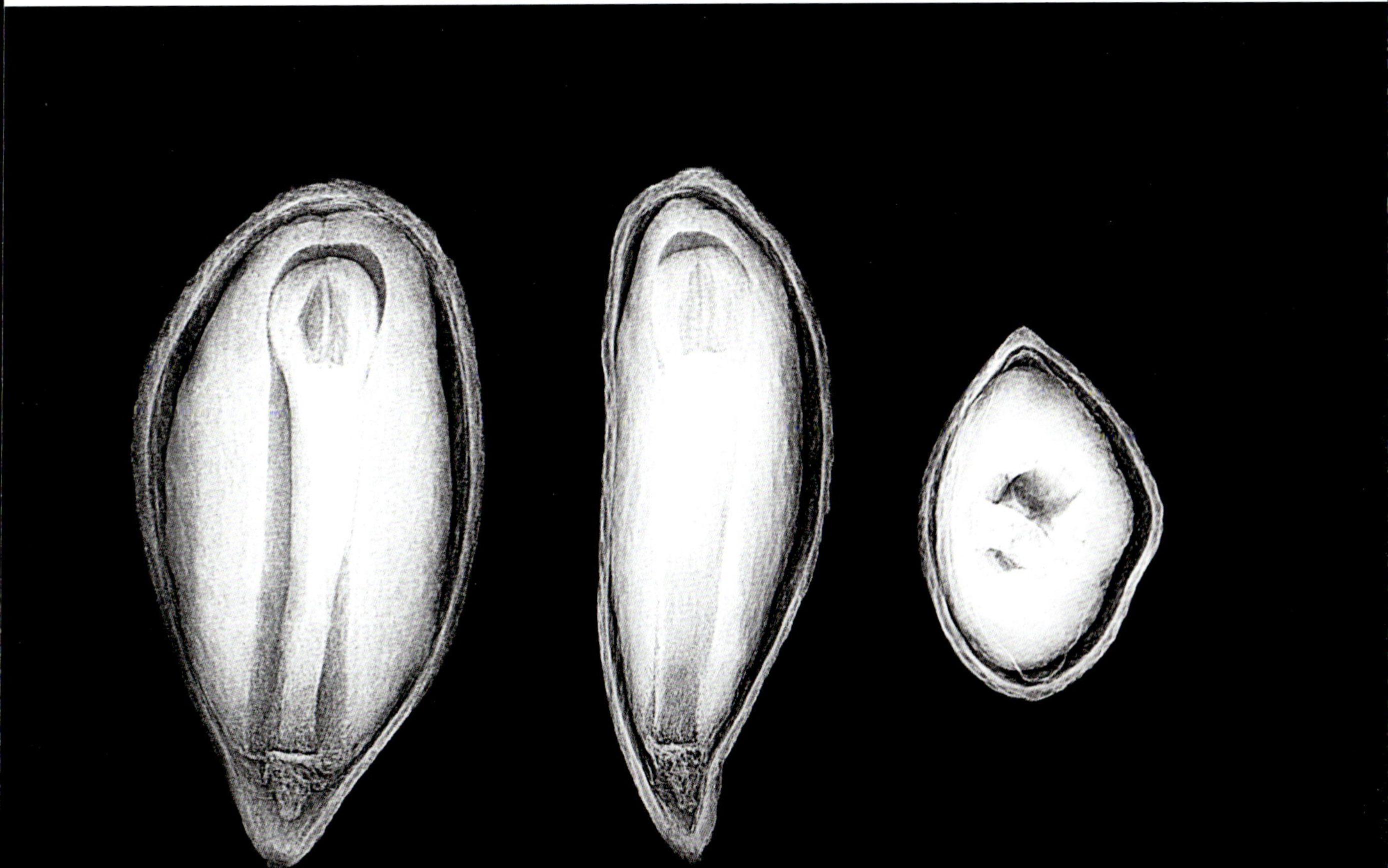

◀ 带内种皮的种子

◀ 种子横切面

▶ 种子纵切面

▶ 胚

松科 Pinaceae

毛枝五针松
***Pinus wangii* Hu & W. C. Cheng**

保护级别 一级

植株生活型
乔木，高达20m。

分 布
产于云南。生于海拔500~2100m的石灰岩山地，疏生不成森林，或与同类树种混交成林。此外，越南也有分布。

经济价值
重要用材树种，木材可作建筑、家具等用材。此外，还可作为优良的盆景材料。

科研价值
中国特有植物，对研究中国植物区系的起源与演化具有重要价值。

濒危原因
分布区狭窄；生境破坏严重；过度砍伐和采挖幼苗。

▶ 生境

花期和球果成熟期
花期3—5月，球果翌年9—11月成熟。

球果形态结构
矩圆状椭球形或圆柱状长卵形；浅黄褐色、褐色或暗灰褐色；具少量树脂或无；长4.5~9cm，宽2~4.5cm；基部具长1.5~2cm的梗，单生或2~3个集生。中部种鳞倒卵形；长2~3cm，宽1.5~2cm。鳞盾呈菱形，边缘薄，微内曲，稀球果中下部的鳞盾边缘微向外曲。鳞脐顶生，微凹。

传播体类型
种子。

传播方式
风力传播或鸟类传播。

种子贮藏特性
正常型种子。在低温干燥条件下贮藏，寿命可得到有效延长。

◀ 球果枝

▶ 球果的背面、侧面和顶部

▶ 去翅种子集

5cm

2cm

种子形态结构

种子： 卵形、倒卵形或椭圆形；黄白色或黄棕色，具不规则褐色斑纹或无；棕色或棕褐色的纸质翅从背面和两侧包裹种子，与外种皮结合紧密，并向上延伸出顶部而呈长13.95~14.43mm、宽6.65~7.81mm、厚0.10~0.21mm的斜三角形或矩圆形顶翅。种子长8.04~9.24mm，宽5.49~7.01mm，厚3.63~3.77mm，重0.07791~0.11710g。

种脐： 灰白色；近圆形或宽椭圆形；位于种子基端。

种皮： 外种皮黄白色或黄棕色；壳质；厚0.18~0.27mm。中种皮浅黄棕色；膜质。内种皮灰白色；胶质；包裹胚乳中下部1/3的部分。

胚乳： 含量中等；乳白色；蜡质，富含油脂；包着胚。

胚： 鼓槌形；蜡质，含油脂；长6.40~7.40mm，宽1.40~2.00mm，厚1.30~1.80mm；直生于种子中央。子叶8~12枚；乳白色或乳黄色；三棱状指形突起；长1.40~1.76mm，宽0.33~0.51mm，厚0.49~0.60mm，边缘互相贴合。胚芽黄色；圆锥形；长0.11~0.13mm；被子叶环绕。下胚轴圆柱形，稍扁；乳白色；长3.00~4.00mm，宽1.00~1.50mm，厚1.00~1.20mm。胚根四棱形；两侧具浅沟；乳白色，或略带黄色；长1.00~1.50mm，宽0.66~0.80mm，厚0.50~0.70mm；基部有时具一根白色的带状胚柄遗迹；朝向种脐。

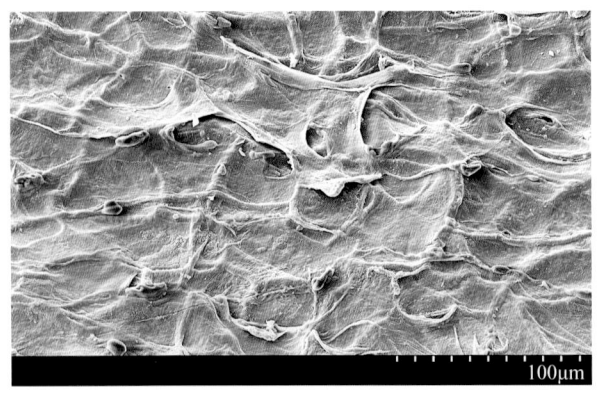

◀ 种子表面 SEM 照

▶ 种子的背面、腹面和侧面

▶ 种子 X 光照

5mm

◀ 带内种皮的种子

◀ 种子横切面

▶ 种子纵切面

▶ 胚

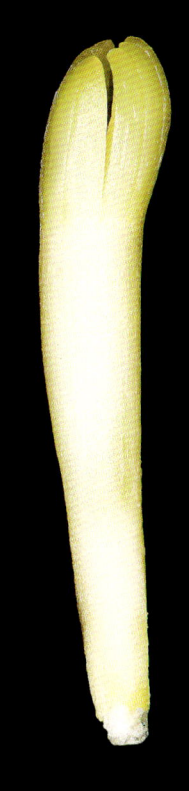

松科 Pinaceae

金钱松
***Pseudolarix amabilis* (J. Nelson) Rehder**

保护级别 二级

植株生活型
乔木，高达40m，胸径达1.5m。

分　　布
产于江苏、浙江、安徽、福建、江西、河南、湖南、湖北、重庆和四川。生于海拔100~1500m的针叶林和阔叶林中。

经济价值
既可用材，又可观赏的珍贵树种。此外，树皮可提栲胶，也可入药，治顽癣和食积等症；根皮可药用，也可作造纸胶料；种子可榨油。

科研价值
中国特有单种属植物，是古老孑遗植物，对研究松科的系统发育及第四纪冰期气候的影响具有重要价值。

濒危原因
生境破坏严重；过度砍伐和利用。

▶ 植株

花期和球果成熟期
花期4—5月，球果10—11月成熟。

球果形态结构
卵形或倒卵形；幼时绿色或黄绿色，成熟后为浅红褐色；长6~7.5cm，宽4~5cm；基部有短梗。中部种鳞卵状披针形，顶端钝而有凹缺，两侧耳状，腹面的种翅痕之间有纵脊凸起，脊上密生短柔毛，鳞背光滑无毛；木质；长2.8~3.5cm，基部宽约1.7cm；成熟后从果轴脱落。苞鳞长约种鳞的1/4~1/3；卵状披针形，边缘有细齿；生于种鳞背面基部。

传播体类型
种子。

传播方式
风力传播。

种子贮藏特性
正常型种子。在低温干燥条件下贮藏，寿命可达9年以上。

种子萌发特性
用30℃蒸馏水浸种18h，然后播种于棉床发芽盒内，置于25℃培养，萌发率可达88%。

▶ 球果

▶ 种子集

2cm

种子形态结构

种子：倒卵形；黄白色；长5.57~8.97mm，宽3.19~5.68mm，厚1.90~3.89mm，重0.0108~0.0238g；背面和腹面两侧被黄色的纸质翅，翅背面有光泽而腹面无，向上延伸出顶部而呈长18.04~34.49mm、宽5.41~10.66mm、厚0.02~0.48mm的三角状披针形顶翅，难与种子分离。

种皮：外种皮黄白色；壳质；厚0.04~0.11mm；腹面有2个树脂囊，背面和两侧也有树脂囊，内含无色、油状树脂。内种皮膜质；白色，透明。

胚乳：含量丰富；肉质，富含油脂；白色；包着胚。

胚：鼓槌状长圆柱形；黄绿色；长3.20~6.50mm，宽0.87~1.31mm；直生于种子中央。子叶4~6片；三角形，指状突起；黄绿色或绿色；长0.80~1.75mm，宽0.47mm。胚芽明显；绿色；指状突起，位于子叶中间。下胚轴和胚根扁圆柱形；绿色，近基部黄色；长2.40~4.38mm，宽0.73~1.13mm，厚0.69mm；朝向种脐。

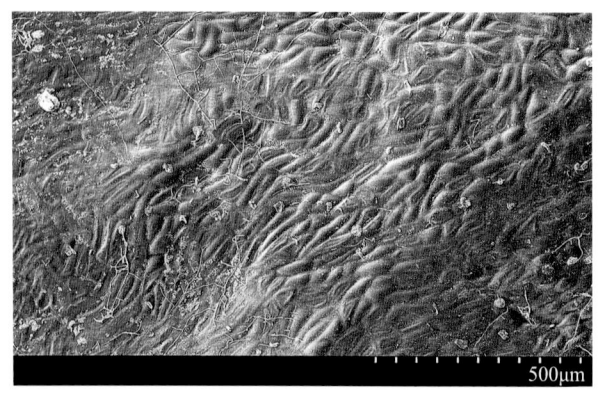

◀ 种子表面 SEM 照

▶ 种子的腹面、背面和侧面

▶ 种子 X 光照

5mm

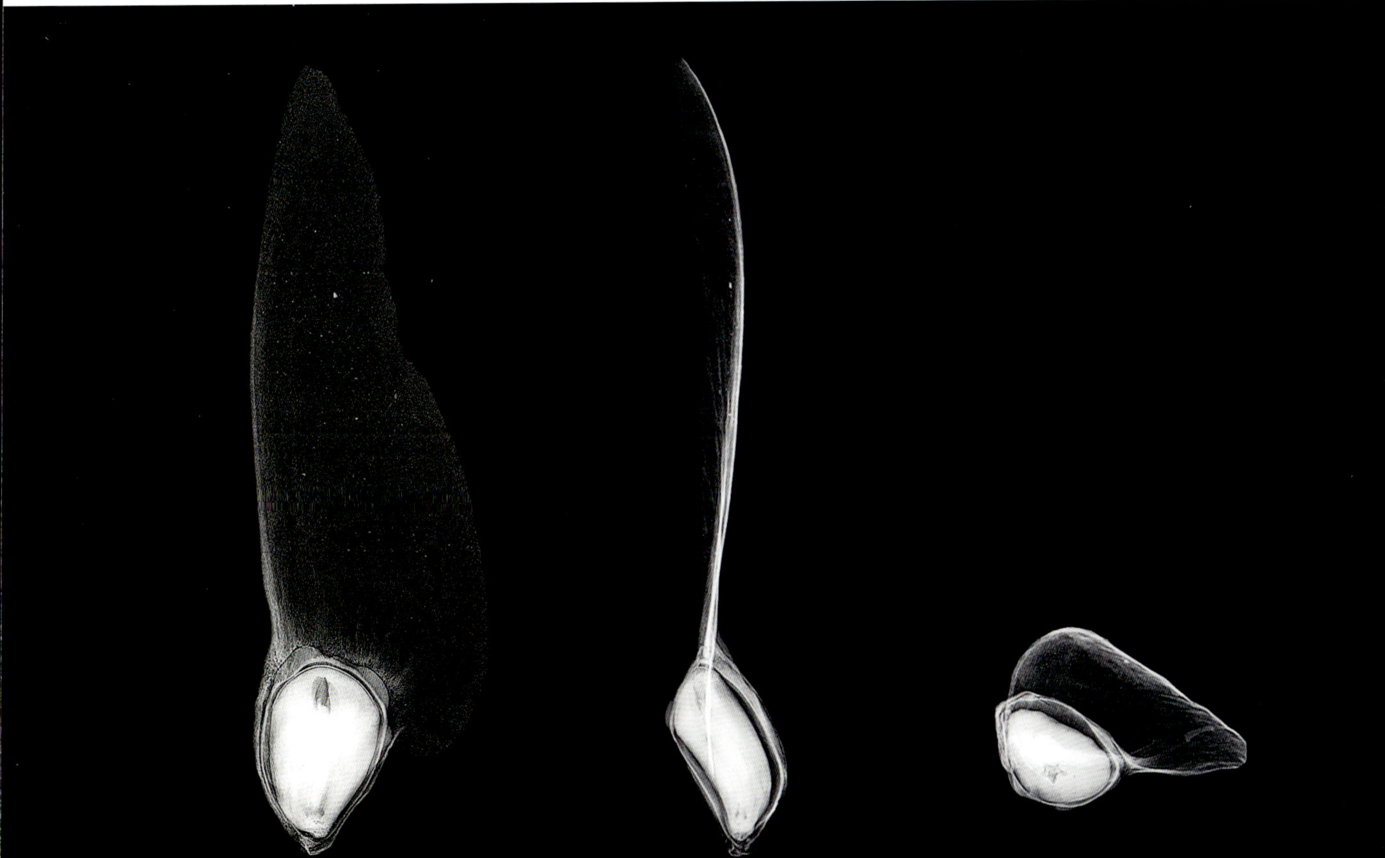

◀ 去翅种子

◀ 去除种皮的种子

◀ 带内种皮的种子横切面

▶ 带内种皮的种子纵切面

1mm

▶ 胚

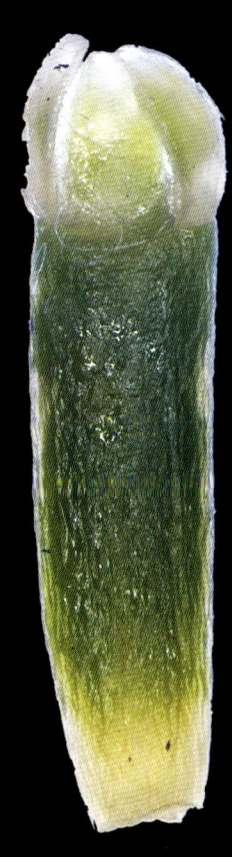

1mm

松科 Pinaceae

黄杉
Pseudotsuga sinensis **Dode**

保护级别
二级

植株生活型
常绿乔木，高达50m，胸径1~1.5m。

分　　布
产于浙江、安徽、福建、江西、湖北、湖南、广西、重庆、四川、贵州、云南和陕西。生于海拔600~2800（~3000）m的山地阳坡或山脊地带。

经济价值
优良造林树种；材质优良，可作房屋建筑、桥梁、电杆、板料、家具、文具及人造纤维原料等用材。

科研价值
中国特有种，对研究中国植物区系的起源与演化具有重要价值。

濒危原因
生境破坏严重；过度砍伐和利用。

▶ 植株

花期和球果成熟期

花期3—4（—5）月，球果10—11月成熟。

球果形态结构

卵形或倒卵形；棕褐色；长4.5~8cm，宽3.5~4.5cm；基部有短梗。中部种鳞近扇形或扇状斜方形；上部宽圆，基部宽楔形，两侧有凹缺；长2.5cm，宽约3cm；鳞背露出部分密生褐色短毛。苞鳞露出部分向后反伸；中裂片为窄三角形，长约3mm，侧裂片为钝三角形，较中裂片短，边缘常有缺齿。

传播体类型

种子。

传播方式

风力传播。

种子贮藏特性

正常型种子。

◀ 球果枝

▶ 球果的背面、腹面和顶部

▶ 种子集

2cm

2cm

种子形态结构

种子：斜三角形或倒卵形，基部尖；背面中央具棕色树脂；黄白色，具褐色短线纹；棕褐色的纸质翅从背部和两侧包被种子，并向上延伸出种子而呈长11.17~15.06mm、宽6.19~9.32mm、厚0.06~0.11mm的卵形或三角状披针形翅，翅的表面具褐色纵线纹，且背面中部具少量棕色细柔毛；长9.76~13.31mm，宽5.01~10.30mm，厚2.23~3.06mm，重0.0172~0.0427g；难与种子分离。

种皮：外种皮黄白色；外层泡沫质，内层壳质；厚0.04~0.11mm。中种皮黄色；膜质。内种皮乳白色或略带黄色；胶质；紧贴胚乳。

胚乳：含量丰富；乳白色或黄色；蜡质，含油脂；包着胚。

胚：棒槌形；乳黄色或黄色；蜡质；长5.50~7.00mm，宽0.90~1.06mm；直生于种子中央。子叶6~8枚；三棱锥状指形；长1.50~1.53mm，宽0.37~0.70mm，厚0.40mm；边缘并合。下胚轴和胚根近四棱形；长1.53~4.00mm，宽0.50~0.77mm，厚0.50~0.58mm；朝向种脐；基部具一根萎缩成带状的胚柄遗迹。

▶ 种子的背面、腹面和侧面

▶ 种子 X 光照

5mm

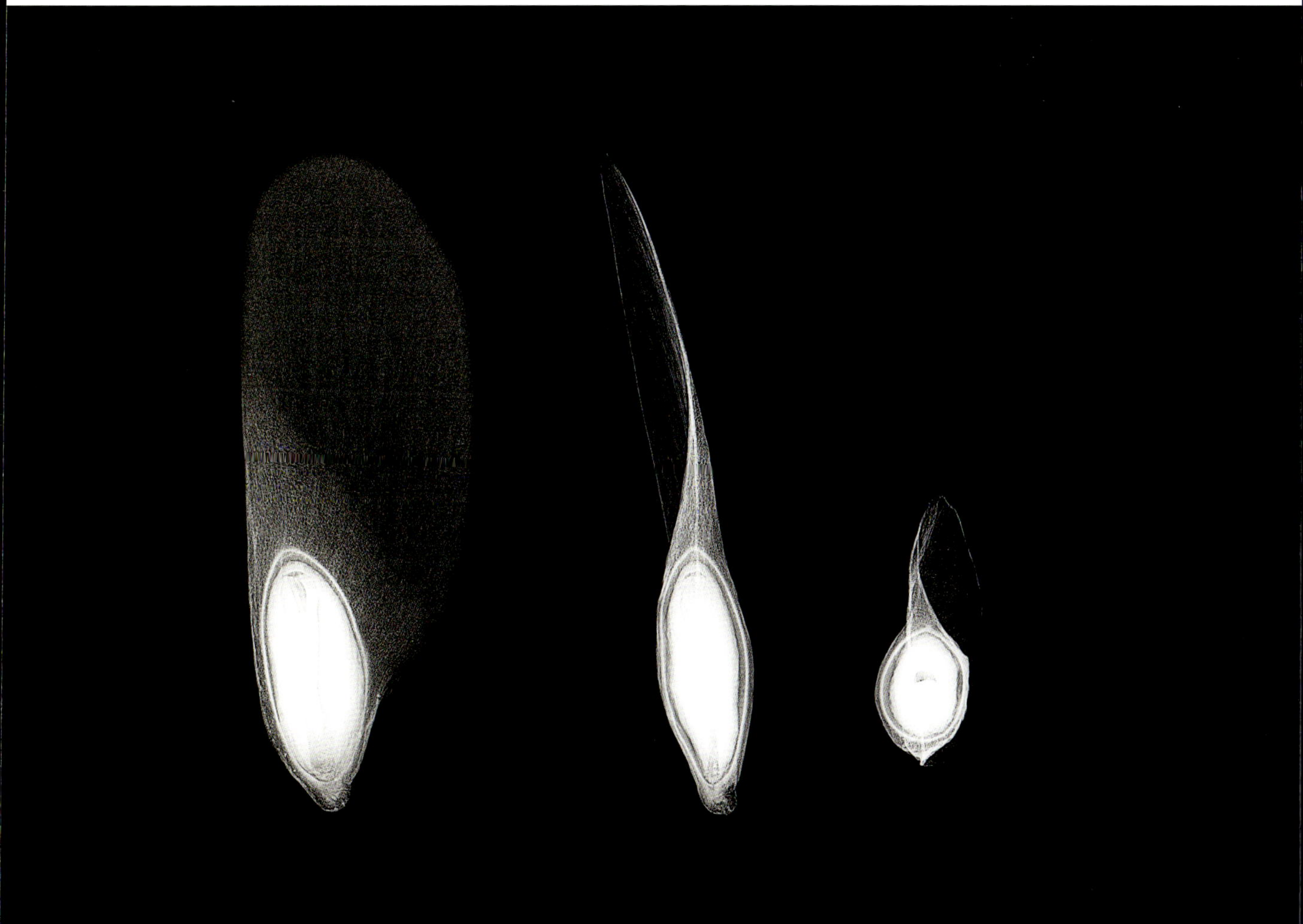

◀ 带内种皮的种子

1mm

◀ 种子横切面

1mm

▶ 去除种皮的种子纵切面

2mm

▶ 胚

1mm

<第一卷>

被子植物
ANGIOSPERMAE
—— VOLUME 1 ——

肉豆蔻科 Myristicaceae

大叶风吹楠

Horsfieldia kingii (Hook. f.) Warb.

保护级别 二级

植株生活型
乔木，高6~12m。

分　　布
产于云南、广西和海南。生于海拔800~1200m的沟谷密林中。此外，印度、孟加拉国、缅甸和泰国也有分布。

经济价值
用材树种；种子富含油脂，是重要的工业油料。

科研价值
对研究物种濒危机制具有重要价值。

濒危原因
分布区狭窄；生境破坏严重；过度砍伐；种子易被动物啃食，不耐贮藏，导致种群天然更新困难。

▶ 果序

花果期
果期10—12月。

果实形态结构
蒴果；倒卵形或椭球形；基部具肥厚、盘状的宿存花被片；幼时绿色，成熟时为黄绿色或橙黄色，干后为褐色；长2.91~4.50cm，宽2.15~2.64cm，厚1.99~2.56cm，重5.1482~11.3210g。果皮肉质；较厚；成熟后两瓣开裂；内含种子1粒。

传播体类型
种子。

传播方式
动物传播。

种子贮藏特性
顽拗型种子。忌失水，不耐低温，亦不耐久藏，宜随采随播或短期沙藏。

种子萌发特性
无休眠或有短暂休眠。

▶ 开裂果实

▶ 种子的背面、腹面、侧面和基部

种子形态结构

种子：卵形；表面具众多放射状棕色纤维束；黄棕色、棕色或棕褐色；长2.91~3.97cm，宽2.15~2.64cm，厚1.99~2.56cm，重5.1482~11.3210g；表面被橙色或橙红色肉质假种皮。

种脐：长卵形；黄棕色或棕色；长2.34~2.91cm，宽0.86~1.09cm；位于腹面中下部。

种皮：外种皮黄棕色、棕色或棕褐色；壳质；厚0.44~0.53mm。内种皮外表面为灰白色，表面密布褐色短线纹，内表面为棕色；纸质；厚0.04~0.06mm；紧贴外种皮。

胚乳：含量丰富；反刍型，呈嚼烂状，表面和内部众多放射状沟内填满了黄棕色细颗粒；鲜时白色，干后褐色；硬胶质；包着胚。

胚：蝴蝶形；乳白色；蜡质；长1.51~1.62mm，宽1.70~2.00mm，厚0.31~0.42mm；横生于种子腹面中部。子叶2枚，不等大；椭圆形；大者长1.51~1.62mm，宽0.71~1.00mm，厚0.09~0.11mm；小者长0.91~1.09mm，宽0.80~0.82mm，厚0.09~0.11mm；分离。下胚轴和胚根扁三角锥形；长0.33mm，宽0.77mm，厚0.44mm；位于两子叶结合点的底部；朝向种脐。

▶ **去除种皮的种子的腹面、侧面和基部**

▶ **种子X光照**

1cm

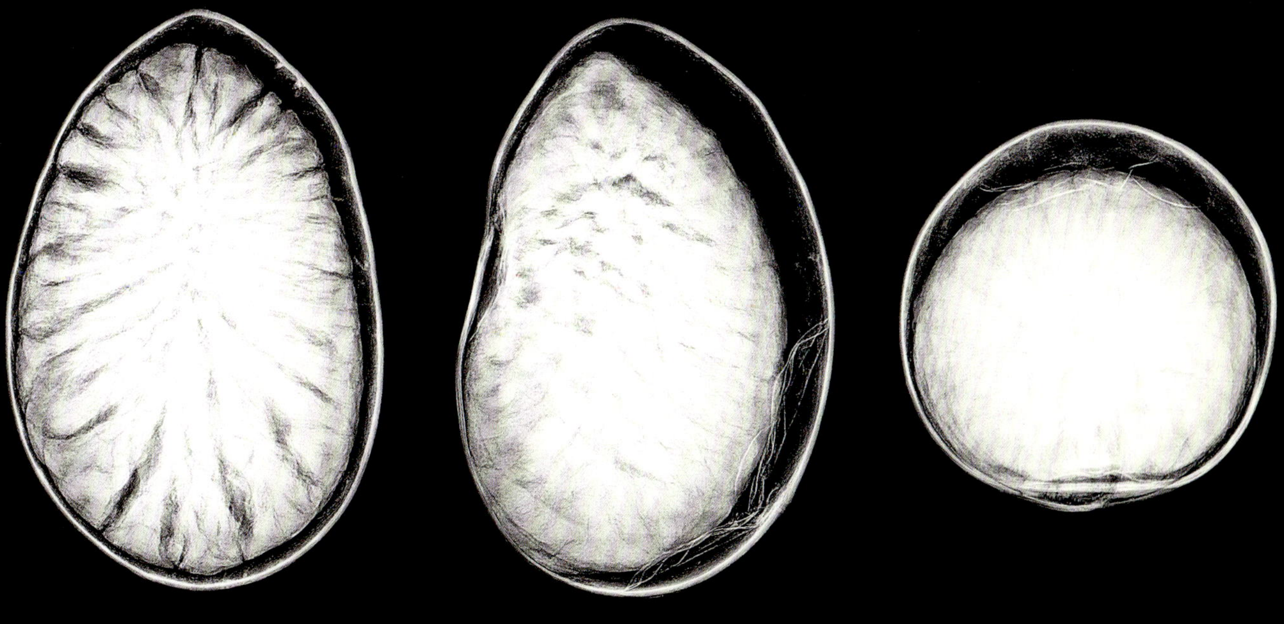

◀ 胚乳表面

1cm

◀ 种子横切面

▶ 种子纵切面

1cm

▶ 胚

1mm

肉豆蔻科 Myristicaceae

云南肉豆蔻
Myristica yunnanensis Y. H. Li

保护级别 二级

植株生活型
乔木，高15~30m，胸径30~70cm。

分　　布
产于云南。生于海拔540~600m的山坡或沟谷斜坡的密林中。此外，泰国也有分布。

经济价值
用材树种。此外，种子中的肉豆蔻酸含量高达66.79%，可用作生产表面活性剂的原料，也可用于消泡剂、增香剂及配制各种食用香料；种仁含油量为6.37%~15.83%，含有14种常见脂肪酸，可作为工业油料。

科研价值
东亚特有植物，是中国大陆肉豆蔻属植物唯一代表，对探讨该属植物的系统演化、地理分布及我国植物区系的形成具有重要价值。

濒危原因
分布区狭窄；生境破坏严重；过度砍伐；植株数量少，结实率低，种子被过度采集，且易被动物啃食，不耐贮藏，导致种群天然更新困难。

▶ 植株

花果期
花期9—12月，果期3—6月。

果实形态结构
蒴果；椭球形，顶部稍尖；表面密被锈色具节软毛；棕褐色；新鲜时长6.07~8.82cm，宽4.05~7.68cm，厚4.03~5.09cm，重42.4746~96.9665g。果皮肉质；外表面为棕褐色，内表面为白色；新鲜时厚8.85~13.62mm，干后为4.00~5.00mm；成熟后两瓣开裂；内含种子1粒。果梗短而粗壮；长7.31~19.30mm，宽4.58~8.98mm；基部具环状花被痕。

传播体类型
种子。

传播方式
动物传播。

种子贮藏特性
顽拗型种子。忌失水，不耐低温，亦不耐久藏，宜随采随播或短期沙藏。

种子萌发特性
新鲜种子在25℃，12h/12h光照条件下，1%琼脂培养基上，萌发率为96%。

◀ 开裂果实

▶ 果实的侧面、背面、基部和顶部

▶ 带假种皮的种子的腹面、侧面、背面、顶部和基部

5cm

种子形态结构

种子：椭球形；深棕色；表面具不规则纵向浅沟和黄棕色脉纹；新鲜时长3.28~4.62cm，宽1.94~2.65cm，厚1.77~2.37cm，重7.6487~16.9036g；包于鲜红色或橙红色、纵向撕裂成条状的肉质假种皮内。

种脐：卵形；黄白色；长3.62~6.16mm，宽1.85~4.43mm；位于种子基部中央。

种皮：外种皮外层为棕色；肉质，薄皮状。内层为黄棕色；壳质；厚0.12~0.22mm。内种皮棕色；纸质；不规则嵌入胚乳中。

胚乳：含量丰富；反刍型；白色，与黄棕色种皮不规则镶嵌；角质；包着胚。

胚："Y"形；白色；肉质；长6.67mm，宽6.00mm；位于种子近基部。子叶2枚；每片子叶从顶部中央深裂成两长条；长3mm，厚4mm；分离。胚根卵形；长4.67mm，宽3.00mm；朝向种脐。

▶ 种子的背面、腹面、顶部和基部

▶ 种子 X 光照

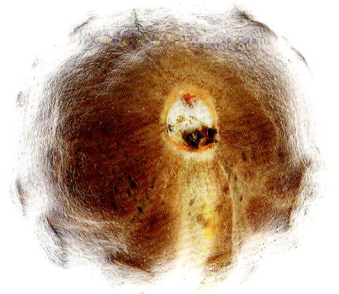

2cm

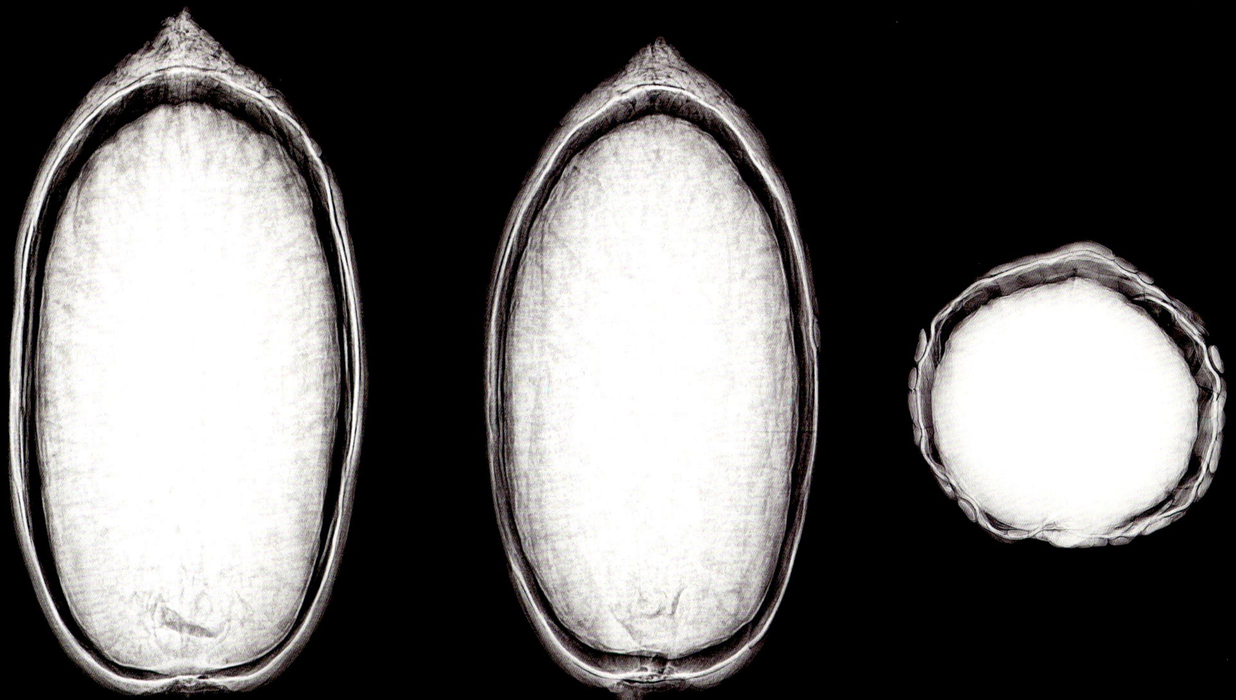

◀ 种子纵切面

1cm

▶ 种子横切面

1cm

木兰科 Magnoliaceae

长蕊木兰
Alcimandra cathcartii (Hook. f. & Thomson) Dandy

保护级别 二级

植株生活型
乔木，高达50m，胸径50~80cm。

分 布
产于云南和西藏。生于海拔1780~2700m的混交林中。此外，不丹、印度、尼泊尔、缅甸、泰国和越南也有分布。

经济价值
既可用材，又可观赏的珍贵树种。

科研价值
是木兰科中的单型属植物，是含笑型植物中形态特征接近较原始的木兰型植物的类群，对研究木兰科系统分类及演化具有重要价值。

濒危原因
分布区狭窄；生境破坏严重；过度砍伐；结果率和结实率均较低，种子不耐干旱，且易遭鼠害，导致种群天然更新困难。

▶ 花

花果期
花期4—5月，果期8—11月。

果实形态结构
聚合果：长卵形；稍弯；长3.5~8.5cm。

蓇葖：扁球形；表面具黄白色皮孔；新鲜时为黄绿色，干后为黑褐色或黑色；宽7~9mm；成熟后沿背缝线开裂；内含种子1~4粒。果皮革质。

传播体类型
种子。

传播方式
动物传播。

种子贮藏特性
不耐在干燥条件下久藏，宜随采随播或短期沙藏。

种子萌发特性
自然晾干的种子用湿沙贮藏催芽30d，然后播种，萌发率为85%。

▶ 聚合果

▶ 带中种皮的种子集

1cm

种子形态结构

种子： 扁球形；橘红色，具光泽；长8.5mm，宽6.5mm，厚4mm。

种脐： 圆形；棕色；长1.87mm，宽2mm；稍凹；位于种子基端。

种皮： 外种皮橘红色；肉质。中种皮棕褐色至褐色；壳质；厚0.12~0.22mm。内种皮黄棕色；膜状胶质；紧贴胚乳。

胚乳： 含量丰富；白色或乳白色；肉质，含油脂；包着胚。

胚： 扁圆柱形；乳白色或乳黄色；蜡质；长1.05~1.40mm，宽0.71~0.80mm，厚0.31~0.33mm；位于种子基部。子叶2枚；宽卵形；长0.36~0.50mm；分离。胚根下胚轴和胚根短圆柱形，稍扁；长0.50~0.68mm，宽0.50~0.66mm；朝向种脐。

▶ 带中种皮的种子的背面、侧面和基部

▶ 带中种皮的种子 X 光照

2mm

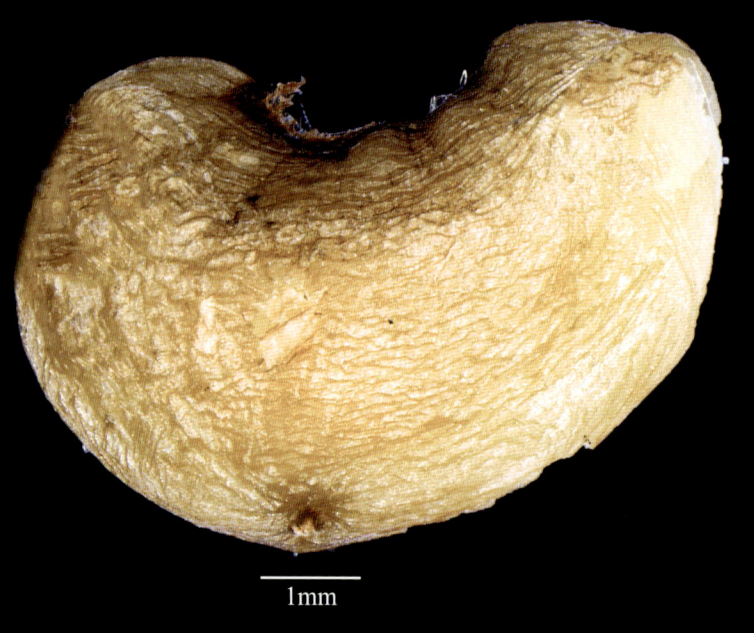

◀ 带内种皮的种子

◀ 带中种皮的种子横切面

▶ 带中种皮的种子纵切面

▶ 胚

木兰科 Magnoliaceae

厚朴

Houpoëa officinalis (Rehder & E. H. Wilson) N. H. Xia & C. Y. Wu

保护级别 二级

植株生活型
落叶乔木，高达20m，胸径40cm。

分　　布
产于浙江、安徽、福建、江西、河南、湖北、湖南、广东、广西、重庆、四川、贵州、云南、陕西和甘肃。生于海拔300~2000m的丘陵、山地林中。

经济价值
既可用材，又可观赏的珍贵树种。此外，树皮和根皮可供药用，有燥湿消痰、下气除满的功效，能治疗湿滞伤中、脘痞吐泻、食积气滞、腹胀便秘、痰饮喘咳之症；花有芳香化湿、理气宽中的功效，能治疗脾胃湿阻气滞、胸脘痞闷胀满、纳谷不香之症；种子有明目益气功效；芽可作妇科药用。

科研价值
中国特有植物，是木兰型植物中分布较广，且较原始的类群，对研究东亚和北美植物区系及木兰科分类和进化具有重要价值。

濒危原因
生境破坏严重；过度砍伐和剥取树皮药用。

▶ 植株

花果期

花期4—6月，果期8—10月。

果实形态结构

聚合果：椭球形或卵形；新鲜时为紫红色，干后为棕褐色；长9~16cm，宽6cm。

蓇葖：菱形或椭圆形；顶部具长2~4mm外翻的喙；成熟后沿背缝线开裂；内含种子1~2粒。

传播体类型

种子。

传播方式

动物传播。

种子贮藏特性

正常型种子。不耐在干燥条件下久藏，宜随采随播或短期沙藏。

种子萌发特性

用65℃的水浸种24h，然后在25℃，双层湿润滤纸上，萌发率为81%。

◀ 聚合果

▶ 果枝

▶ 种子集

1cm

种子形态结构

种子：三棱状倒卵形；腹面稍平；新鲜时为红色，干后为黑褐色或黑色；长9.96~12.27mm，宽7.49~10.98mm，厚4.08~5.66mm，重0.1598~0.3019g。

种脐：椭圆形；灰色；长1.73~2.11mm，宽1.22~1.33mm；稍凹；位于种子基端；有白色细丝与胎座相连。

种皮：外种皮新鲜时为红色；肉质，内含众多棕色或红棕色颗粒状物；厚0.36~0.51mm。中种皮外表面为黑色，内表面为灰棕色；骨质；厚0.31~0.47mm。内种皮为黄棕色；胶质；紧贴胚乳。

胚乳：含量丰富；黄色；肉质，富含油脂；包着胚。

胚：椭圆形；黄色或黄棕色；蜡质；长1.31~1.53mm，宽0.62~0.71mm，厚0.38~0.42mm；位于脐部中央。子叶2枚；卵形；扁平；长0.42mm，宽0.49mm，厚0.09mm；并合。下胚轴和胚根扁圆柱形；长0.89mm，宽0.58mm，厚0.24mm；朝向种脐。

▶ 种子的腹面、侧面和基部

▶ 种子 X 光照

2mm

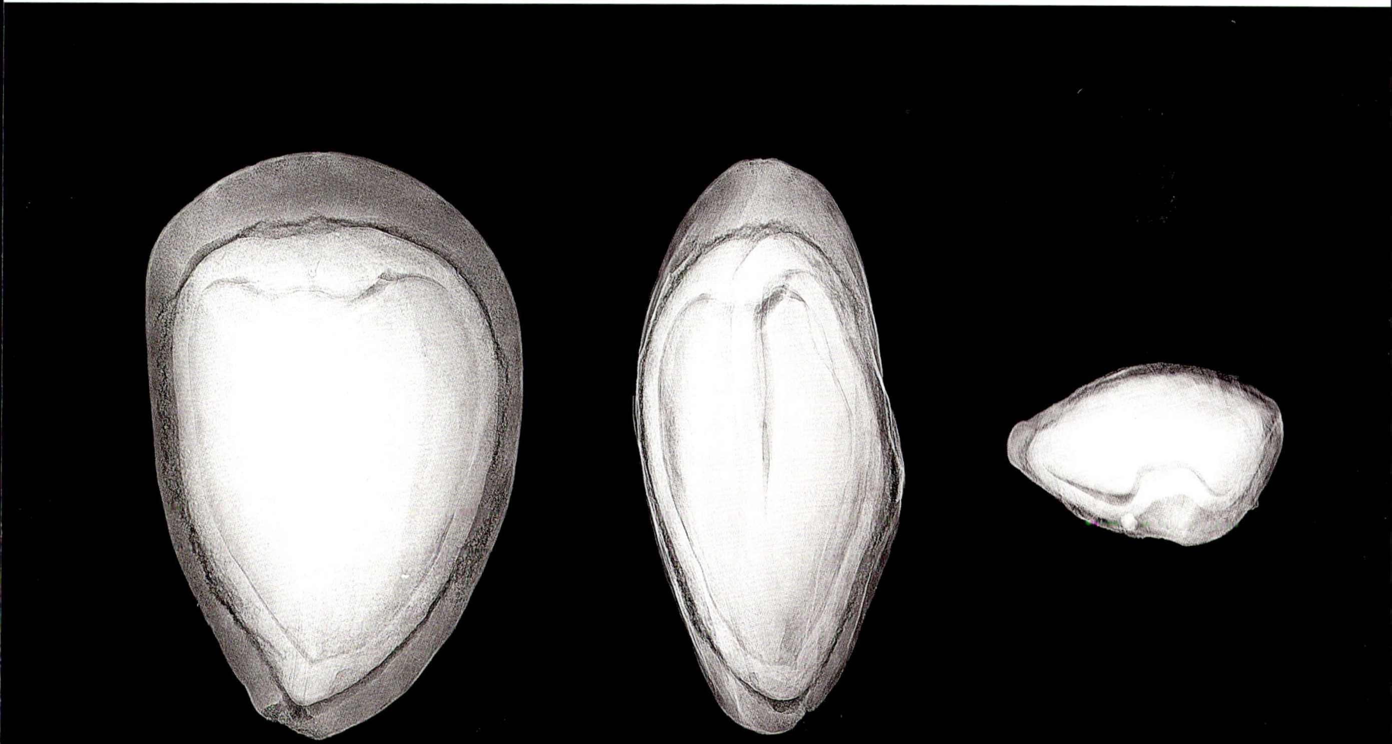

◂ 带中种皮的种子

2mm

◂ 带内种皮的种子

5mm

▶ 种子纵切面

▶ 种子横切面

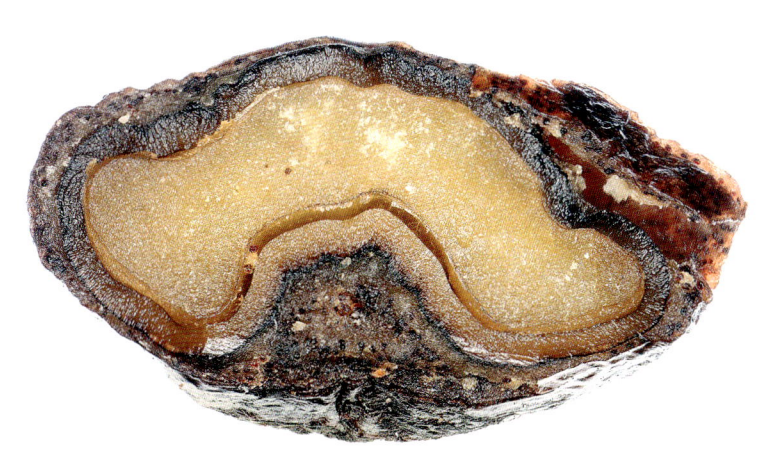

▶ 胚

木兰科 Magnoliaceae

长喙厚朴

Houpoëa rostrata (W. W. Sm.) N. H. Xia & C. Y. Wu

保护级别 二级

植株生活型
落叶乔木，高达25m。

分　　布
产于云南和西藏。生于海拔2100~3000m的山地阔叶林中。此外，缅甸也有分布。

经济价值
既是优良用材树种，又是具较高观赏价值的园林树种。此外，因树皮的主要成分和功用与厚朴相同，仅毒性略大于厚朴，是一种很有希望的厚朴代用品。

科研价值
东亚特有植物，是木兰型植物落叶类群中最原始的植物，对研究古植物区系及木兰科的分类和系统演化具有重要价值。

濒危原因
生境破坏严重；过度砍伐和剥取树皮药用。

▶ 植株

花果期

花期5—7月，果期9—10月。

果实形态结构

聚合果： 长卵形；新鲜时为红色，干后为棕褐色；长11~20cm，宽4cm。

蓇葖： 卵形；顶端具长6~8mm的弯喙。

传播体类型

种子。

传播方式

动物传播。

种子贮藏特性

不耐在干燥条件下久藏，宜随采随播或短期沙藏。

种子萌发特性

具形态生理休眠。

◀ 花枝

▶ 聚合果

▶ 种子集

1cm

种子形态结构

种子： 扁椭圆形或三棱状倒卵形；新鲜时为红色，干后为棕褐色；长6.40~8.28mm，宽3.70~5.86mm，厚2.31~3.33mm，重0.0393~0.0696g。去除外种皮后，种子为扁椭圆形或三棱状倒卵形；黑色；腹平背拱，腹面中央有一纵沟。

种脐： 三角形；灰白色；长1.11~1.33mm，宽1.22~1.33mm；稍凹；位于种子基端；有白色细丝与胎座相连。

种皮： 外种皮外层为红色，内层为白色，内含众多棕色圆形颗粒；肉质，含油脂；厚0.18mm。中种皮为黑色；骨质；厚0.22mm。内种皮为灰白色或黄棕色；膜状胶质；紧贴胚乳。

胚乳： 含量丰富；白色或浅黄色；肉质，富含油脂；包着胚。

胚： 椭圆形；乳黄色；蜡质；长1.11~1.36mm，宽0.67~0.76mm；直生于脐部中央。子叶2枚；宽椭圆形，扁平；长0.33~0.47mm，宽0.51~0.76mm，厚0.07~0.10mm；并合。下胚轴和胚根宽倒卵形；长0.78~0.89mm，宽0.53~0.64mm，厚0.16mm；朝向种脐。

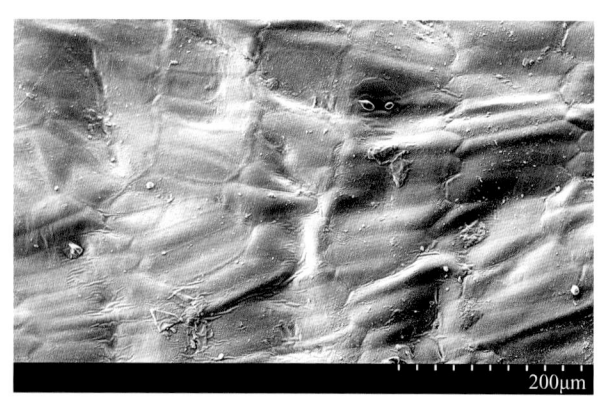

◀ 种子表面 SEM 照

▶ 种子的背面、腹面和基部

▶ 种子 X 光照

5mm

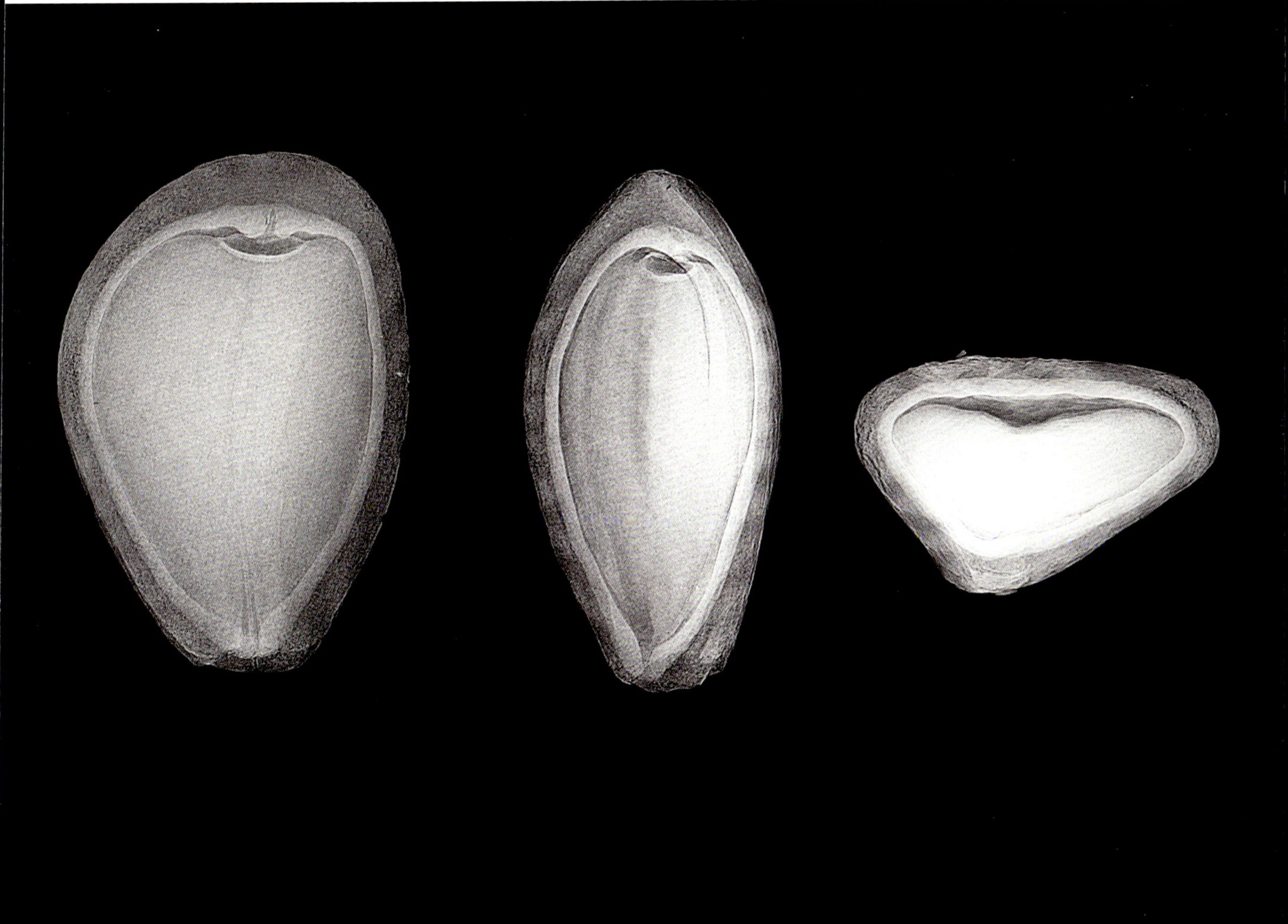

5mm

◀ 带中种皮的种子

1mm

◀ 种子横切面

▶ 种子纵切面

1mm

▶ 胚

500μm

木兰科 Magnoliaceae

馨香玉兰（馨香木兰）
Lirianthe odoratissima (Y. W. Law & R. Z. Zhou) N. H. Xia & C. Y. Wu

保护级别  二级

植株生活型
常绿小乔木，高5~6m。

分　　布
产于云南。生于海拔1100~1500m的山地常绿阔叶林中。此外，越南也有分布。

经济价值
既可用材，又可观赏的珍贵树种。

科研价值
东亚特有植物，是木兰类植物中较原始的种类，对研究古植物区系及木兰科的分类和系统演化具有重要价值。

濒危原因
分布区狭窄；生境破坏严重；过度砍伐；种群过小，结实率低，种子易丧失活力，导致天然更新困难。

▶ 花

花果期
花期5月，果期9—10月。

果实形态结构
聚合果：椭球形。

蓇葖：长椭圆形；顶端具喙；新鲜时为黄绿色，干后为褐色；长3.8~7cm，宽2~3.5cm。果皮革质；成熟后沿背缝线开裂；内含种子多粒。

传播体类型
种子。

传播方式
动物传播。

种子贮藏特性
不耐在干燥条件下久藏，宜随采随播或短期沙藏。

5mm

◀ 种子

▶ 聚合果

▶ 带中种皮的种子集

种子形态结构

种子： 宽椭圆形；新鲜时为红色，干后为棕褐色或黑色。去除外种皮后，种子为倒心形或宽椭圆形；腹面中央具一纵沟；棕色、棕褐色或褐色；长4.63~8.67mm，宽4.12~14.75mm，厚2.50~5.86mm，重0.0366~0.0819g。

种脐： 种脐为椭圆形；黄棕色至棕色；长1.85~2.88mm，宽0.95~1.82mm；凹；位于种子基端。

种皮： 外种皮为红色；肉质，含油脂。中种皮外表面为棕褐色至褐色，内表面为黄色；壳质；厚0.12~0.44mm。内种皮为黄棕色至灰棕色；膜状胶质；紧贴胚乳。

胚乳： 含量丰富；乳白色；半肉半蜡质，含油脂；包着胚。

胚： 扁椭圆形；乳白色或乳黄色；蜡质；长1.20~2.07mm，宽0.82~1.04mm，厚0.27~0.40mm；位于近脐部中央。子叶2枚；椭圆形，扁平；长0.56~1.11mm，宽1.02mm，厚0.07~0.17mm；并合或分离。下胚轴和胚根倒卵形；长0.89~1.02mm，宽0.78~0.80mm，厚0.27~0.40mm；朝向种脐。

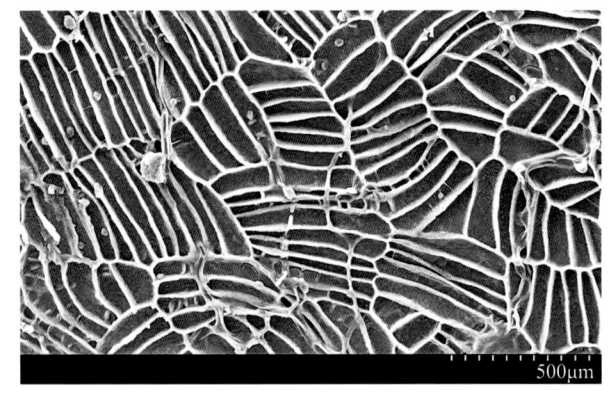

◀ 中种皮表面 SEM 照

▶ 带中种皮的种子的背面、腹面、顶部、侧面和基部

▶ 带中种皮的种子 X 光照

5mm

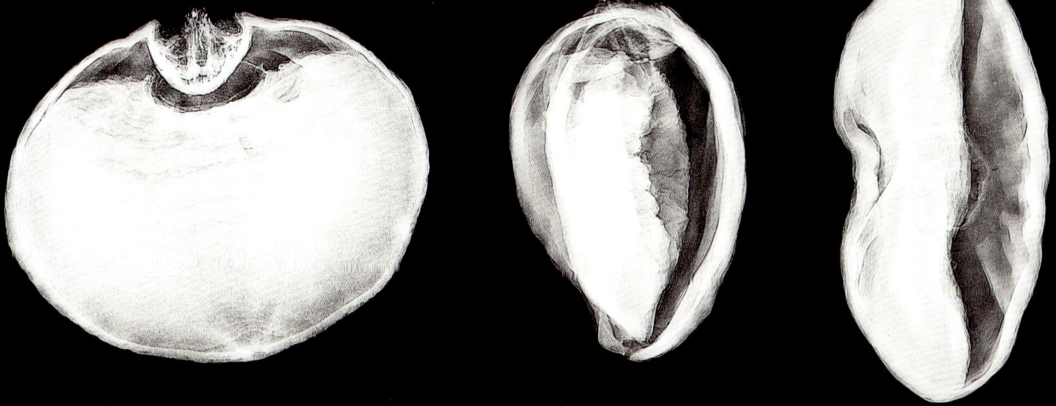

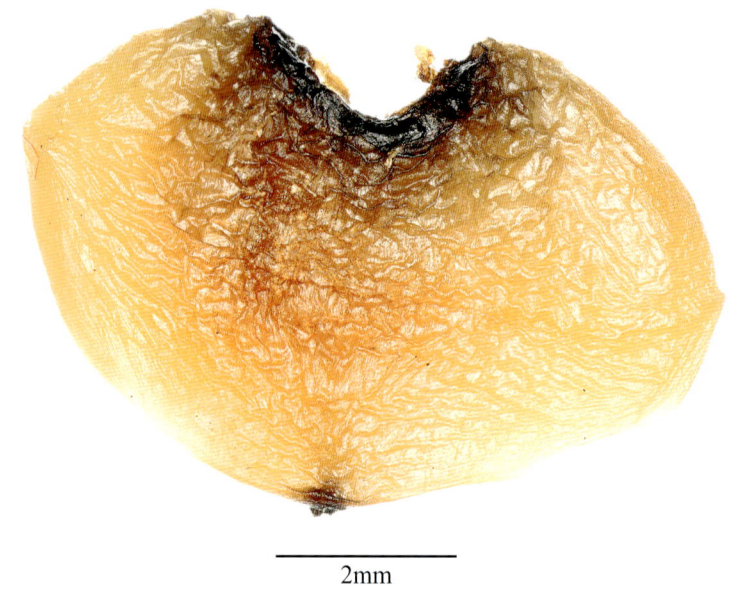

◀ 带内种皮的种子

◀ 带中种皮的种子横切面

▶ 带中种皮的种子纵切面

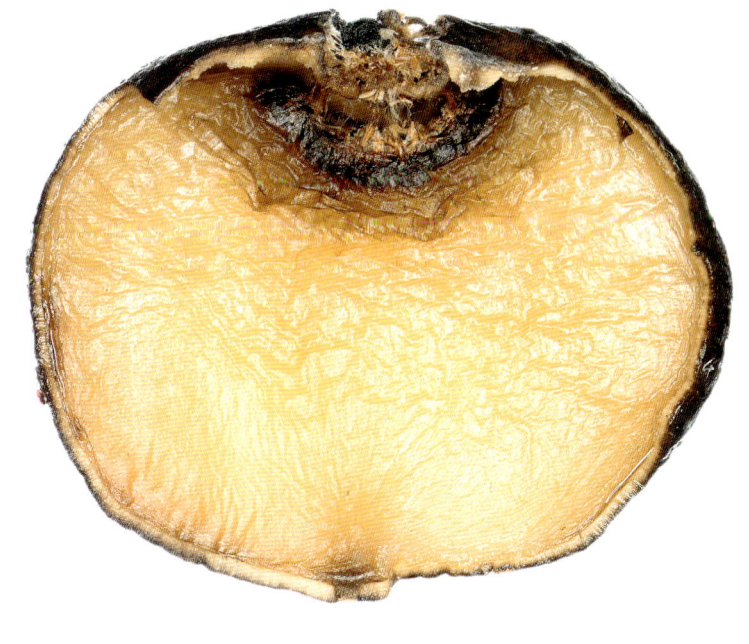

2mm

▶ 胚

500μm

木兰科 Magnoliaceae

保护级别 二级

鹅掌楸（马褂木）
Liriodendron chinense (Hemsl.) Sarg.

植株生活型
落叶乔木，高达40m，胸径大于1m。

分　　布
产于浙江、安徽、福建、江西、湖北、湖南、广西、重庆、四川、贵州、云南和陕西。生于海拔900~1800m的山地阔叶林中。此外，越南也有分布。

经济价值
既可用材，又可观赏的珍贵树种。此外，叶、树皮和根可入药，有祛风除湿、强筋健骨功效。

科研价值
为木兰科寡型属植物，同时也是古老的孑遗植物，现仅存鹅掌楸和北美鹅掌楸两个种，对研究东亚与北美洲际间断分布、古植物区系、木兰科的分类和系统演化都具有重要价值。

濒危原因
第四纪冰期影响；生境破碎化且破坏严重；过度砍伐；异花传粉困难，结实率低，种群天然更新困难。

▶ 植株

花果期
花期5月，果期9—10月。

果实形态结构
聚合果：条状纺锤形；长7~9cm。

小坚果：条状纺锤形；两侧平截，背腹面斜截；顶部具长25.54~32.12mm、宽5.28~8.26mm的长翅，翅的中央有一纵棱，棱的两侧有几条平行细纹；黄棕色至棕褐色，表面有褐色斑点或无；长32.20~34.12mm，宽3.33~6.09mm，厚2.17~3.75mm，重0.0122~0.0270g。果皮泡沫状木栓质；黄棕色至棕褐色；成熟后不会开裂；内含种子1~2粒。果疤披针形或窄椭圆形；棕色至棕褐色；长5.80~7.00mm，宽0.80~1.20mm；位于果实一侧。

传播体类型
果实。

传播方式
风力传播。

种子贮藏特性
正常型种子。在低温干燥条件下贮藏，寿命可达3年以上。

种子萌发特性
在25℃/15℃，12h/12h光照条件下，1%琼脂培养基上，萌发率可达78%。

▶ 聚合果

▶ 果实集

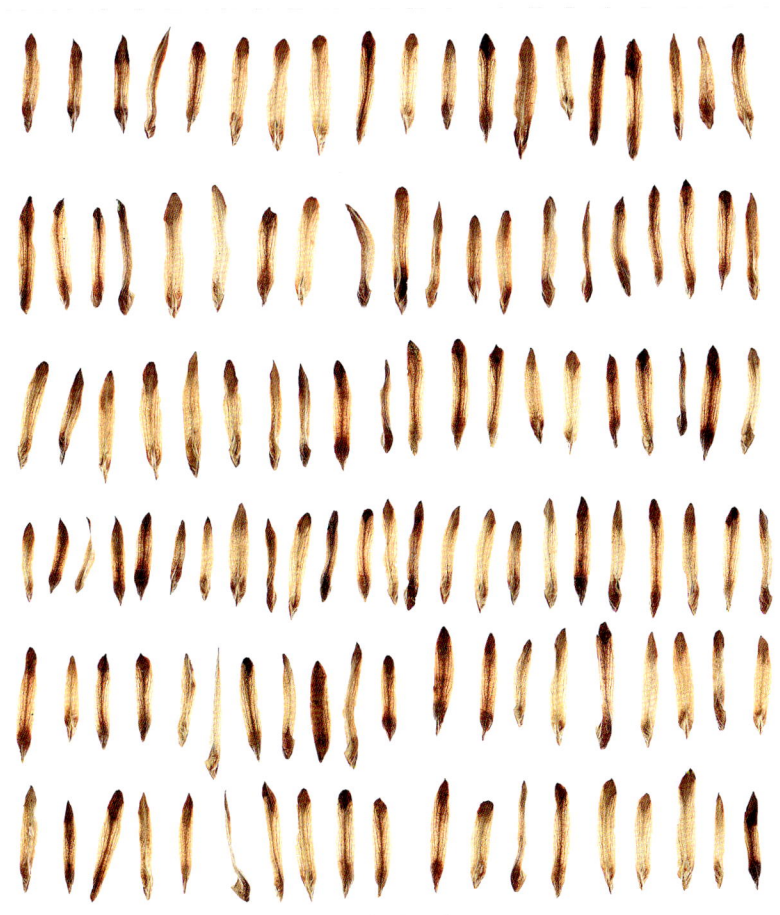

种子形态结构

种子：三棱状倒卵形；表面具一层黄棕色的纤维状膜；棕褐色；长3.89~7.66mm，宽1.56~3.75mm，厚1.00~1.40mm。

种脐：椭圆形；褐色；长0.33~0.67mm，宽0.29~0.49mm；稍突起；位于种子基部。

种皮：外种皮棕褐色；胶质，脆；厚0.07~0.11mm。内种皮棕色；膜状胶质；紧贴胚乳。

胚乳：含量丰富；白色；肉质，富含油脂；包着胚。

胚：扁圆柱形；乳白色；肉质，含油脂；长1.53mm，宽0.56mm，厚0.27mm；直生于种子顶部。子叶2枚；宽心形，扁平；长0.49mm，宽0.55mm，厚0.12mm；并合。下胚轴及胚根扁圆柱形；长1.02mm，宽0.47mm，厚0.27mm；朝向种脐和果翅端。

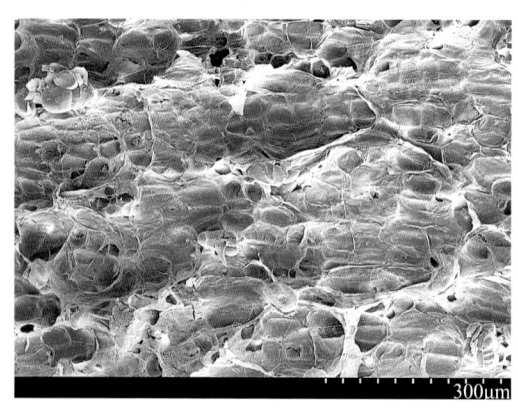

◀ 种子表面 SEM 照

▶ 种子的腹面、背面、侧面和顶部

▶ 果实 X 光照

◄ 带内种皮的种子

2mm

◄ 种子横切面

1mm

▶ 种子纵切面

2mm

▶ 胚

500μm

木兰科 Magnoliaceae

香木莲
Manglietia aromatica Dandy

保护级别 二级

植株生活型
常绿乔木，高达40m，胸径1.4m，具板根。

分　　布
产于广西、贵州和云南。生于海拔900~1600m的山地、丘陵常绿阔叶林中。此外，越南也有分布。

经济价值
既是优良用材树种，又是庭园观赏树种。枝、叶、花及木材还可提取香油，调制香料。

科研价值
东亚特有植物，是木兰科木莲属中较原始的种类，对研究古植物区系、木兰科分类系统和演化具有重要价值。

濒危原因
生境破坏严重；过度砍伐；种群小，结果率低，种子不易发芽且易腐烂，导致种群天然更新困难。

▶ 果枝

花果期
花期4—6月，果期9—10月。

果实形态结构
聚合果：近球形或卵球形；幼时绿色，成熟后为黄红色至紫色；宽5~8cm。

蓇葖：近菱形、倒卵形或椭圆形；顶端具短喙；背面中央具一纵沟；成熟后沿腹缝线及背缝线两瓣开裂，或沿腹缝线开裂；内含种子1枚至多枚。果皮木质；较厚。

传播体类型
种子。

传播方式
动物传播。

种子贮藏特性
不耐在干燥条件下久藏，宜随采随播或沙藏至翌年春播。

▶ 种子的背面、腹面、侧面和基部

▶ 种子集

5mm

1cm

种子形态结构

种子：倒心形或倒卵形；腹平背拱，腹面中央有一纵沟；红棕色、红褐色、棕褐色或黑色；长5.65~11.71mm，宽4.78~9.41mm，厚3.28~5.94mm，重0.0881~0.2312g。

种脐：椭圆形、横椭圆形或近圆形；黄棕色或棕褐色；长0.67~1.22mm，宽0.80~1.11mm；位于种子基端。

种皮：外种皮新鲜时为红色，干后为棕色或棕褐色；肉质；厚0.20~0.45mm。中种皮为黑褐色；壳质；厚0.31~0.55mm。内种皮为白色或黄棕色；膜状胶质；厚0.02mm；紧贴胚乳。

胚乳：含量丰富；白色或黄白色；肉质，富含油脂；包着胚。

胚：倒卵形；白色或黄色；半肉半胶质；长1.22~1.44mm，宽0.71~1.00mm，厚0.13~0.20mm；位于种子基部中央。子叶2枚；卵形，扁平；长0.62~0.76mm，宽0.51~0.56mm，厚0.03~0.04mm；下部交错并合，上部分开。下胚轴和胚根圆柱形；长0.56~0.71mm，宽0.44~0.51mm，厚0.13~0.20mm；朝向种脐。

▶ 带中种皮的种子的腹面、背面、侧面和基部

▶ 带中种皮的种子 X 光照

2mm

1mm

◀ 带内种皮的种子

2mm

◀ 种子横切面

▶ 种子纵切面

2mm

▶ 胚

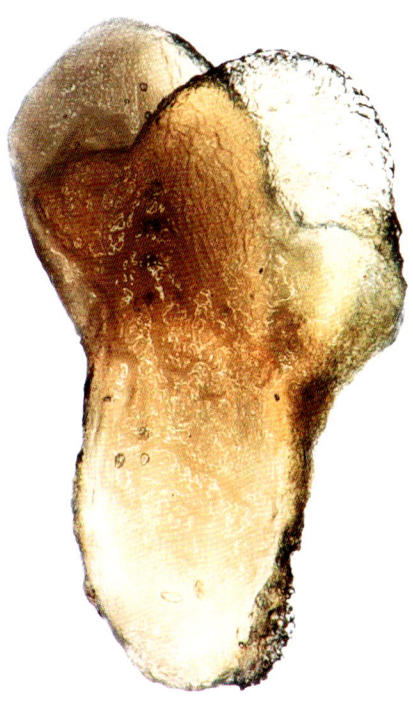

500μm

木兰科 Magnoliaceae

保护级别 二级

大叶木莲
Manglietia dandyi (Gagnep.) Dandy

植株生活型
常绿乔木，高30~40m，胸径80~100cm。

分　　布
产于广西、贵州和云南。生于海拔450~1685m的山地常绿阔叶林中。此外，老挝和越南也有分布。

经济价值
既是优良用材树种，又是庭园观赏树种。此外，花大色白，香气浓郁，是重要的香料。

科研价值
东亚特有植物，是木兰科木莲属中较原始的种类，对研究古植物区系、木兰科分类系统和演化具有重要价值。

濒危原因
分布区狭窄；生境破坏严重；过度砍伐；种群过小，种子易丧失活力，导致天然更新困难。

▶ 植株

花果期
花期4—6月，果期9—11月。

果实形态结构
聚合果：近球形或卵球形；新鲜时为黄红色，干后为棕褐色；长6.5~11cm，宽8.1~9.2cm，厚8.1~8.5cm；由58~72个蓇葖组成。

蓇葖：卵形；顶端具喙，稍向外弯成钩状；长2.5~3cm；成熟后沿腹缝线及背缝线两瓣裂，或沿腹缝线全裂，背缝线裂至全长的1/2；每个蓇葖含种子2~12粒。果梗粗壮；圆柱形；长1~3cm，宽1~1.4cm。

传播体类型
种子。

传播方式
动物传播。

种子贮藏特性
不耐在干燥条件下久藏，宜随采随播或短期沙藏。

种子萌发特性
种子去除假种皮后，与湿沙按1：3的比例分层摊放，翌年3月取出，用0.5%的高锰酸钾溶液浸泡5min，播种到苗床，用厚度0.5~1cm粉碎后的腐熟树皮覆盖，萌发率为78%。

▶ 聚合果

▶ 种子集

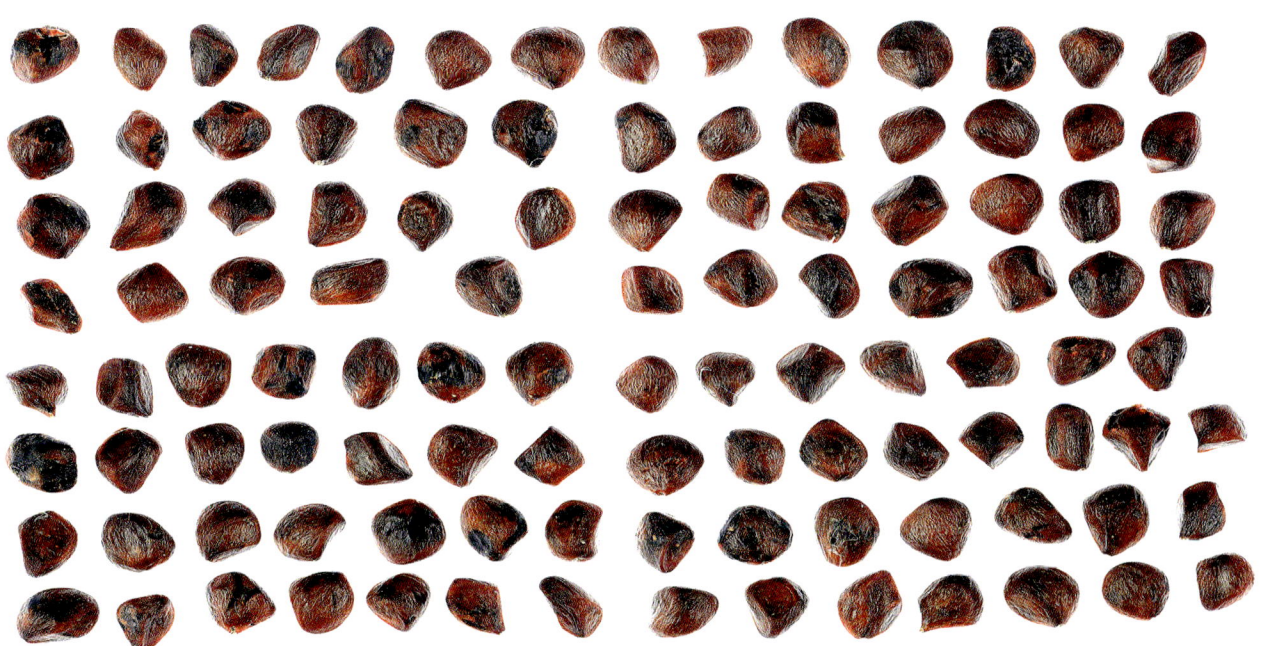

2cm

种子形态结构

种子： 不规则的倒心形或倒卵形，稍扁；新鲜时为红色，干后为红棕色；长5.81~9.15mm，宽3.32~7.70mm，厚2.71~5.90mm，重0.0747~0.1513g。去除假种皮后的种子为倒卵形；腹平背拱；腹面中央有一纵沟；棕黑色或黑褐色；长4.84~8.16mm，宽3.79~7.58mm，厚2.54~5.70mm，重0.0484~0.1111g。

种脐： 卵形；黄白色；长0.90~1.30mm，宽0.50~0.85mm；位于种子基端。

种皮： 外种皮外层新鲜时为红色，干后为红棕色；胶质；厚0.01~0.02mm。内层为肉质，富含油脂；橙色，内具众多橙色和棕色小颗粒；厚0.38~0.56mm。中种皮为黑色；骨质；厚0.22~0.31mm。内种皮为白色或棕色；膜状胶质；紧贴胚乳。

胚乳： 含量丰富；乳白色或黄色；肉质，富含油脂；包着胚。

胚： 矩圆形；乳白色；肉质；长0.44~1.47mm，宽0.38~0.89mm，厚0.38mm；位于近基部中央。

▶ **种子的腹面、侧面和基部**

▶ **种子 X 光照**

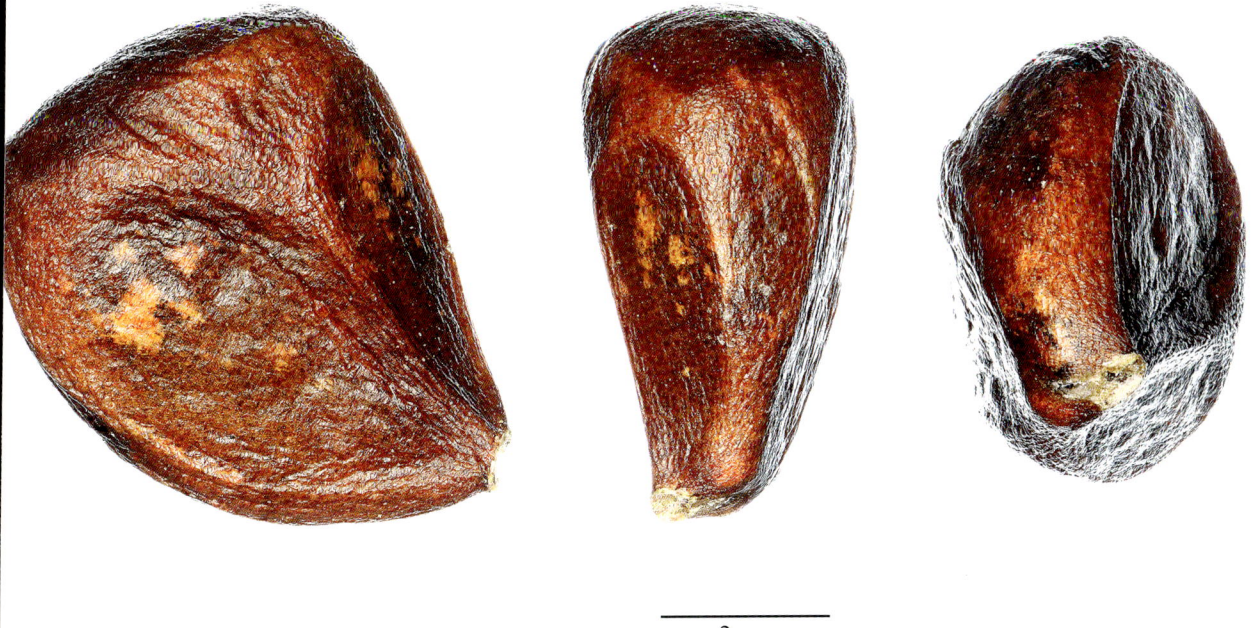

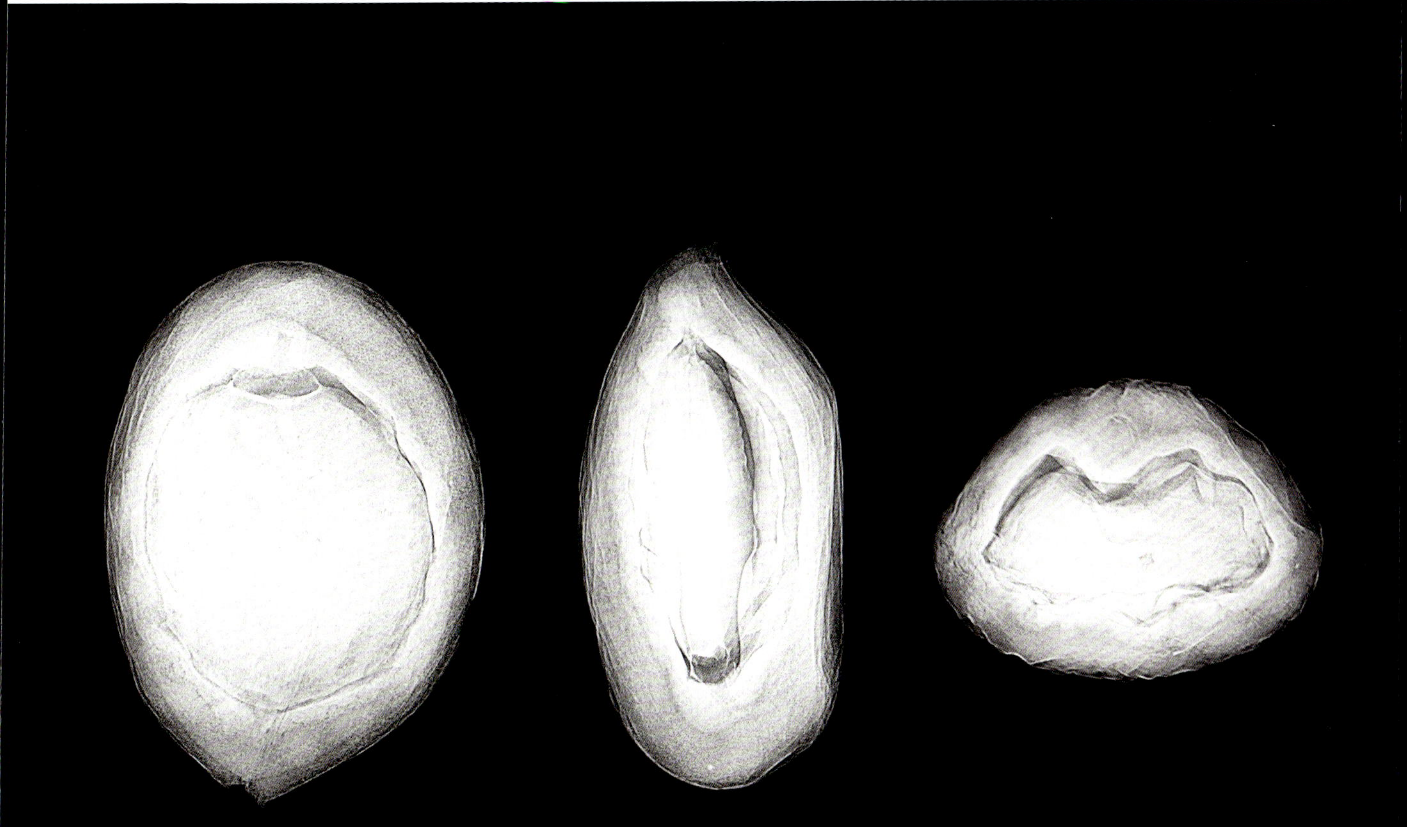

◀ 带中种皮的种子的腹面、背面和基部

2mm

◀ 带内种皮的种子的腹面和基部

2mm

▶ 种子纵切面

2mm

▶ 种子横切面

2mm

▶ 胚

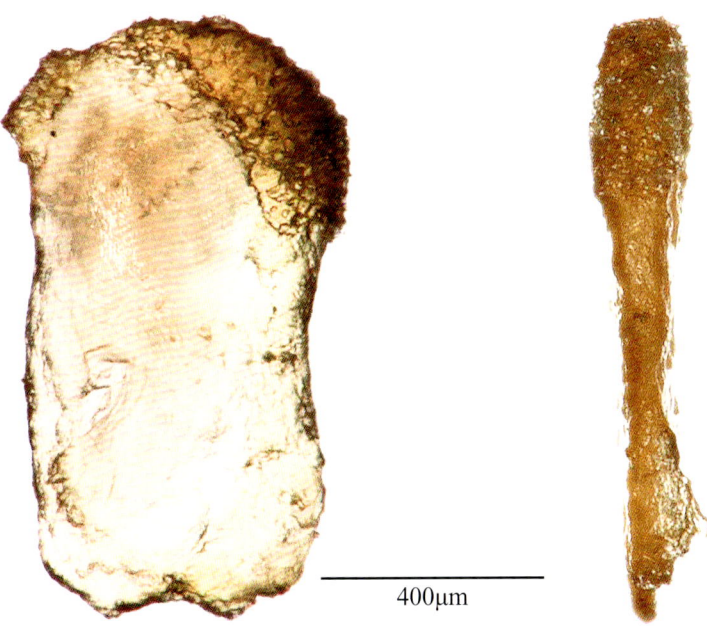

400μm

木兰科 Magnoliaceae

大果木莲
***Manglietia grandis* Hu & W. C. Cheng**

保护级别 二级

植株生活型
常绿乔木，高达20m，胸径40cm。

分　　布
产于广西和云南。生于海拔800~1800m的石灰岩山地常绿阔叶林中。

经济价值
既是优良用材树种，又是庭园观赏树种。此外，花、果、叶富含芳香物，可提取香料。

科研价值
中国特有植物，是木兰科木莲属中较原始的种类，对研究古植物区系、木兰科分类系统和演化具有重要价值。

濒危原因
分布区狭窄；生境破坏严重；过度砍伐；种子易霉变和生蛆，发芽率低，导致种群天然更新困难。

▶ 果枝

花果期
花期5—6月，果期9—11月。

果实形态结构
聚合果：卵形；新鲜时为红色，干后为棕褐色或褐色，表面密布黄色糙点；长10~17cm，宽7.6~8.7cm，厚7.3~8.5cm；由58~63个蓇葖组成。

蓇葖：基部蓇葖为长椭圆形，中部蓇葖为近菱形；背面中央具一纵背缝，顶端具一个微向外弯的小尖突；长3.5~4.5cm，宽1.5~2.5cm。果皮外层为棕褐色，肉质，内层为枯黄色或黄棕色，木质；成熟后沿腹缝线及背缝线全裂；内含种子1~5粒。果梗粗壮；圆柱形；长4.5~6cm，宽1.3~1.6cm。

传播体类型
种子。

传播方式
动物传播。

种子贮藏特性
不耐在干燥条件下久藏，宜随采随播或短期沙藏。

▶ 花

▶ 种子的腹面、侧面和基部

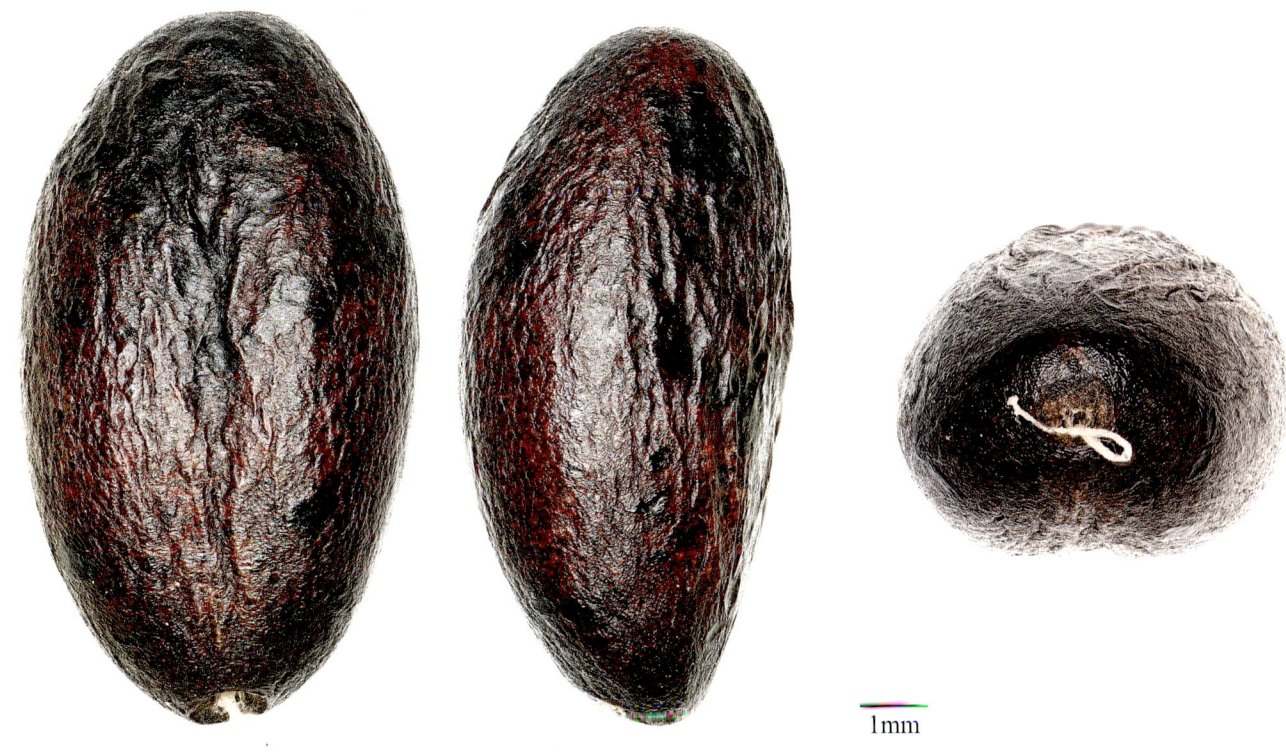

种子形态结构

种子： 椭球形；腹平背拱，稍弯；新鲜时为红色，有清香味，干后为紫黑色；长5.88~8.69mm，宽4.03~6.56mm，厚2.71~4.33mm，重0.0484~0.1052g。

种脐： 倒卵形或近圆形；黑褐色；长1.11~1.38mm，宽0.89~1.33mm；稍凹；位于种子基端；有白色细丝与胎座相连。

种皮： 外种皮新鲜时外层为红色，内层为白色，且含密集红棕色颗粒，干后为紫黑色；肉质；厚0.24~0.69mm。中种皮外表面为黑色，内表面为褐色；骨质；厚0.24~0.43mm。内种皮为乳白色或黄白色；膜状胶质；紧贴胚乳。

胚乳： 含量丰富；白色；肉质，富含油脂；包着胚。

胚： "Y"形；乳白色；蜡质；长1.04mm，宽0.71mm；直生于脐部中央。子叶2枚；心形，扁平；长0.42mm，宽0.71mm，厚0.07mm；并合。下胚轴和胚根扁圆柱形；长0.62mm，宽0.47mm，厚0.24mm；朝向种脐。

▶ **种子 X 光照**

▶ **带中种皮的种子的腹面、侧面和基部**

5mm

4mm

◀ 带内种皮的种子

▶ 种子纵切面

2mm

▶ 种子横切面

2mm

木兰科 Magnoliaceae

峨眉含笑
Michelia wilsonii Finet & Gagnep.

保护级别 二级

植株生活型
常绿乔木，高达20m。

分　　布
产于湖北、湖南、重庆、四川、云南、贵州和江西。生于海拔600~2000m的丘陵山地常绿阔叶林中。

经济价值
既是优良用材树种，又是庭园观赏树种。

科研价值
中国特有植物，对研究中国植物区系及木兰科植物的分类和系统演化具有重要价值。

濒危原因
分布区狭窄；生境破坏严重；过度砍伐；植株数量少，种子易腐烂，发芽难，导致种群天然更新困难。

▶ 植株

花果期

花期3—5月，果期8—9月。

果实形态结构

聚合果：穗状；长12~15cm；弯曲。

蓇葖：椭球形或倒卵形；顶端具弯曲短喙，表面具灰黄色皮孔；棕褐色；长1~2.5cm；成熟后两瓣开裂。

传播体类型

种子。

传播方式

动物传播。

种子贮藏特性

不耐在干燥条件下久藏，宜随采随播或短期沙藏。

▶ **未成熟聚合果**

▶ **种子集**

2cm

种子形态结构

种子：宽椭球形、宽半球形或宽矩圆形；新鲜时为橘红色，干后为棕色或棕褐色；长5.97~11.93mm，宽6.11~12.16mm，厚4.47~5.81mm，重0.1020~0.1523g。

种脐：圆形；黄色；长0.75~1.75mm，宽0.95~1.65mm；位于种子基端；有白色细丝与胎座相连。

种皮：外种皮外层为棕色，胶质，内层为橙色或黄棕色；肉质；厚0.10~0.27mm。中种皮为黄棕色；骨质；厚0.18~0.36mm。内种皮为黄白色；膜状胶质；厚0.01mm；紧贴胚乳。

胚乳：含量丰富；乳白色；蜡质，含油脂；包着胚。

胚：倒卵形；乳白色或黄色；蜡质；长0.58~2.22mm，宽0.27~1.29mm，厚0.11~0.18mm；位于种子顶部。子叶2枚；倒心形，扁平；长0.42~1.00mm，宽0.29~1.29mm，厚0.04~0.07mm；并合。胚根扁圆柱形；长0.44~1.22mm，宽0.24~0.84mm，厚0.13~0.18mm；朝向种脐。

▶ **种子的腹面、背面、基部和顶部**

▶ **种子 X 光照**

5mm

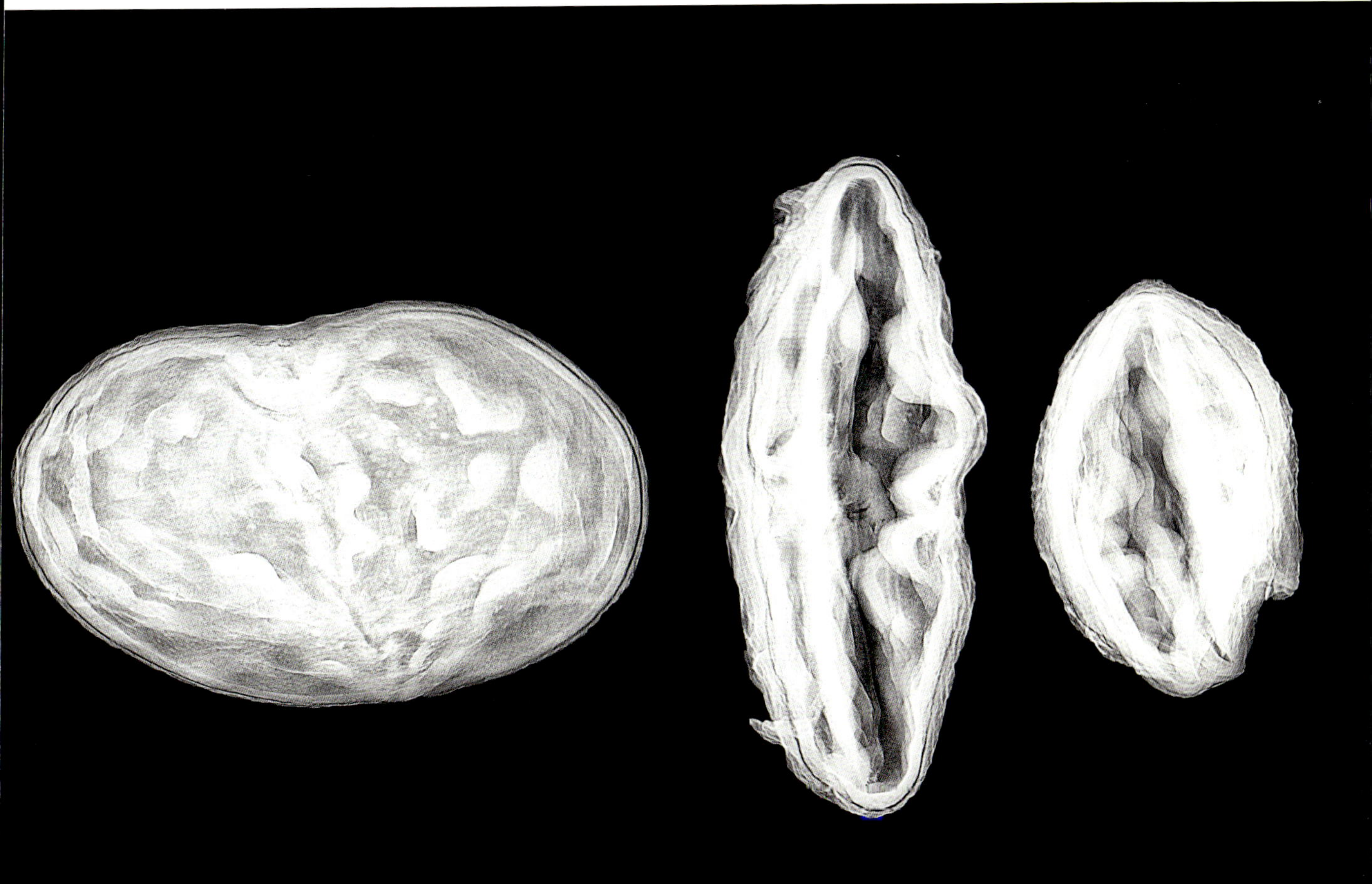

◀ 带中种皮的种子

4mm

◀ 种子横切面

2mm

▶ 种子纵切面

2mm

▶ 胚

1mm

木兰科 Magnoliaceae

华盖木

***Pachylarnax sinica* (Y. W. Law) N. H. Xia & C. Y. Wu**

保护级别 一级

植株生活型
常绿乔木，高达40m，胸径1.2m。

分　　布
产于云南。生于海拔1300~1685m的山地常绿阔叶林中。

经济价值
既是优良用材树种，又是庭园观赏树种。

科研价值
中国特有植物和孑遗植物，起源于1.4亿年前，是厚壁木兰型植物中最原始的类群，是木兰科中古老的单种属植物，对研究古植物区系、木兰科分类系统和演化具有重要价值。

濒危原因
第四纪冰期影响；分布区狭窄；生境破坏严重；过度砍伐；植株数量少，结实率低，种子易腐烂且发芽较难，导致种群天然更新困难，目前野外仅存52株。

▶ 植株

花果期
花期4—6月，果期9—11月。

果实形态结构
聚合果：卵形或倒卵形；新鲜时中上部和向阳面为紫红色，中下部和背阴面为黄绿色，干后为灰褐色；表面具黄色糙点；长3.3~8.5cm，宽3~6.5cm，厚4.7~5cm；由13~16个蓇葖组成。果梗长1.2~1.5cm，宽1~1.1cm。

蓇葖：窄长圆状椭圆形或倒卵状椭圆形；表面具粗皮孔；外表面为灰褐色，内表面为枯黄色；长2.5~4cm，宽1.5~2.5cm。果皮木质，成熟后沿腹缝线全裂，背面自顶端2裂至全长的1/3或1/2；内含种子1~3（~4）粒。

传播体类型
种子。

传播方式
动物传播。

种子贮藏特性
正常型种子。不耐在干燥条件下久藏，宜随采随播或短期沙藏。

种子萌发特性
具形态生理休眠。在25℃/15℃，12h/12h光照条件下，含200mg/L GA_3的1%琼脂培养基上，萌发率为98%。

◀ 未开裂聚合果

▶ 开裂聚合果

▶ 种子集

2cm

种子形态结构

种子：倒心形或宽倒卵形；腹面中央有一纵沟；新鲜时为橙红色或红色，有清香味，干后为棕色；长5.34~8.11mm，宽8.04~12.60mm，厚4.20~4.14mm，重0.0872~0.2096g。去除外种皮后，种子为倒心形或宽倒卵形；腹平背拱，腹面中央有一纵沟；棕色至棕褐色；长3.68~5.35mm，宽4.23~6.90mm，厚1.66~2.88mm，重0.0150~0.0366g。

种脐：横椭圆形；黄白色；长0.78~0.96mm，宽1.09~1.31mm；稍凹；位于种子基端；有白色细丝与胎座相连。

种皮：外种皮新鲜时为橙红色或红色，干后为棕色；肉质，含油脂；厚0.71~0.80mm。中种皮外表面为棕色至棕褐色，内表面为黄色至黄棕色；壳质；厚0.36~0.67mm。内种皮为浅黄棕色；膜状胶质；紧贴胚乳。

胚乳：含量丰富；白色；肉质，富含油脂；包着胚。

胚：三角形；乳白色；蜡质；长1.11~1.22mm，宽0.51~0.96mm，厚0.24~0.40mm；直生于脐部中央。子叶2枚；扁平；长0.44~0.49mm，宽0.49~0.89mm，厚0.19~0.22mm；并合。下胚轴和胚根扁圆锥形；长0.56~0.67mm，宽0.51~0.78mm，厚0.24~0.31mm；朝向种脐。

▶ 种子的背面、腹面和基部

▶ 种子 X 光照

5mm

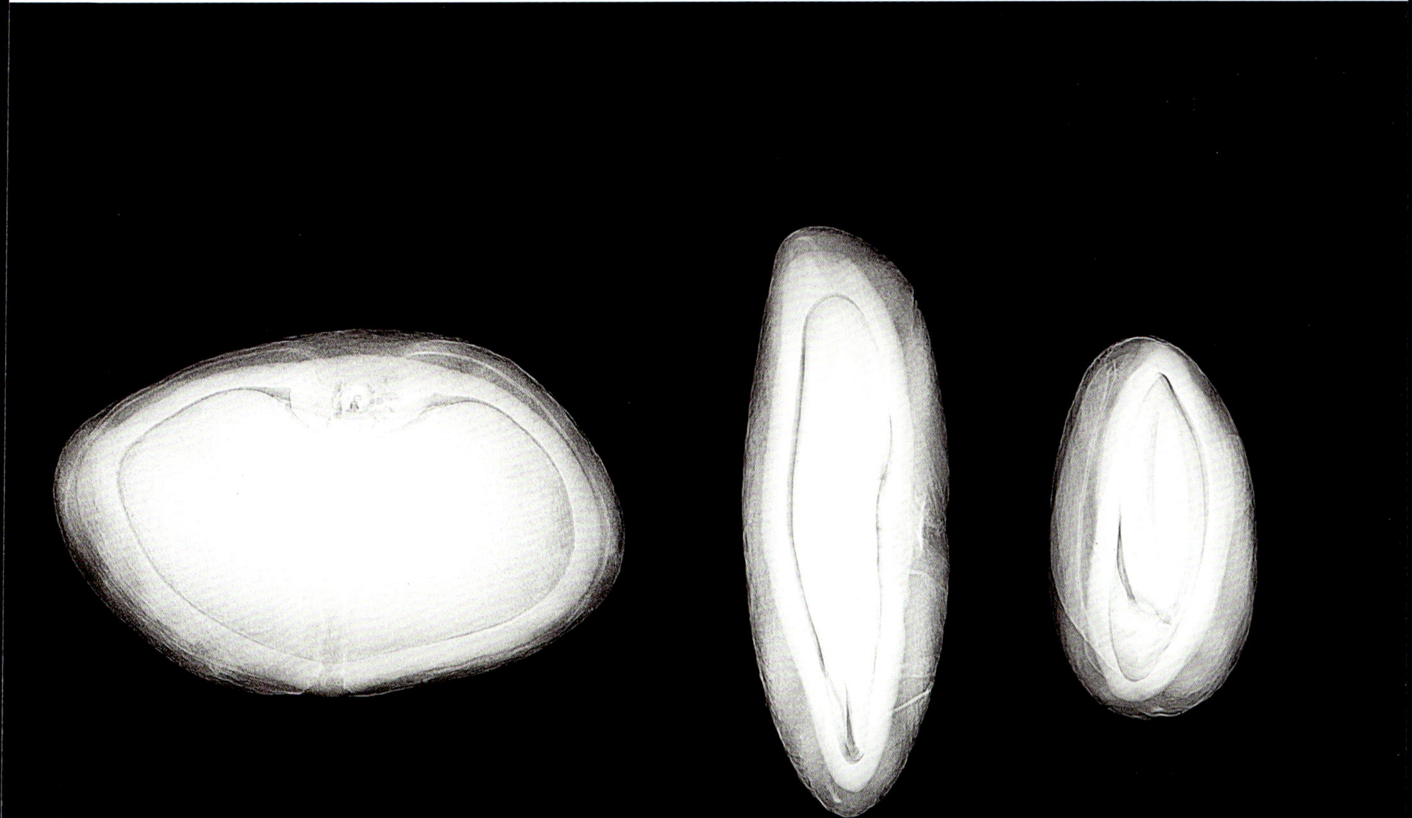

◀ 带中种皮的种子

5mm

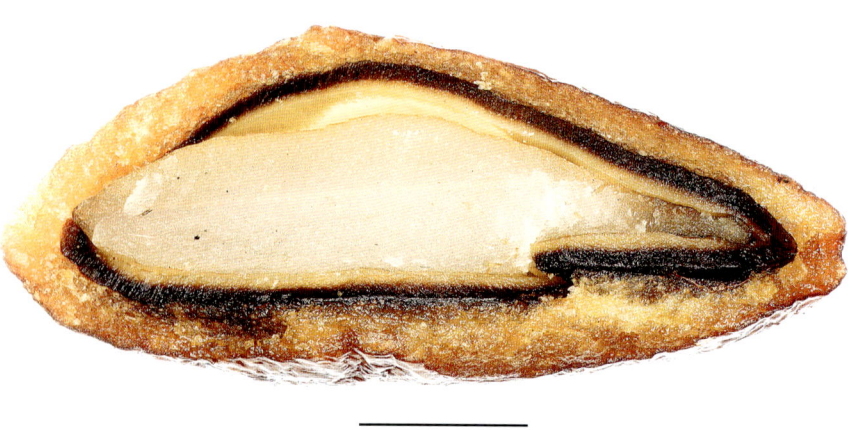

◀ 种子横切面

2mm

▶ 胚

500μm

▶ 萌发中的种子

4mm

木兰科 Magnoliaceae

云南拟单性木兰
***Parakmeria yunnanensis* Hu**

保护级别 二级

植株生活型
常绿大乔木，高达35m，胸径1.6m。

分　　布
产于广西、贵州、云南和西藏。生于海拔1200~2070m山地常绿阔叶林中。此外，越南也有分布。

经济价值
既是优良用材树种，又是庭园观赏重要树种。此外，花、叶还是提取香精的优良材料。

科研价值
是厚壁木兰型植物中最进化的类群，也是木兰科中从两性花变为雄花和两性花异株的植物，对研究木兰科植物的分类和系统演化具有重要价值。

濒危原因
分布区狭窄；生境破坏严重；过度砍伐；两性花植株少，种子不耐干旱又易腐烂变质，种群天然更新困难。

▶ 聚合果

花果期
花期4—5月，果期9—10月。

果实形态结构
聚合果：长卵形；新鲜时为黄白色或黄红色，干后为褐色；长约6cm。

骨葖：菱形或椭圆形；外表面为褐色，内表面为黄色；成熟后沿背缝线开裂；内含种子1~2粒。

传播体类型
种子。

传播方式
动物传播。

种子贮藏特性
不耐在干燥条件下久藏，宜随采随播或沙藏至翌年春播。

◀ 开裂聚合果

▶ 未开裂聚合果

▶ 带中种皮的种子集

1cm

种子形态结构

种子：倒心形、倒卵形或矩圆形，稍扁；新鲜时为橙色至橙红色，干后为棕褐色；长5.50~11.53mm，宽5.49~14.80mm，厚2.85~4.32mm，重0.0610~0.1480g。去除外种皮后，种子为倒心形或倒卵形；腹平背拱，腹面中央有一纵沟；深棕色至黑褐色；长5.18~10.72mm，宽5.54~12.76mm。

种脐：圆形；灰黄色；长1.56mm，宽1.56mm；深凹；位于种子基端；有白色细丝与胎座相连。

种皮：外种皮新鲜时为橙色至橙红色，干后为棕褐色；肉质，富含油脂。中种皮外表面为深棕色至黑褐色，内表面为黄白色；壳质；厚0.11~0.27mm。内种皮为黄棕色至深棕色；膜状胶质；紧贴胚乳。

胚乳：含量丰富；白色；肉质，富含油脂；包着胚。

胚：匙形；肉质，含油脂；长1.80~1.82mm，宽0.62~0.80mm，厚0.22mm；直生于脐部中央。子叶2枚；椭圆形，扁平；白色；肉质；长1.00~1.11mm，宽0.62~0.80mm，厚0.09~0.11mm；并合。下胚轴和胚根扁圆柱形；长0.69~0.84mm，宽0.44~0.51mm，厚0.20~0.22mm；朝向种脐。

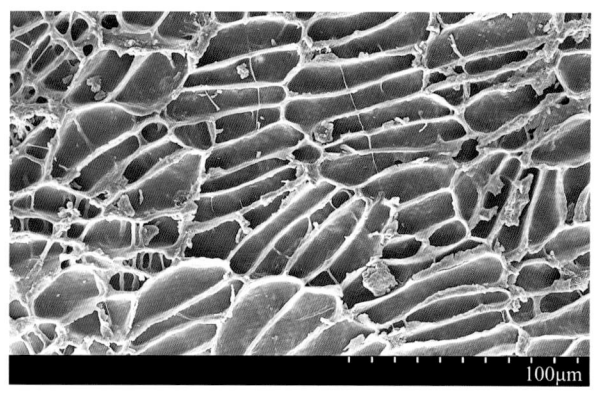

◀ 中种皮表面SEM照

▶ 种子的腹面和基部

▶ 带中种皮的种子X光照

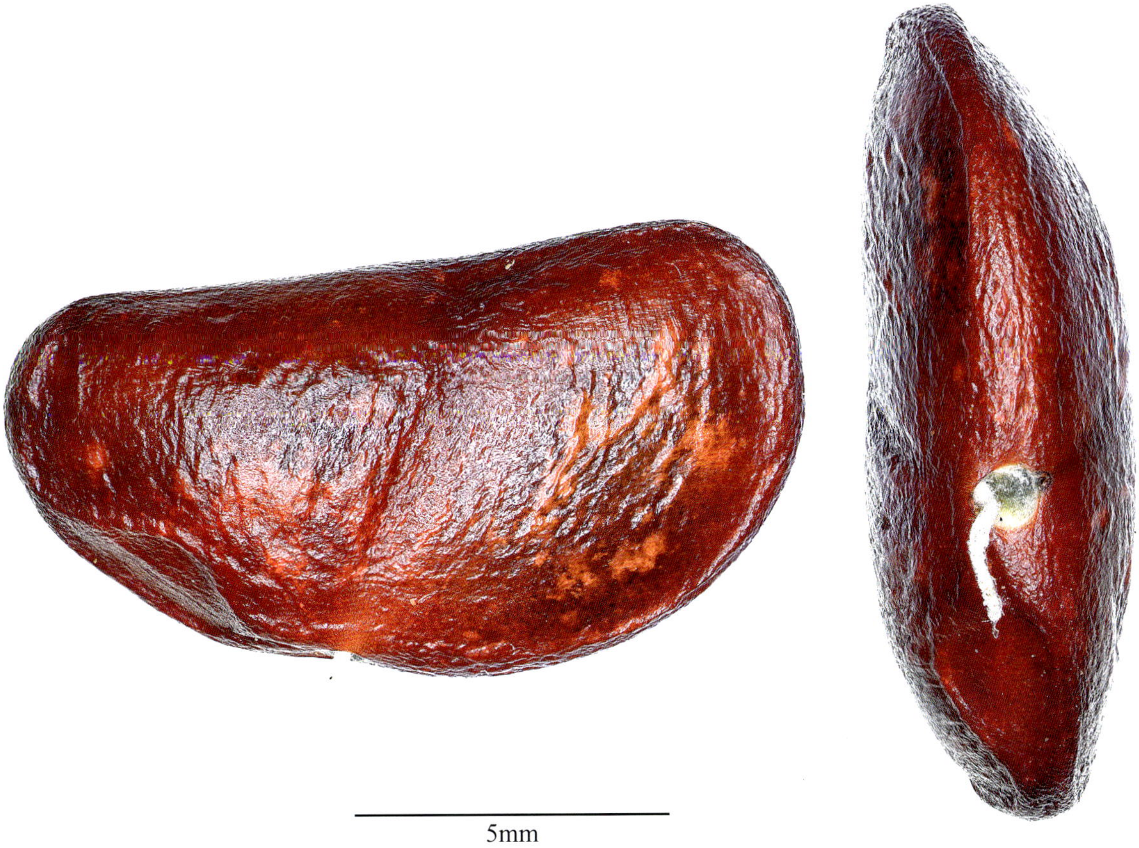

5mm

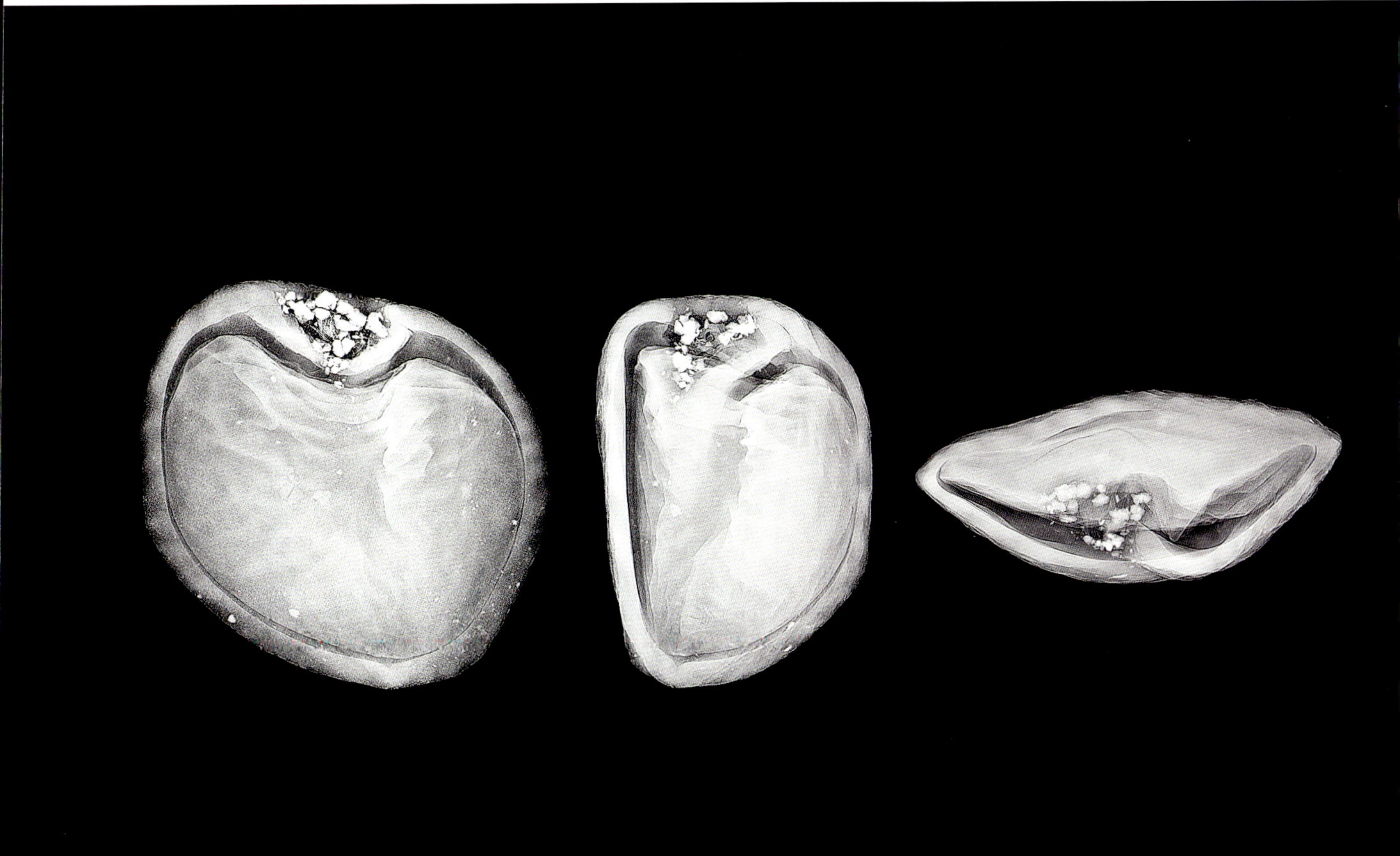

◀ 带中种皮的种子

5mm

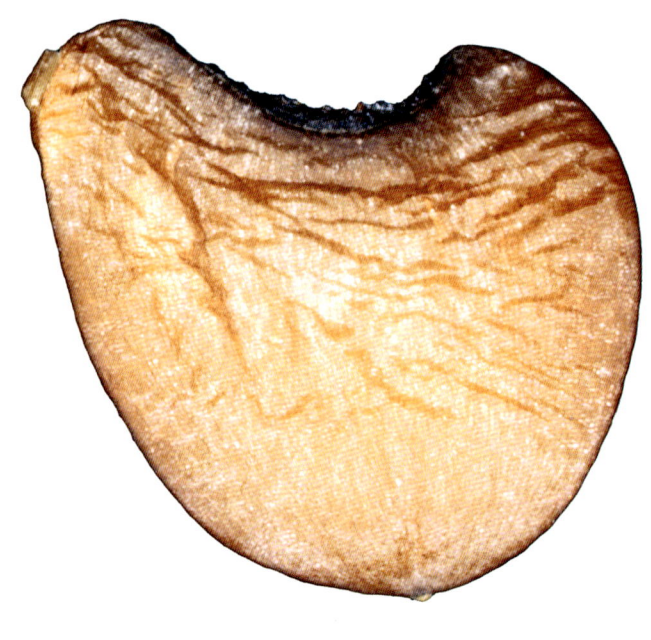

◀ 带内种皮的种子

2cm

▶ 种子纵切面

5mm

▶ 种子横切面

4mm

▶ 胚

1mm

木兰科 Magnoliaceae

合果木
***Paramichelia baillonii* (Pierre) H. H. Hu**

保护级别 二级

植株生活型
常绿乔木，高达35m，胸径1.5m。

分　　布
产于云南。生于海拔500~1500m山地季雨林中。此外，印度、孟加拉国、柬埔寨、缅甸、泰国和越南也有分布。

经济价值
既是优良用材树种，又是庭园观赏的重要树种。

科研价值
是木兰科中的寡种属植物，是含笑型中较进化的种，对研究木兰科的分类和系统演化具有重要价值。

濒危原因
分布区狭窄；生境破坏严重；过度砍伐；种子不耐干旱又易腐烂变质和遭鼠害，导致种群天然更新困难。

附注：在《中国生物物种名录》《中国植物志》和 *Flora of China* 中，本种拉丁名为 *Michelia baillonii* (Pierre) Finet & Gagnep.。

▶ 植株

花果期
花期3—5月，果期8—10月。

果实形态结构
聚合果：卵形或椭圆状圆柱形；表面密布圆点状凸起的皮孔；黄绿色；长6~11.5cm，宽4.5~6cm。新鲜果皮为肉质；合生；干后不规则小块脱落；每果含种子85~160粒。心皮中脉木质化；条状，直或稍弯；宿存于粗壮果轴上。

传播体类型
种子。

传播方式
动物传播。

种子贮藏特性
正常型种子。不耐在干燥条件下久藏，宜随采随播或沙藏至翌年春播。

种子萌发特性
具形态生理休眠。

◀ 花

▶ 未开裂聚合果

▶ 带中种皮的种子集

1cm

种子形态结构

种子： 三棱状椭圆形或宽倒卵形；腹平背拱；新鲜时为红色，干后为黄棕色；长6.12~10.25mm，宽4.15~8.90mm，厚2.59~6.83mm，重0.0489~0.1865g。去除外种皮后，种子为倒心形或宽倒卵形；腹平背拱，表面具不规则沟穴；深棕色至黑褐色，偶见黄色；长6.33~8.87mm，宽4.37~7.25mm。

种脐： 横椭圆形或近圆形；黄色或黄白色；长1.11~1.44mm，宽0.78~1.22mm；深凹；位于种子基端；有白色细丝与胎座相连。

种皮： 外种皮外层为红色，内层为橙黄色，干后皆为黄棕色至棕褐色；肉质，含油脂。中种皮外表面为深棕色至黑褐色，偶见黄色，内表面为黄棕色；表面多沟穴；壳质；厚0.27~0.44mm。内种皮为白色、黄白色或棕色；膜状胶质；紧贴胚乳。

胚乳： 含量丰富；白色；肉质，富含油脂；包着胚。

胚： 匙形；乳黄色；蜡质，含油脂；长1.16~1.33mm，宽0.44~0.64mm，厚0.13~0.24mm；直生于脐部中央。子叶2枚；椭圆形，扁平；长0.76~1.04mm，宽0.47~0.64mm，厚0.08~0.12mm；并合或交错并合。下胚轴和胚根扁倒卵形；长0.33~0.40mm，宽0.38~0.49mm，厚0.11~0.18mm；朝向种脐。

◀ 开裂聚合果

▶ 种子的腹面、侧面和基部

▶ 种子X光照

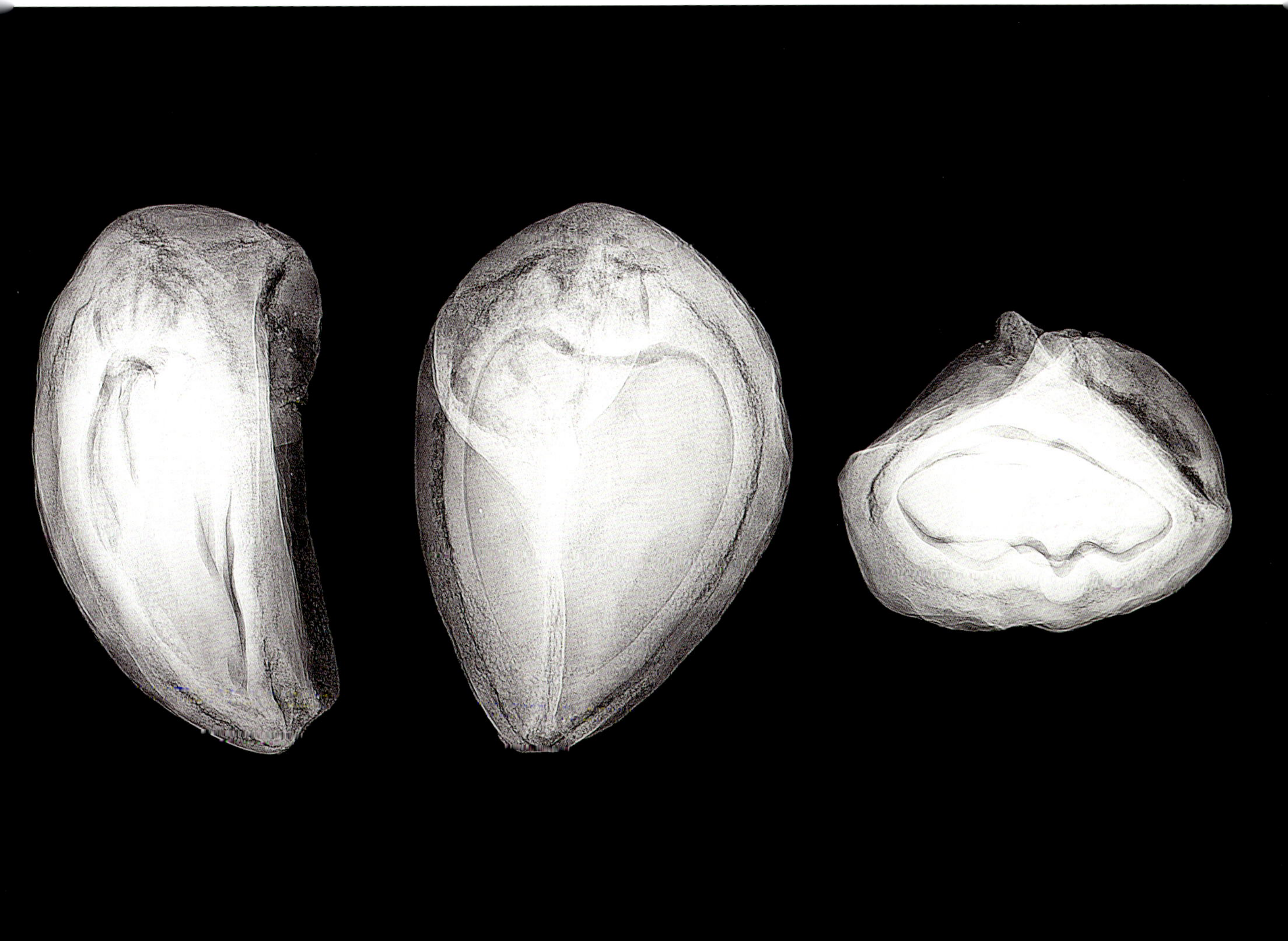

◀ 带中种皮的种子

4mm

◀ 带内种皮的种子

2mm

▶ 带中种皮的种子纵切面

2mm

▶ 种子横切面

2mm

▶ 胚

500μm

木兰科 Magnoliaceae

焕镛木（单性木兰）
***Woonyoungia septentrionalis* (Dandy) Y. W. Law**

保护级别 一级

植株生活型
常绿大乔木。高达18m，胸径40cm。

分　布
产于广西、贵州、云南等省区。生于海拔200~750m的石灰岩山地常绿阔叶林中。

经济价值
既是优良用材树种，又是可观赏的珍贵树种。

科研价值
中国特有植物，对研究植物区系、木兰科系统分类及演化具有重要价值。

濒危原因
第四纪冰期影响；生境破坏严重；过度砍伐；种群过小，结实率低，种子不耐干旱又易腐烂变质，且易遭虫蛀和鼠害，导致种群天然更新困难。

▶ 植株

花果期
花期5—6月，果期10—11月。

果实形态结构
聚合果：近球形；黄红色；长2.35~3.97cm，宽2.06~3.28cm，厚1.83~2.81cm，重5.5079~13.8541g。

蓇葖：扁球形；成熟后沿背缝线开裂；内含种子1~2粒。果皮干后外表面为褐色，内表面为黄白色，有光泽。果梗长10.67~25.33mm，宽2.75~4.08mm，厚2.52~3.96mm。

传播体类型
种子。

传播方式
动物传播。

种子贮藏特性
不耐在干燥条件下久藏，宜随采随播或沙藏至翌年春播。

种子萌发特性
当温度为15~20℃，土壤pH值为7.0~7.5，土壤Ca^{2+}浓度为0.4%~0.7%时，发芽率较高。

◀ 未开裂聚合果

▶ 开裂聚合果的背面、腹面和顶部

▶ 新鲜种子集

2cm

2cm

种子形态结构

种子： 长椭球形或卵形，基端平截；新鲜时为红色，干后为棕褐色；长5.26~14.18mm，宽5.14~13.71mm，厚4.48~7.32mm，重0.1147~0.3517g。去除外种皮后，种子为长椭球形、倒心形或倒卵形；黑褐色；长4.82~6.37mm，宽7.67~12.81mm。

种脐： 椭圆形或横椭圆形；黄色或棕色；长1.02~2.85mm，宽0.91~2.15mm；稍凹；位于种子一侧的中部或近基部。

种皮： 外种皮外层为红色，内层为橙色；肉质；厚0.14~0.63mm。中种皮外表面为黑褐色，内表面为黄白色；壳质；厚0.16~0.38mm。内种皮为浅黄棕色或黄棕色；膜状胶质；紧贴胚乳。

胚乳： 含量丰富；白色；肉质，富含油脂；包着胚。

胚： 扁圆柱状"Y"形或心形；白色或乳黄色；肉质；长1.33~1.38mm，宽0.82~1.00mm，厚0.16~0.31mm；位于种子基部。子叶2枚；心形，扁平；白色或乳黄色；长0.56~0.60mm，宽0.82~0.96mm，厚0.13~0.16mm；并合。下胚轴和胚根扁圆柱形；长0.67~0.78mm，宽0.40~0.80mm，厚0.16~0.31mm；朝向种脐。

◀ 干燥种子的腹面、背面、侧面和顶部

▶ 新鲜种子的背面、腹面、侧面和顶部

▶ 种子X光照

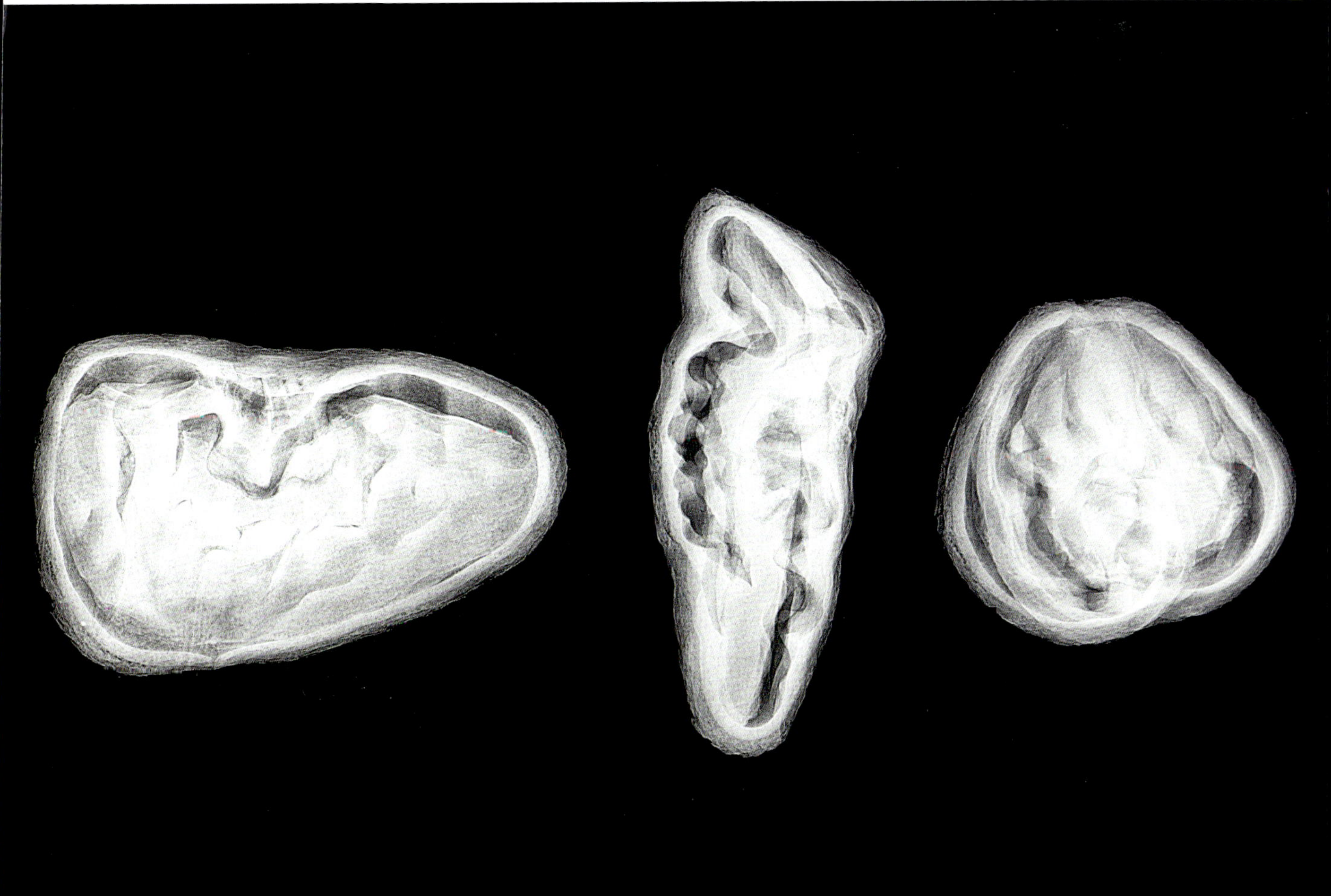

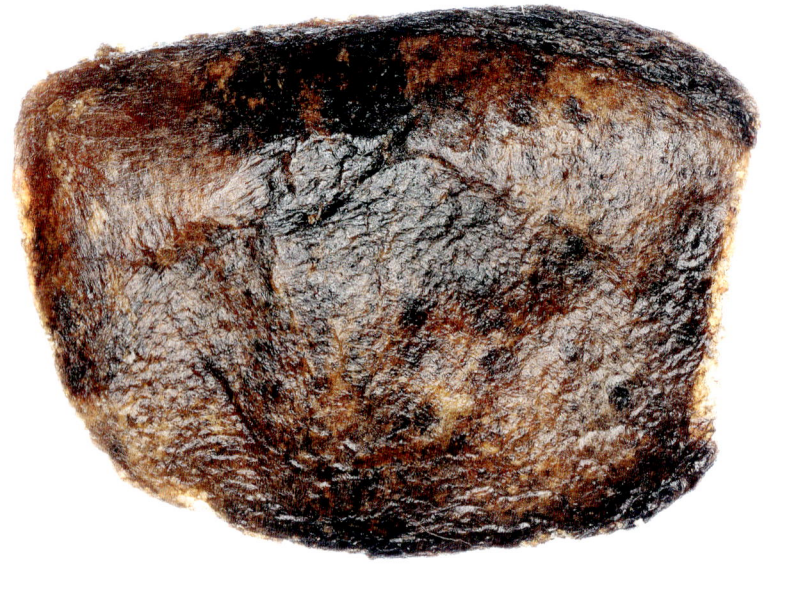

◀ 带中种皮的种子

2mm

◀ 种子横切面

2mm

▶ 种子纵切面

2mm

▶ 胚

500μm

木兰科 Magnoliaceae

宝华玉兰
***Yulania zenii* (W. C. Cheng) D. L. Fu**

保护级别 二级

植株生活型
落叶乔木，高达11m。

分　　布
产于江苏。生于海拔约220m的丘陵北坡。

经济价值
重要庭园观赏植物。

科研价值
中国特有植物，对研究中国植物区系的起源与演化、木兰科分类及系统演化具有重要价值。

濒危原因
分布区狭窄；生境破坏严重；过度砍伐；种群过小，种子不耐干旱，易丧失活力，导致种群天然更新能力弱。

▶ 聚合果

花果期
花期3—5月，果期8—9月。

果实形态结构
聚合果： 圆柱形；长5~7cm。

蓇葖： 近球形；新鲜时为红色，干后为褐色；表面有黄白色疣状突起；成熟后沿背缝线开裂。

传播体类型
种子。

传播方式
动物传播。

种子贮藏特性
不耐在干燥条件下久藏，宜随采随播或短期沙藏。

种子萌发特性
具形态生理休眠。在25℃/15℃，12h/12h光照条件下，含200mg/L GA_3 的1%琼脂培养基上，萌发较好。

▶ 种子集

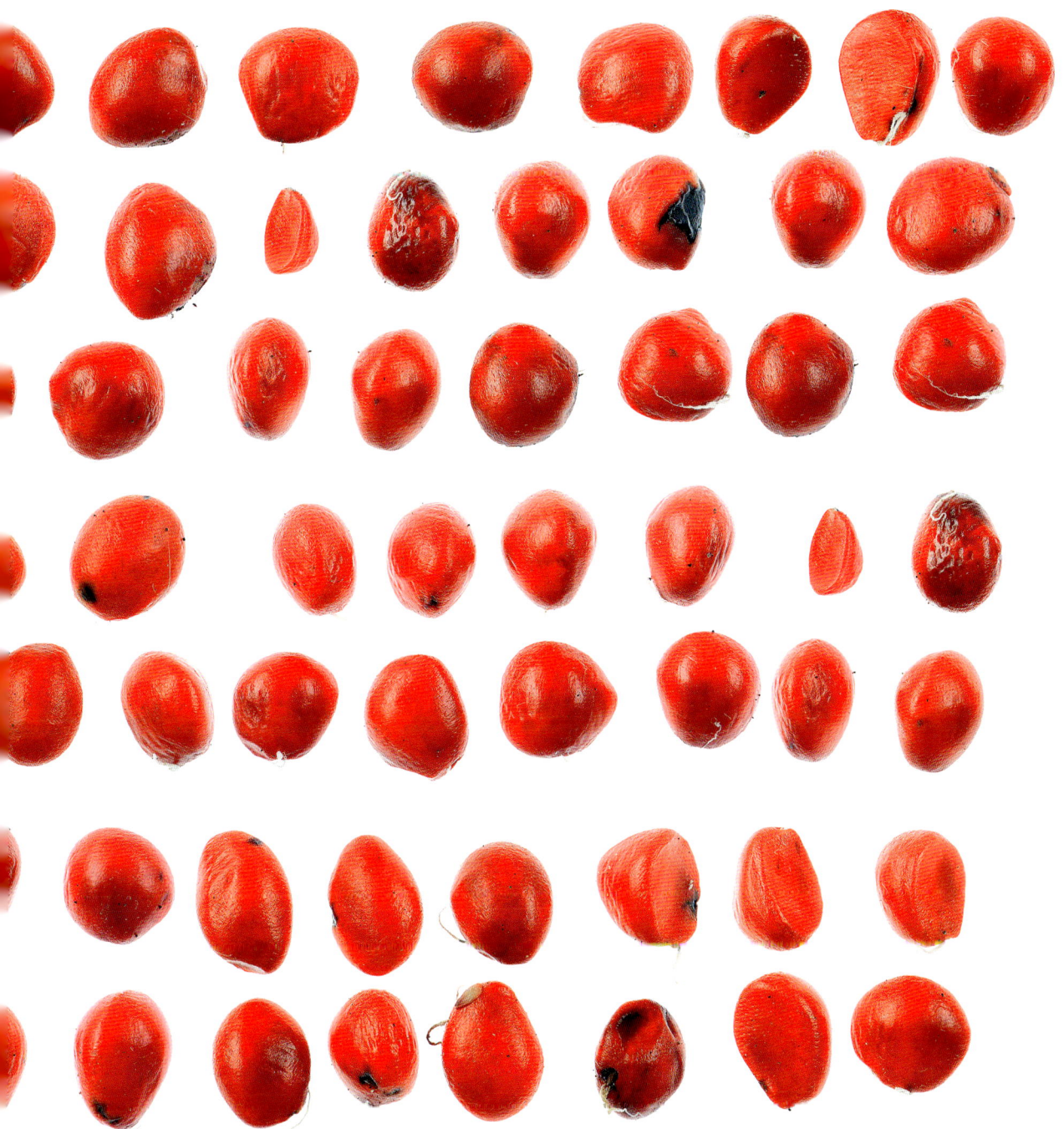

2cm

种子形态结构

种子： 椭球形、倒卵形或近球形；腹平背拱；新鲜时为红色；长11.79~14.95mm，宽9.00~12.99mm，厚7.88~9.89mm。去除外种皮后，种子为倒心形；腹平背拱，腹面中央有一条宽纵沟；黑色；长6.73~11.27mm，宽5.67~10.49mm，厚2.80~7.19mm，重0.0751~0.1742g。

种脐： 三角形、钝四边形、椭圆形；黄白色；长1.50~3.00mm，宽1.50~2.70mm；位于种子基端。

种皮： 外种皮为红色；肉质；厚0.74~0.76mm。中种皮外表面为黑色，内表面为黄棕色；壳质；厚0.23~0.60mm。内种皮为乳黄色、黄色或棕色；膜状胶质；紧贴胚乳。

胚乳： 含量丰富；白色；肉质，富含油脂；包着胚。

胚： "Y"形；黄色或黄棕色；蜡质，含油脂；长1.00~1.42mm，宽0.56~1.38mm，厚0.29mm；直生于脐部中央。子叶2枚；卵形；内凹；长0.73~1.22mm，宽0.47~0.67mm，厚0.02~0.04mm；分离。下胚轴和胚根扁圆柱形；长0.44~0.67mm，宽0.40~0.44mm，厚0.11~0.16mm；朝向种脐。

▶ 种子的侧面、背面、腹面和基部

▶ 带中种皮的种子X光照

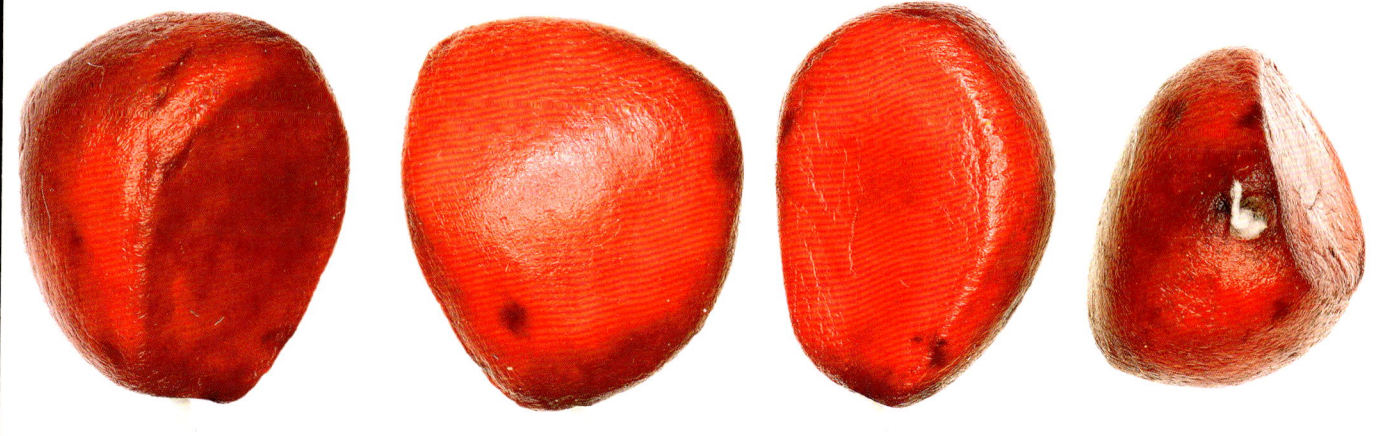

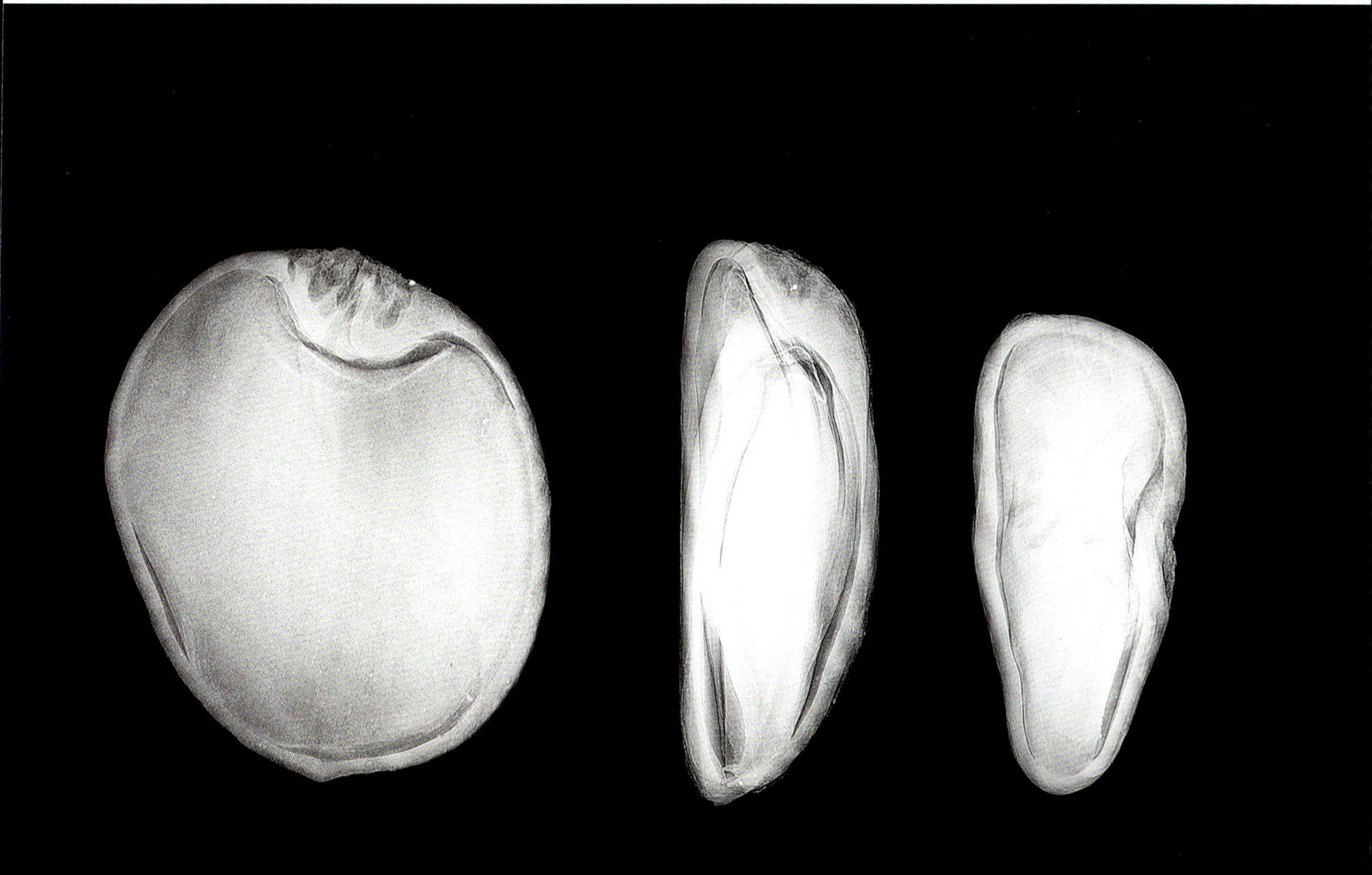

◀ 带中种皮的种子的腹面、背面、侧面和基部

5mm

◀ 带中种皮的种子横切面

5mm

▶ 带中种皮的种子纵切面

5mm

▶ 胚

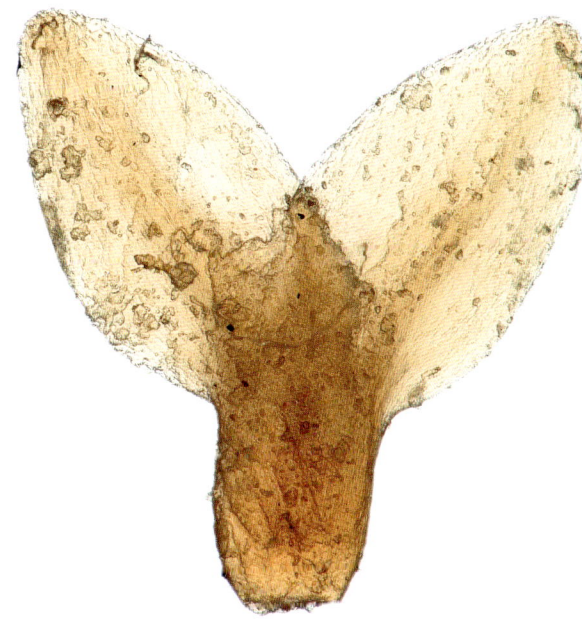

1mm

蜡梅科 Calycanthaceae

夏蜡梅
Calycanthus chinensis W. C. Cheng & S. Y. Chang

保护级别  二级

植株生活型
落叶灌木，高1~3m。

分　　布
产于浙江。生于海拔600~1000m的山地沟边林荫下。

经济价值
花形奇特，色彩淡雅，可作庭园观赏树种；花和根能治疗胃痛。

科研价值
中国特有的古老孑遗植物，对研究东亚与北美植物的亲缘关系具有重要价值。

濒危原因
分布区狭窄；生境破坏严重；过度砍伐和利用。

▶ 花

花果期
花期5月，果期9—10月。

果实形态结构
果托：钟状，颈部微缩，顶部开口；表面被棕色和白色短绒毛，以及多条纵棱和横棱，口内周有14~18条密被白毛的条状裂片；长21.72~54.11mm，宽12.20~30.00mm，厚9.20~19.08mm；内含果实3~11粒。

瘦果：椭球形；顶部中央或一侧有一卵形花柱，基部稍斜截，两侧各有一条纵棱，表面被白色短柔毛；棕色；长12.04~15.24mm，宽5.61~7.27mm，厚5.33~6.55mm，重0.1290~0.3059g。果皮棕色；革质；厚0.20~0.31mm；成熟后不会开裂；内含种子1粒。果疤为窄卵状哑铃形；表面被白色绒毛；黄棕色；长2.63~3.39mm，宽0.77~0.96mm；横生于基部斜截处。

传播体类型
果实。

种子贮藏特性
正常型种子。在低温干燥条件下贮藏，寿命可达4年以上。

种子萌发特性
具物理休眠。切破种皮，在25℃/15℃，12h/12h光照条件下，1%琼脂培养基上，萌发率为80%。

◀ 未成熟聚合果

▶ 成熟聚合果的背面、侧面和顶部

▶ 聚合果 X 光照

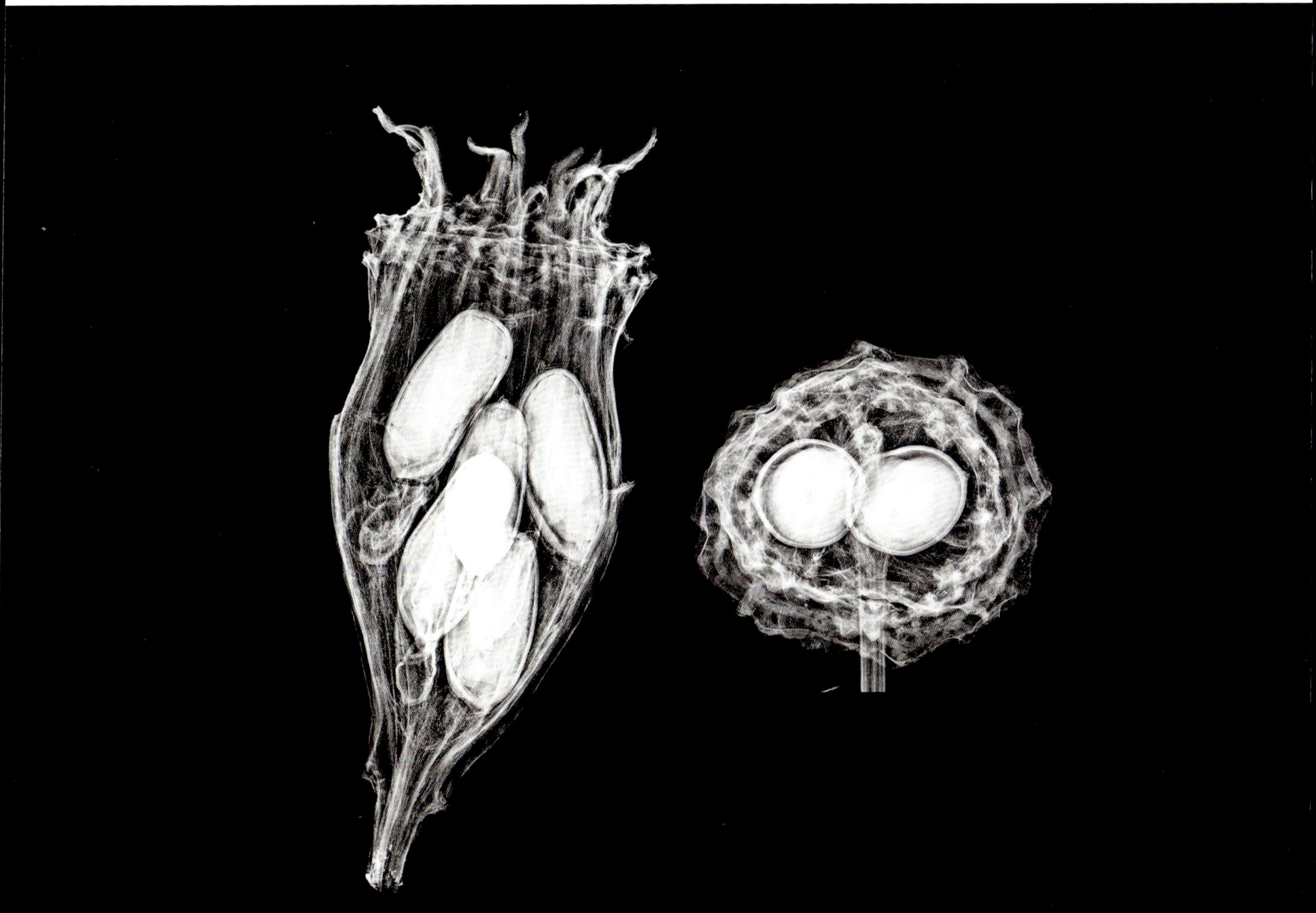

种子形态结构

种子： 矩圆形或椭球形；表面具棕色、圆形的细颗粒纹饰，以及子叶席卷形成的一条不规则浅沟，一侧还具一条纵棱；黄棕色或棕色；长10.75~16.00mm，宽5.07~7.00mm，厚4.93~5.52mm。

种脐： 椭圆形；长0.98~1.11mm，宽0.22~0.40mm；位于近基部一侧。

种皮： 纸质；黄棕色或棕色；厚0.03~0.04mm；紧贴胚。

胚乳： 无。

胚： 椭球形；表面具浅横沟；乳白色或浅黄色；蜡质，含油脂；长10.60~15.00mm，宽5.08~5.97mm，厚4.90~5.52mm。子叶2枚；倒三角形，扁平；并合，席卷3.5圈，呈长10.60~15.00mm、宽5.08~5.97mm、厚4.90~5.52mm的椭球形。胚芽圆锥形；长0.90mm，宽1.15mm，厚0.85mm；包于两子叶中间。下胚轴和胚根椭球形；长2.60~5.00mm，宽1.30mm，厚1.25mm；朝向种脐。

▶ 果实的背面、腹面、侧面、基部和顶部

▶ 果实X光照

5mm

◀ 种子的侧面、背面、顶部和基部

◀ 种子纵切面

◀ 果实横切面

▶ 胚的腹面、侧面和基部

5mm

▶ 下胚轴和胚根

1mm

樟科 Lauraceae

天竺桂
Cinnamomum japonicum Siebold

保护级别  二级

植株生活型
常绿乔木，高10~15m，胸径30~35cm。

分　　布
产于江苏、浙江、安徽、江西、福建和台湾。生于海拔300~1000m的常绿阔叶林的海岸边。此外，日本和朝鲜半岛也有分布。

经济价值
既是化工和优良用材树种，又是珍贵的沿海山地及滨海庭园绿化观赏树种。此外，枝叶及树皮可提取芳香油，供制各种香精及香料；果核含脂肪，可制肥皂和润滑油；根、树皮、枝叶可入药，有祛寒镇痛、行气健胃功效，能治疗风湿痛、腹痛及创伤出血。

科研价值
中国和朝鲜、日本的间断分布种，对研究东亚植物区系具有重要价值。

濒危原因
生境破坏严重；过度砍伐；种子寿命短，易丧失活力。

▶ 植株

花果期
花期4—5月，果期6—9月。

果实形态结构
浆果状核果；椭球形或倒卵形；幼时绿色，成熟后新鲜时为蓝色至蓝褐色，有光泽，干后为蓝黑色至黑色，有光泽；长7.00~12.00mm，宽5.00~7.60mm，厚7.31~7.46mm；基部位于直径为5mm、全缘或边缘具圆齿的绿色浅杯状果托内。果疤圆形；棕色；长2.20mm，宽2.20mm。外果皮蓝黑色至黑色；革质；厚0.07~0.09mm。中果皮黄棕色；肉质；厚0.22~0.40mm。去除外果皮和中果皮后的果核为椭球形或倒卵形；表面具12~14条纵棱；棕褐色；长9.40~11.00mm，宽5.50~6.70mm，厚6.70mm。内果皮棕褐色；壳质；厚0.07~0.11mm；成熟后不会开裂；内含种子1粒。

传播体类型
果实。

传播方式
动物传播。

种子贮藏特性
不宜干藏，宜随采随播或短期沙藏。

▶ 果枝

▶ 新鲜果实

种子形态结构

种子： 卵球形；黄棕色；长6.60mm，宽4.50mm，厚4.50mm。

种脐： 长2.24mm，宽2.08mm；位于种子基端。

种皮： 外种皮棕色；膜状胶质；厚0.01mm；紧贴内果皮的内表面。

胚乳： 无。

胚： 倒卵球形；白色或黄色；蜡质；长7.00mm，宽6.50mm，厚6.60mm。子叶2枚；宽卵形，半球状，长7.00mm，宽6.50mm，厚3.30mm；并合。胚芽明显，已分化出2枚长0.55mm、宽0.60mm的卵形真叶，并且中间还夹着长0.40mm、宽0.25mm的卵形嫩芽；夹于两子叶中间。胚根倒卵形；基部尖；长0.90mm，宽0.95mm；朝向种脐。

▶ 干燥果实的背面、腹面和基部

▶ 果实X光照

5mm

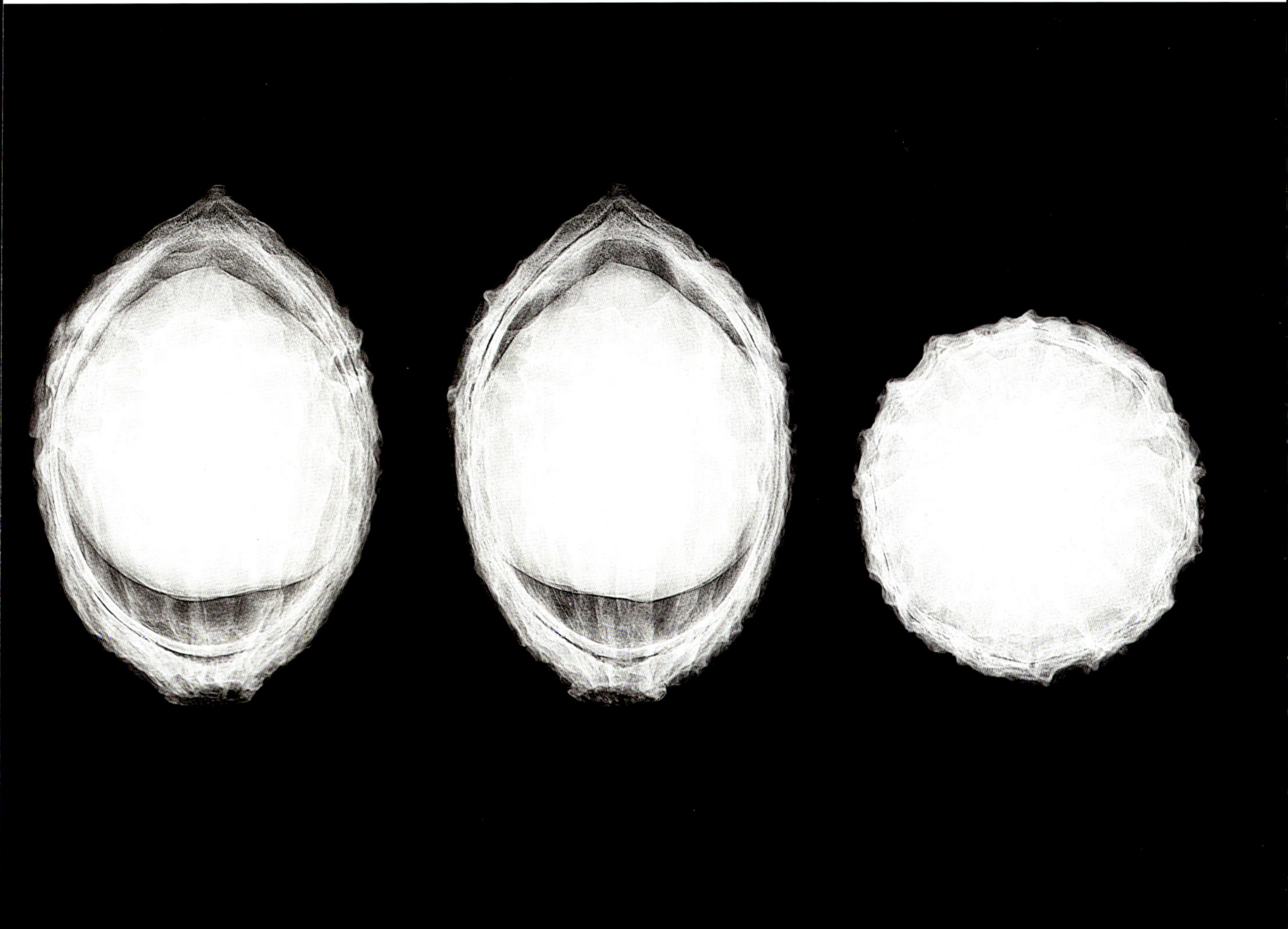

◀ 果核的背面、基部和顶部

4mm

◀ 胚的背面和侧面

4mm

▶ 胚纵切面

4mm

樟科 Lauraceae

油樟
Cinnamomum longepaniculatum (Gamble) N. Chao ex H. W. Li

保护级别 二级

植株生活型
常绿乔木，高达20m，胸径50cm。

分　　布
产于四川、山西和甘肃。生于海拔600~2000m的常绿阔叶林中。

经济价值
材质优良；树干及枝叶含芳香油，可提精油；果核可榨油。

科研价值
中国特有植物，对研究中国植物区系及樟科植物的分类、系统演化具有重要价值。

濒危原因
分布区狭窄；生境破坏严重；过度砍伐；种子寿命短，易丧失活力。

▶ 花枝

花果期

花期5—6月，果期7—9月。

果实形态结构

核果；近球形；新鲜时为黑紫色，干后为黑褐色；生于圆锥形，顶端盘状的果托上。外果皮革质。中果皮肉质。去除外果皮和中果皮后的果核为球形；黄棕色、棕褐色或褐色；长5.56~7.47mm，宽5.03~7.03mm。内果皮为黄棕色、棕褐色或褐色；表面具不规则短棱，有时连成网纹；壳质；厚0.22~0.34mm；成熟后不会开裂；内含种子1粒。

传播体类型

果实。

传播方式

动物传播。

种子贮藏特性

不宜干藏，宜随采随播或短期沙藏。

▶ 花

▶ 果实集

1cm

种子形态结构

种子： 球形；黄色或黄棕色；长4.90~7.47mm，宽4.40~7.03mm，厚3.80~5.20mm。

种脐： 位于种子基部。

种皮： 黄棕色或灰棕色；膜状胶质；厚0.01mm；紧贴内果皮。

胚乳： 无。

胚： 球形；黄白色或黄色；肉质，富含油脂；长4.37~6.20mm，宽4.39~6.10mm，厚3.80~5.20mm。子叶2枚；半球形；长4.37~6.20mm，宽4.39~6.10mm，厚1.90~2.70mm；并合，中央稍空。胚芽卵形；已分化出2枚真叶；贴合在一起；长0.22~0.62mm，宽0.38~0.69mm，厚0.02~0.42mm；夹于两子叶近基部。胚根圆锥形；长0.49~0.87mm，宽0.47~0.62mm，厚0.36~0.51mm；朝向种脐。

▶ **果实的背面、侧面和基部**

▶ **果实 X 光照**

5mm

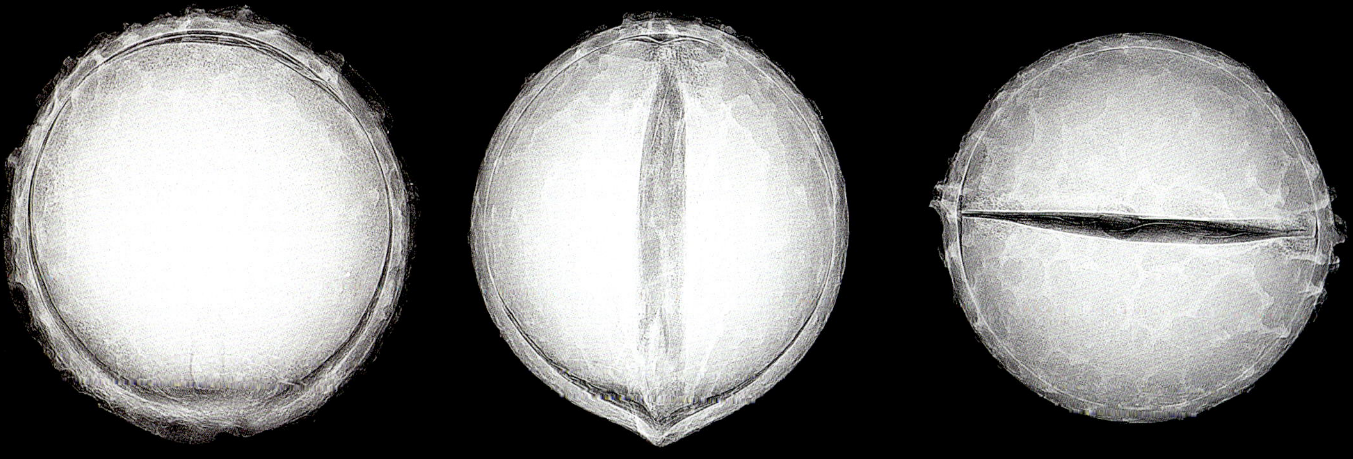

◀ 果实纵切面

◀ 果实横切面

▶ 胚的侧面、背部和基部

2mm

▶ 胚根、胚轴和胚芽

500μm

樟科 Lauraceae

润楠
Machilus nanmu (Oli.) Hemsl.

植株生活型
高大常绿乔木，高达40m，胸径70cm。

分　　布
产于重庆、四川和云南。生于海拔1000m以下的混交林中。

经济价值
名贵用材树种。

科研价值
中国特有种，对研究中国植物区系的起源与演化具有重要价值。

濒危原因
分布区狭窄且分散；生境破坏严重；过度砍伐；种群数量少，种子寿命短，易丧失活力。

保护级别 二级

▶ 果枝

花果期
花期3—6月，果期6—10月。

果实形态结构
浆果状核果；扁球形；肉质；黑色；直径为7~8mm；基部具宿存反曲的花被裂片。果疤圆形；黄色；位于底面中央。外果皮革质。中果皮肉质。去除外果皮和中果皮后的果核为近球形，顶端尖；黄白色，表面具不规则棕色斑纹和条纹；长5.11~7.56mm，宽5.85~8.62mm，厚5.59~8.82mm，重0.0719~0.2690g。内果皮外表面为黄白色或棕褐色，具棕色或黑色斑纹，内表面为棕色，具多条黄棕色或棕色纤维束；壳质；厚0.09~0.22mm；成熟后不会开裂；内含种子1粒。

传播体类型
果实。

传播方式
动物传播。

种子贮藏特性
不宜干藏，宜随采随播或短期沙藏。

▶ 果核群

2cm

种子形态结构

种子： 扁球形，基部平；长4.70~5.90mm，宽5.40~6.80mm，厚5.50~7.60mm。

种脐： 位于种子基端。

种皮： 棕色；膜状胶质；紧贴内果皮内表面。

胚乳： 无。

胚： 扁球形；乳白色；长4.70~5.90mm，宽5.40~6.80mm，厚5.50~7.60mm。子叶2枚；半球状，肥厚；长4.70~5.90mm，宽5.40~6.80mm，厚2.40~3.80mm；并合。胚芽明显；卵形；长0.27~0.78mm，宽0.38~0.78mm，厚0.29~0.44mm；夹于两子叶近基部。下胚轴和胚根倒卵形，基部锥状；长0.40~0.93mm，宽0.29~0.62mm，厚0.38~0.47mm；朝向种脐。

▶ **果核的背面和基部**

▶ **果核 X 光照**

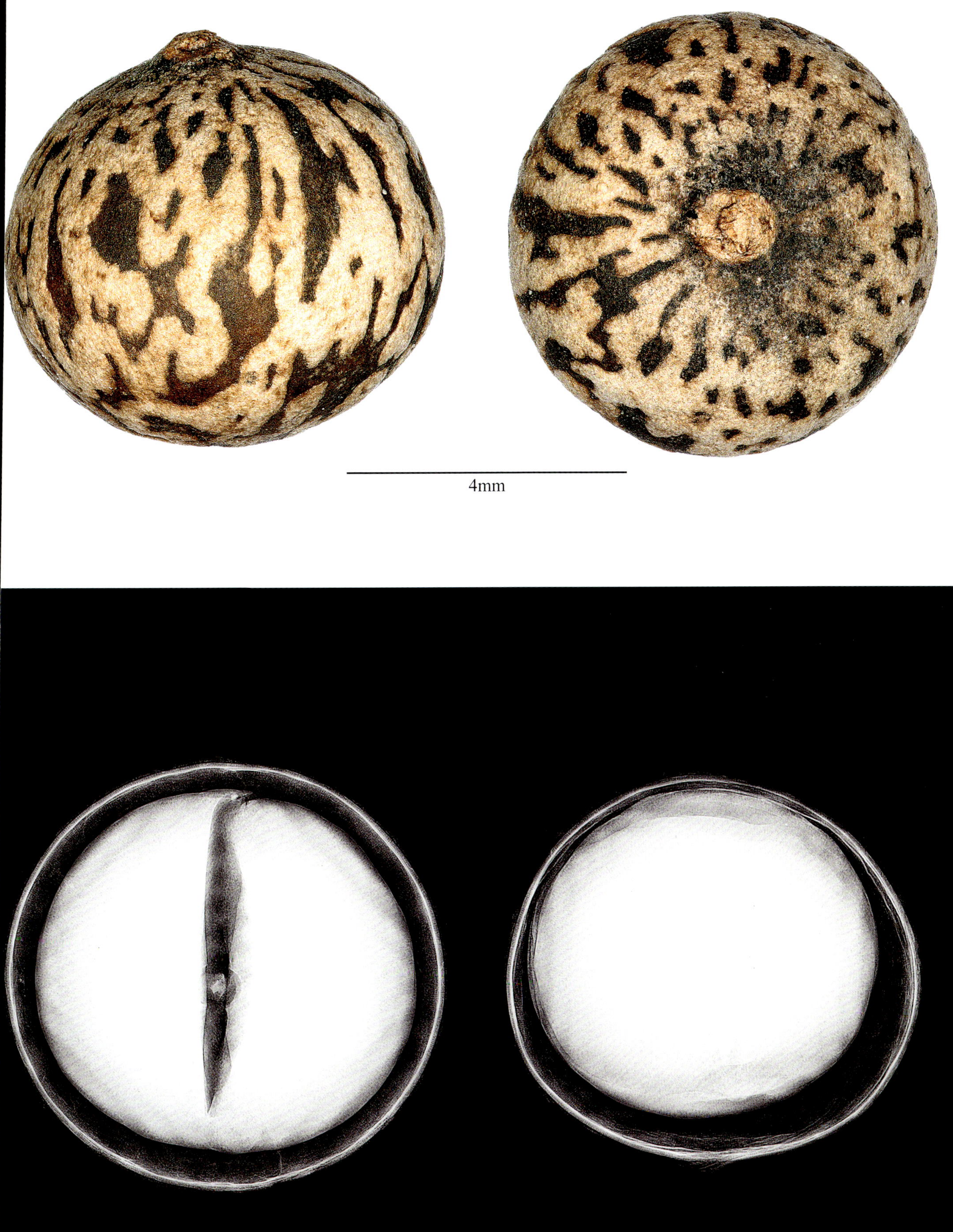

4mm

◀ 变质果核纵切面

2mm

◀ 变质果核横切面

4mm

▶ 变质胚的基部和背面

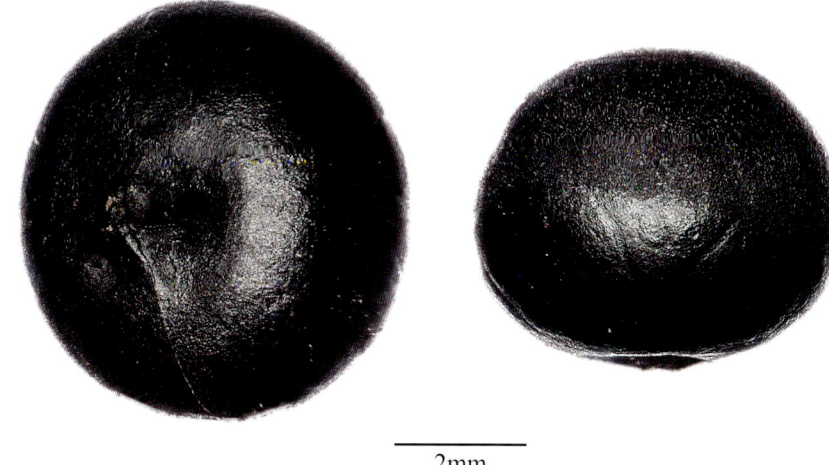

▶ 变质胚的胚根和胚芽

樟科 Lauraceae

舟山新木姜子
Neolitsea sericea (Blume) Koidz.

保护级别 二级

植株生活型
常绿乔木，高达10m，胸径达30cm。

分　　布
产于浙江、上海和台湾。生于海拔100~1300m的山坡林中。此外，朝鲜半岛和日本也有分布。

经济价值
用材树种；有佛光树之称，是不可多得的风景园林、防护林和庭园绿化树种；叶片有引起血管收缩、抗肿瘤、抑菌等功效。

濒危原因
分布区狭窄；生境破坏严重；过度砍伐；种子寿命短，易丧失活力。

▶ 果枝

花果期

花期9—10月，果期翌年1—2月。

果实形态结构

核果；球形或椭球形；新鲜时为红色，干后为棕色、棕褐色或黑褐色，有光泽；长9.45~12.67mm，宽8.86~11.84mm，厚8.85~10.80mm，重0.0719~0.2690g；生于浅盘状的果托上。果疤横椭圆形；黄棕色、棕褐色或黑褐色；长1.80~4.10mm，宽1.29~3.19mm。外果皮革质；干后为棕色、棕褐色或黑褐色；厚0.02~0.03mm。中果皮橙黄色或黄棕色；新鲜时为肉质，干后变硬。去除外果皮和中果皮后的果核为球形；黄色至棕褐色；长8.38~9.71mm，宽7.77~9.70mm。内果皮黄色至棕褐色；壳质；厚0.11~0.18mm；成熟后不会开裂；内含种子1粒。

传播体类型

果实。

传播方式

动物传播。

种子贮藏特性

不宜干藏，宜随采随播。

▶ 新鲜果实的背面、顶部和基部

▶ 干燥果实集

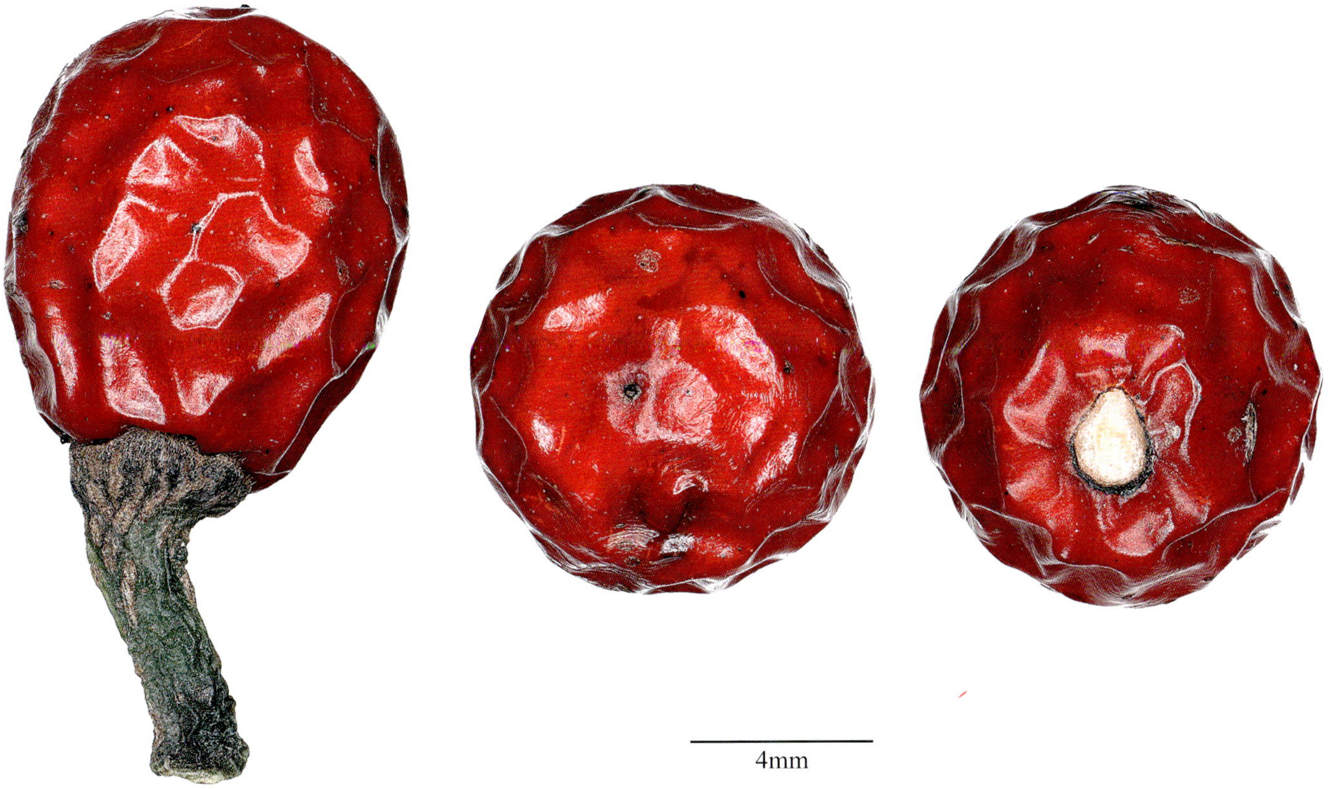

4mm

2cm

种子形态结构

种子：球形；上半部分为黄棕色，下半部分为棕褐色，具棕色脉纹；长8.36~9.69mm，宽7.75~9.67mm。

种皮：上半部分为黄棕色，下半部分为棕褐色，具棕色脉纹；纸状胶质；厚0.02~0.03mm。

胚乳：无。

胚：球形；黄白色或黄色；肉质，富含油脂；长6.79~8.69mm，宽6.28~8.69mm，厚6.50~9.01mm；充满整粒种子。子叶2枚；半球状；黄白色或黄色；长6.76~8.66mm，宽6.25~8.66mm，厚2.50~4.40mm；并合，干后则中央出现空隙。胚芽卵形；长0.69~1.11mm，宽0.91~0.96mm；包于两子叶下部中央。胚根极短；圆锥形；长0.29~0.33mm，宽0.49~0.67mm；朝向种子顶端。

▶ 果核的背面、腹面、侧面和基部

▶ 果实 X 光照

4mm

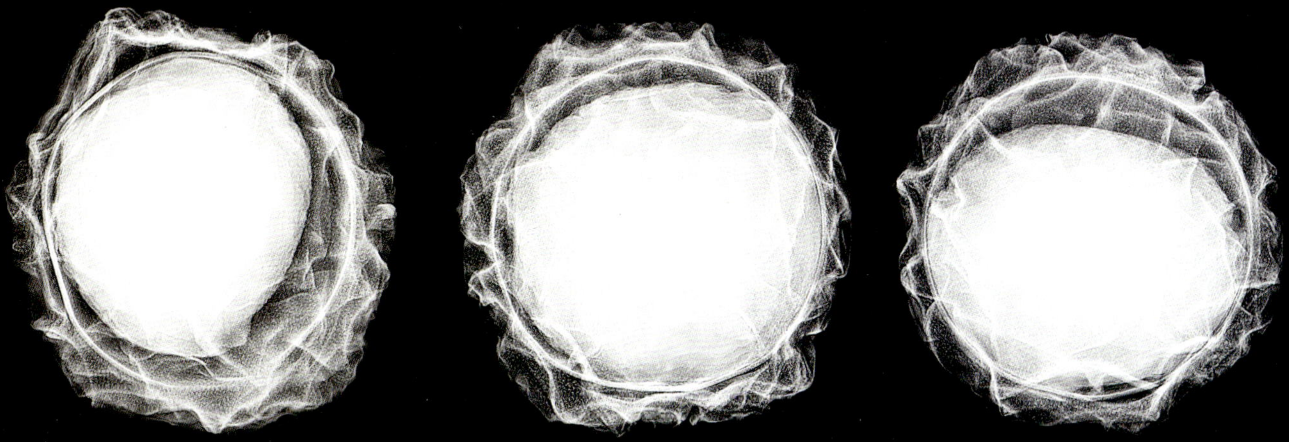

◀ 种子

2mm

◀ 种子横切面

2mm

▶ 种子纵切面

2mm

▶ 胚根和胚芽

400μm

樟科 Lauraceae

闽楠

Phoebe bournei (Hemsl.) Yen C. Yang

植株生活型
常绿乔木，高15~40m。

分　布
产于江西、福建、浙江、广东、广西、湖南、湖北、贵州和海南。生于海拔600~1400m的山地沟谷阔叶林中。

经济价值
优良用材树种。

科研价值
中国特有植物，对研究中国植物区系的起源与演化具有重要价值。

濒危原因
生境破坏严重；过度砍伐；种子寿命短，易丧失活力。

▶ 植株

花果期
花期4—5月，果期10—11月。

果实形态结构
浆果状核果；卵形或椭球形；肉质；蓝黑色；长11.72~13.54mm，宽6.06~8.00mm，厚6.08~6.48mm，重0.2163~0.2676g；基部包于长3.59~4.90mm、表面被白色细绒毛的萼筒内。外果皮为蓝黑色；革质；厚0.04~0.07mm。中果皮为黄色；肉质，含油脂。去除外果皮和中果皮后的果核为椭球形；黄褐色；有稀疏纵条纹；长10.68~12.96mm，宽4.97~6.80mm。内果皮壳质；厚0.07~0.11mm；成熟后不会开裂；内含种子1粒。

传播体类型
果实。

传播方式
动物传播。

种子贮藏特性
不宜干藏，宜随采随播。

种子萌发特性
适宜的萌发温度为17~20℃，发芽率为75%~89%。

▶ 果枝

▶ 果实的背面、腹面、基部和顶部

5mm

种子形态结构

种子： 种子倒卵形或椭球形；黄褐色；长9~14mm，宽4~6mm。

种皮： 膜质；上半部分为白色或棕色，下半部分为白色、透明，表面有白色屑状物；部分紧贴内果皮。

胚乳： 无。

胚： 常为单胚，稀2~3胚。胚倒卵形或椭球形；肉质；长4.93~11.49mm，宽4.27~5.70mm，厚4.69~9.96mm；直生于种子中央。子叶2枚；黄白色；椭圆形或近圆形，平凸；长7.20~10.00mm，宽4.50~6.60mm，厚2.10~4.10mm；有时不等大；并合。胚芽卵形；长1.11~1.20mm，宽0.44~0.89mm；位于两子叶近基部。胚根圆锥形；长0.22~0.31mm，顶部宽0.33~0.62mm；朝向种子基端。

▶ **果核的侧面、背面和基部**

▶ **果核 X 光照**

5mm

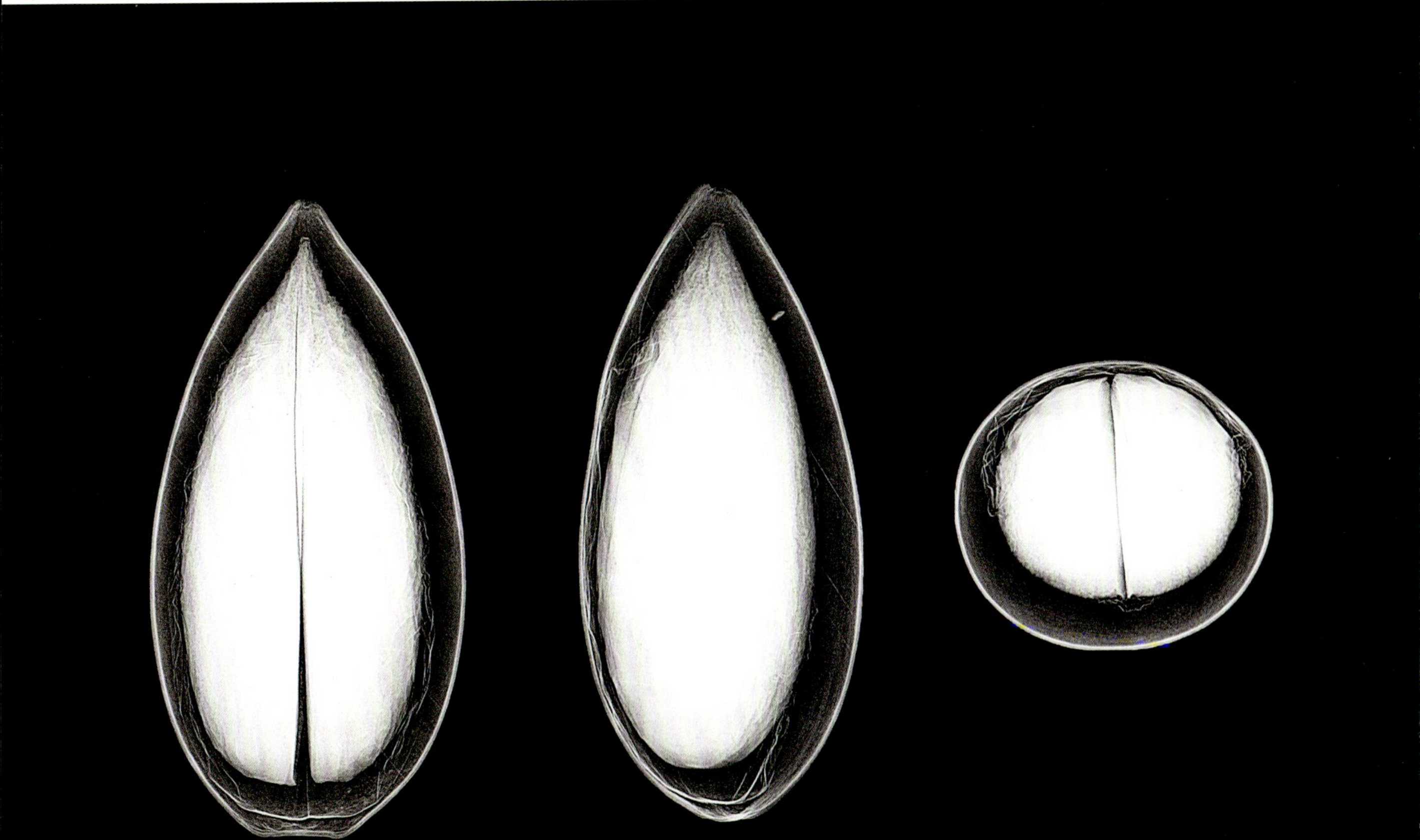

◀ 变质果实纵切面

5mm

◀ 变质果实横切面

2mm

▶ 变质的双胚

5mm

▶ 变质的单胚

5mm

樟科 Lauraceae

浙江楠
Phoebe chekiangensis C. B. Shang

植株生活型
大乔木，高达20m，胸径达50cm。

分　　布
产于浙江、福建和江西。生于海拔100~200m的山地阔叶林中。

经济价值
优良用材和绿化树种。

科研价值
中国特有植物，对研究中国植物区系的起源与演化具有重要价值。

濒危原因
分布区狭窄；生境破坏严重；过度砍伐；种子寿命短，易丧失活力。

▶ 植株

花果期
花期4—6月，果期9—10月。

果实形态结构
核果；卵形或椭球形；黑色，表面具光泽；长9.57~13.16mm，宽5.52~8.05mm，厚5.00~7.25mm，重0.2071~0.3948g；生于宿存的花被片上。外果皮为黑色；革质；厚0.04~0.05mm。中果皮为黄色；肉质，含油脂。去除外果皮和中果皮后的果核为椭球状或卵形；黄色；长9.71~11.61mm，宽5.11~6.80mm。内果皮为黄棕色；具棕色斑纹；壳质；厚0.07~0.11mm；与种皮部分分离；成熟后不会开裂；内含种子1粒。

传播体类型
果实。

传播方式
动物传播。

种子贮藏特性
不宜干藏，宜随采随播或短期沙藏。

种子萌发特性
去除种皮，在15℃、20℃、25℃、30℃下，萌发率均可达100%。

▶ 果实集

2cm

种子形态结构

种子： 倒卵形；长9.70~11.61mm，宽5.11~6.80mm，厚6.27~6.87mm。

种皮： 上半部为黄棕色或棕褐色，纸质，部分紧贴内果皮；下半部分为白色或黄棕色，膜状，透明，表面密布白色屑状物。

胚乳： 无。

胚： 常为单胚；稀2~3胚。胚椭球状或卵形；黄色；长7.62~10.35mm，宽4.03~5.87mm，厚5.60~5.70mm；直生于种子中。子叶2枚；椭圆状，或顶部稍弯，平凸；有时不等大，长10.00~10.90mm，宽5.20~6.12mm，厚3.10~4.18mm；并合。胚芽卵形；长3.00~3.70mm，宽1.80mm；位于两子叶近基部。胚根短圆锥形；长1.10~1.60mm，宽1.70~2.10mm。

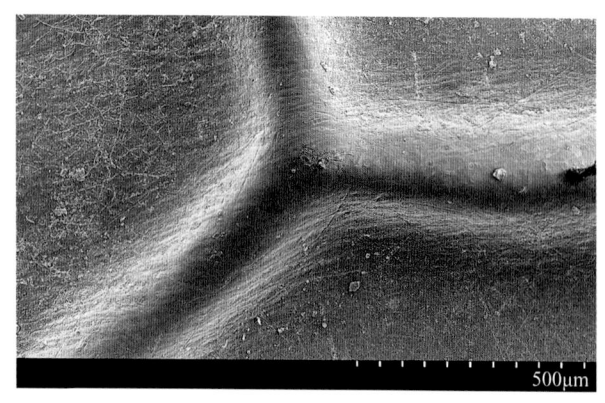

◀ 果实表面 SEM 照

▶ 果实的背面、侧面和顶部

▶ 果实 X 光照

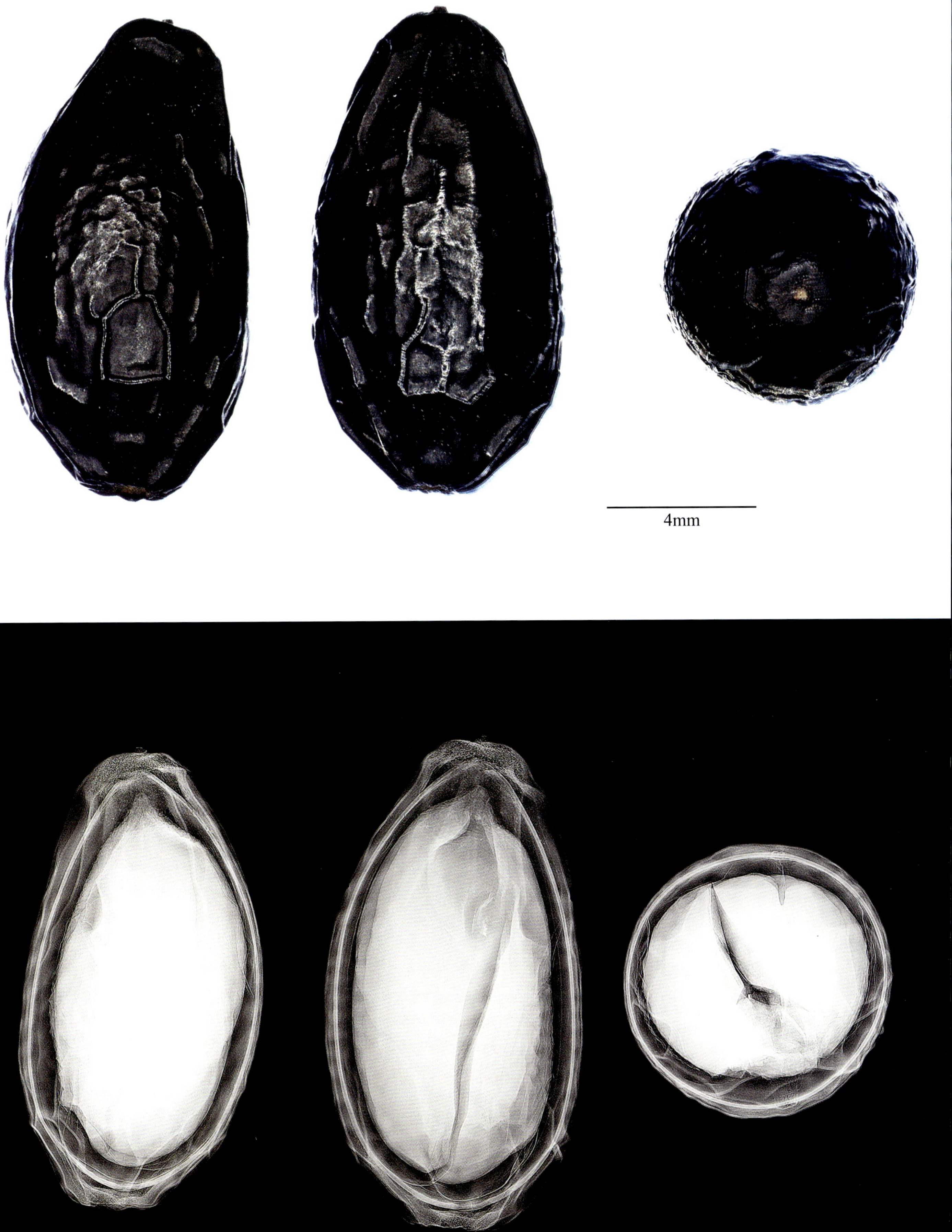

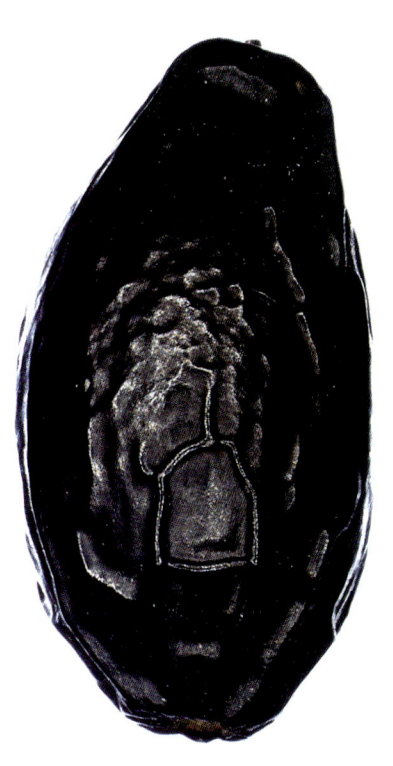

4mm

◀ 果核的腹面、背面和基部

5mm

◀ 变质果实横切面

2mm

▶ 变质果实纵切面

5mm

▶ 一粒种子中的 3 个变质胚

5mm

泽泻科 Alismataceae

浮叶慈菇
Sagittaria natans **Pall.**

植株生活型
多年生浮叶草本。

分　　布
产于辽宁、吉林、黑龙江、内蒙古、新疆等省区。生于池塘、沟渠、水甸子等静水或缓流水体中。此外，欧亚大陆温带广泛分布。

经济价值
可点缀园林水景，具观赏价值。

濒危原因
生境破碎化和丧失。

附注： 在《中国植物志》《中国生物物种名录》和 *Flora of China* 中，本种中文名为浮叶慈姑。

保护级别  二级

▶ 植株

花果期
花果期6—9月。

果实形态结构
瘦果；三角状倒卵形，扁平；顶部一侧具一长0.25~0.45mm的三角形或柱形花柱，直或稍弯，四周具宽0.43~0.83mm的薄翅；黄棕色或棕色；长3.02~4.26mm，宽1.50~2.82mm，厚0.35~0.55mm。果皮黄棕色或棕色；膜状胶质；厚0.01~0.02mm；内含种子1粒。

传播体类型
果实。

传播方式
水力传播。

种子贮藏特性
正常型种子。在低温干燥条件下贮藏，寿命可达1.5年以上。

种子萌发特性
去除果皮，并切破胚轴处种皮后，在20℃，12h/12h光照条件下，1%琼脂培养基上，萌发率为79%。

▶ 花

▶ 果实集

5mm

种子形态结构

种子：倒卵形；棕色或棕褐色；长1.91~2.39mm，宽0.77~1.11mm，厚0.33~0.44mm。

种脐：棕色；位于种子基端。

种皮：棕色或棕褐色；胶质；厚0.01mm；紧贴胚。

胚乳：无。

胚："U"形；浅黄色或白色；半蜡半粉质；长3.01~4.55mm，宽0.29~0.51mm，厚0.40mm。子叶1枚；圆柱形；长1.91~2.67（~2.96）mm，宽0.38~0.52mm，厚0.36~0.40mm。下胚轴和胚根长圆锥形；长1.13~1.95mm，宽0.26~0.39mm，厚0.29~0.40mm；朝向种脐。

▶ 果实的腹面、背面和侧面

▶ 果实X光照

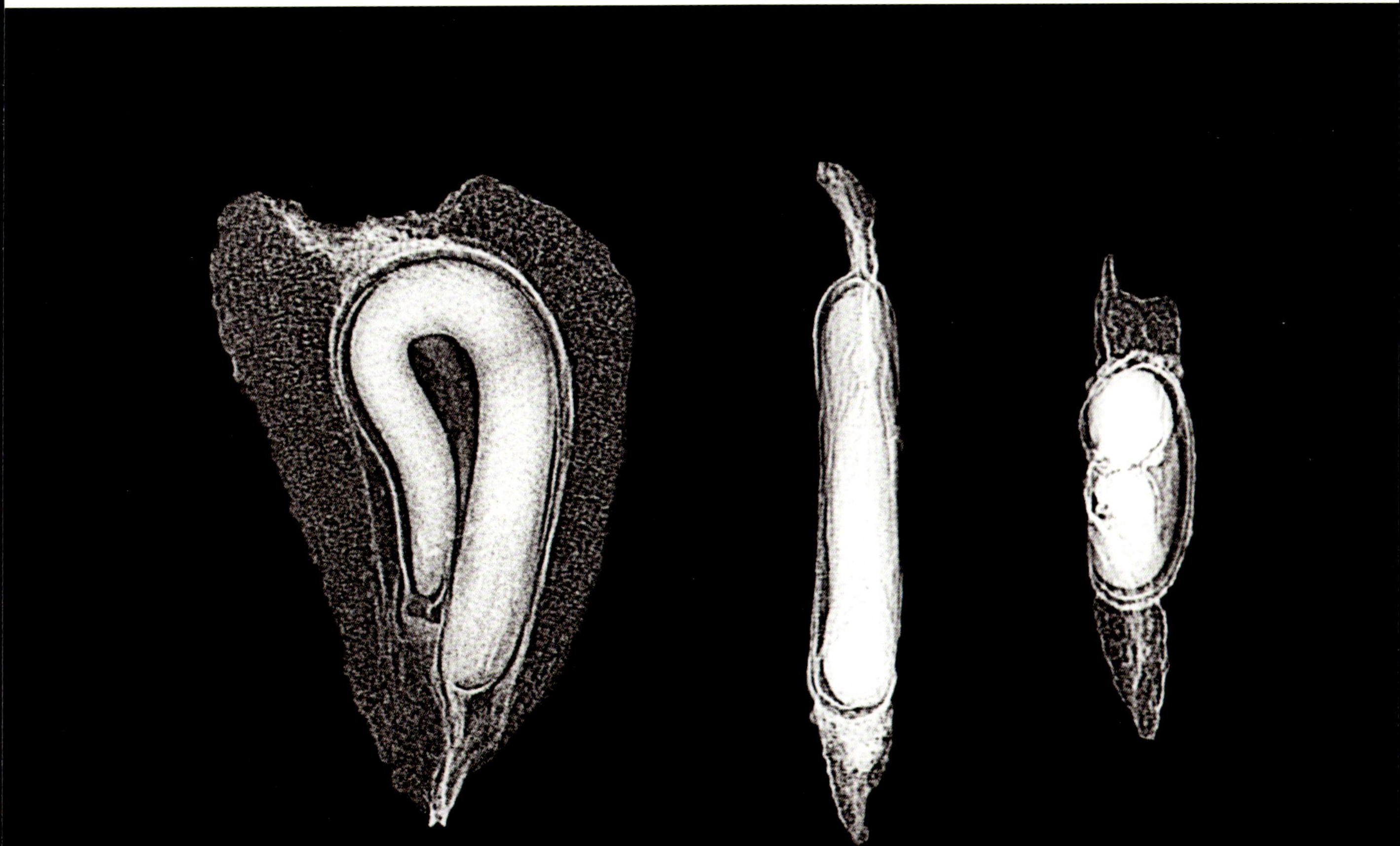

◀ 种子集

◀ 种子横切面

▶ 种子纵切面

500μm

▶ 胚

500μm

水鳖科 Hydrocharitaceae

波叶海菜花
Ottelia acuminata var. *crispa* (Hand.-Mazz.) H. Li

保护级别  二级

植株生活型
沉水草本。

分　　布
产于云南。生于湖泊中。

经济价值
水生观赏植物，还可食用。

科研价值
中国特有植物，对研究水鳖科及水车前属的演化具有重要价值。

濒危原因
分布区狭窄；过度采捞。

▶ 植株

花果期
花果期5—10月。

果实形态结构
新鲜果实三棱状圆柱形，稍弯；棱上有明显的肉刺和疣突，顶部具3枚长1.20~2.10mm、宽0.30~0.60mm的披针状宿存花柱；墨绿色或绿褐色；长7.30~12.10cm，宽1.30~1.90cm，厚1.10~1.90cm，重3.8710~5.1646g。果皮肉质；厚0.80mm；内含种子几十到上百粒。

传播体类型
种子。果皮在水中腐烂后或被鱼咬烂后，种子才散布出来。

传播方式
水力传播。

种子贮藏特性
正常型种子。在低温干燥条件下贮藏，有助于延长其寿命。

▶ 果实

▶ 种子集

2cm

5mm

种子形态结构

种子：新鲜种子为椭球形或圆柱形；表面密布疣状突起，顶部尤多，基部具黄色种茎，一侧具一条纵棱，有时背部也有一条纵棱；未成熟时为白色或灰白色，成熟后为黄棕色或灰棕色；长3.64~4.75mm，宽0.91~1.45mm，厚0.76~1.20mm，重0.0019~0.0031g。

种脐：椭圆形，中央凹入；黄棕色；长0.22~0.33mm，宽0.11~0.18mm；位于种子基端。

种皮：外种皮黄棕色或灰黄色；胶质；厚0.02mm。内种皮黑色或灰黑色；膜状胶质；紧贴胚乳。

胚乳：无。

胚：椭球形；乳黄色；蜡质；长2.60~3.13mm，宽0.44~0.90mm，厚0.36~0.87mm；直生于种子中。子叶1枚；卵形；长1.64~2.03mm，宽0.71~0.87mm，厚0.53~0.83mm。胚芽卵形；长0.53~0.60mm，宽0.40~0.60mm，厚0.11mm。下胚轴和胚根圆柱形，基部钝圆；长0.93~1.13mm，宽0.70~0.77mm，厚0.47~0.70mm；朝向种脐。

▶ 种子的腹面、侧面和基部

▶ 种子 X 光照

◀ 带内种皮的种子的腹面、背面和顶部

1mm

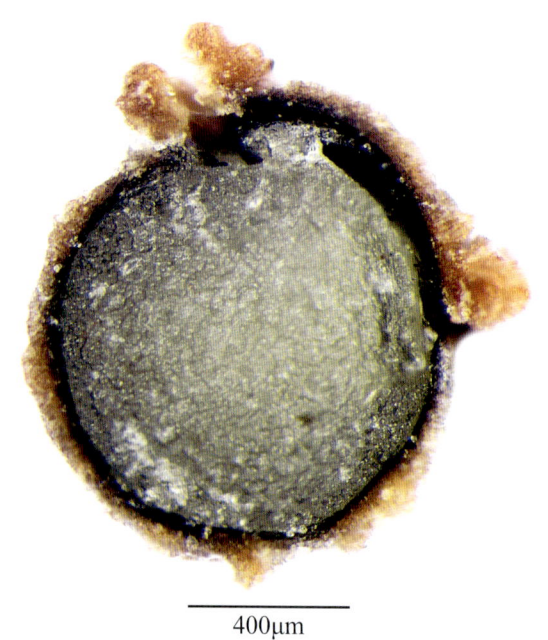

400μm

◀ 种子横切面

▶ 种子纵切面

500μm

▶ 胚

1mm

▶ 幼苗

5mm

冰沼草科 Scheuchzeriaceae

冰沼草
Scheuchzeria palustris L.

保护级别 二级

植株生活型
多年生沼生草本。

分布
产于吉林、河南、宁夏、青海、陕西和四川。生于沼泽等极湿处。此外，美国、加拿大、俄罗斯、奥地利、英国、法国、德国、意大利、日本和朝鲜等国也有分布。

经济价值
是北半球温带至寒温带地区的水生花卉。

科研价值
单种科植物，对研究冰沼草科的起源与系统演化，以及东亚植物区系具有重要价值。

濒危原因
生境破碎化和丧失。

▶ 植株

花果期

花期6—7月，果期8—10月。

果实形态结构

骨葖：心形，稍扁，几乎无喙；枯黄色；长5~7mm；成熟后沿腹缝线开裂；内含种子1~3粒。

传播体类型

种子。

传播方式

水力传播。

◀ 成熟聚合果

▶ 未成熟聚合果

▶ 种子集

4mm

种子形态结构

种子：椭球形或倒卵形；一侧具纵棱；黄棕色至棕色，光亮；长2.70~4.20mm，宽1.90~3.20mm，厚1.50~2.30mm，重0.0023~0.0057g。

种脐：圆形；灰黄色；长0.18~0.36mm，宽0.20~0.29mm；位于种子基端。

种皮：外种皮黄棕色至棕色；外层为角质，内层为海绵质，厚0.24~0.38mm。内种皮黄棕色；膜质。

胚乳：无。

胚：三棱状椭圆形；黄绿色或绿色；蜡质；长1.90~3.42mm，宽1.01~1.57mm，厚0.31~0.33mm。子叶1枚；三棱状长椭圆形；长2.00mm，宽0.91mm，厚0.31mm。胚芽三角形；长0.42~0.47mm，宽0.24~0.36mm，厚0.20~0.24mm。下胚轴和胚根三棱状圆锥形；长0.44~0.80mm，宽0.27~0.64mm，厚0.20~0.33mm；朝向种脐。

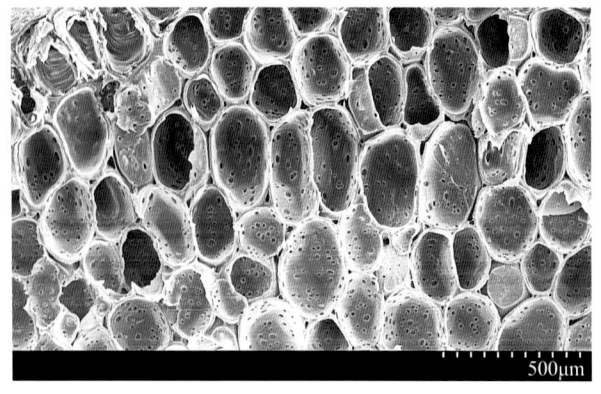

◀ 种皮内层 SEM 照

▶ 种子的腹面、侧面和基部

▶ 种子 X 光照

2mm

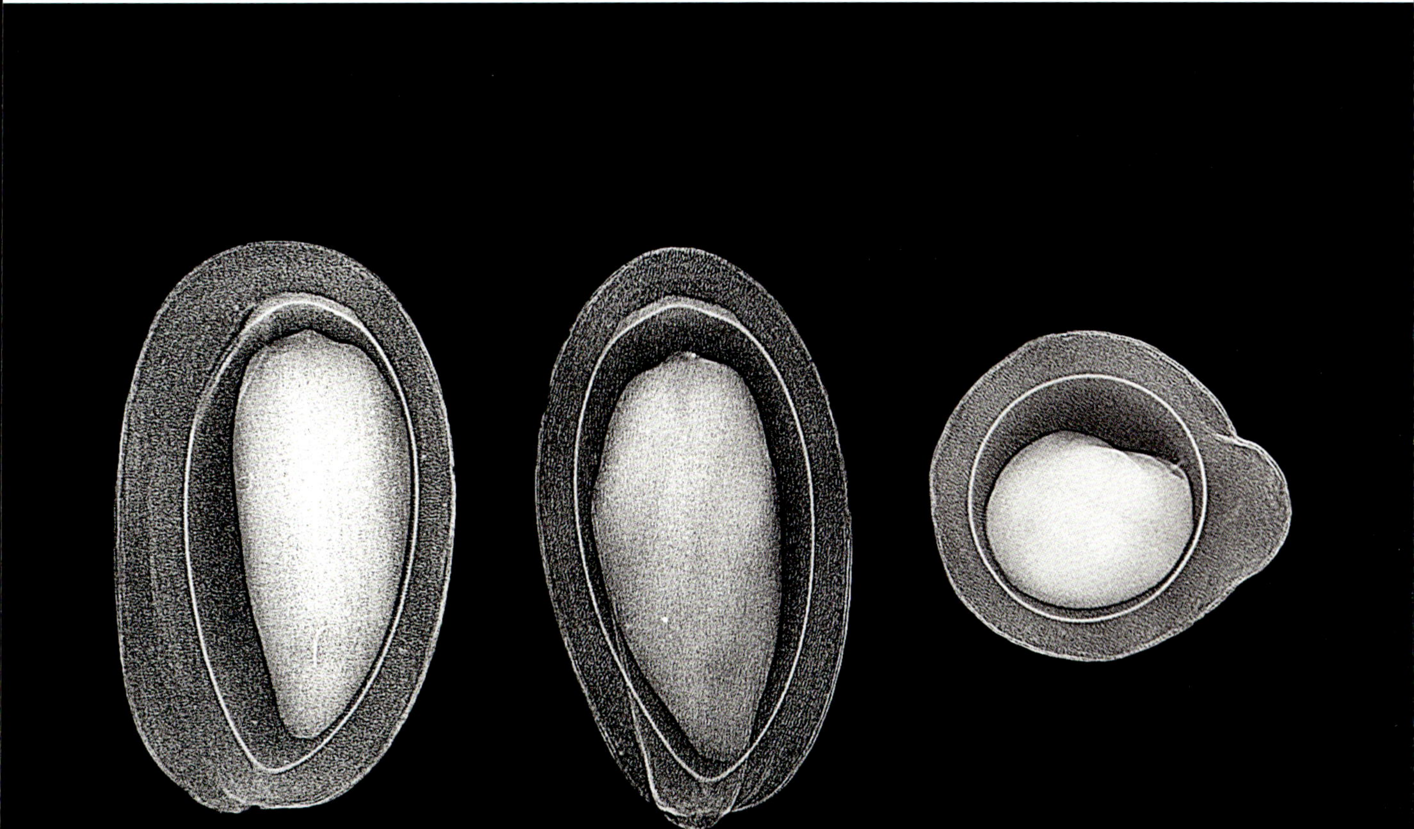

◀ 种子纵切面

1mm

◀ 种子横切面

1mm

▶ 胚

2mm

▶ 幼苗

翡若翠科 Velloziaceae

芒苞草
Acanthochlamys bracteata P. C. Kao

保护级别 二级

植株生活型
多年丛生小草本。

分　　布
产于四川和西藏。生于海拔2700~4223m的草地及开阔灌丛中。

科研价值
中国特有单种科植物和孑遗植物，是一个古老而孤立的类群，对研究植物的南北半球间断分布具有重要价值，也为大陆漂移、板块学说提供了佐证。

濒危原因
地质构造格局改变；第四纪冰期影响；分布区狭窄；生境破坏严重。

▶ 开花植株

花果期
花期5—6月，果期8—10月。

果实形态结构
蒴果；披针状三棱形；顶端具长约1mm的喙，喙基有白色海绵状环；红褐色；长7mm，宽3mm。果皮革质，与种皮相分离；成熟后开裂；内含种子15~20粒。果实基部具短果梗。

传播体类型
种子。

传播方式
风力传播。

种子贮藏特性
正常型种子。在低温干燥条件下贮藏，有助于延长其寿命。

种子萌发特性
在4℃层积2个月，然后在23℃±2℃，黑暗条件下，无菌水中，萌发率为95%。

◀ 果实

▶ 结果植株

▶ 种子集

种子形态结构

种子： 椭球形；表面具不明显网纹；黄色至棕色；长0.65~0.87mm，宽0.42~0.52mm，厚0.42~0.52mm，重0.0001g。

种脐： 棕色；圆形；直径为0.09mm；位于种子基端。

种皮： 黄色至黄棕色；胶质；厚0.02mm；紧贴胚乳。

胚乳： 含量丰富，几乎充满种子；白色，玻璃状，半透明；淀粉质，硬；包着胚。

胚： 披针形，稍扁；浅黄棕色；蜡质；长0.58~0.78mm，宽0.13mm，厚0.10mm；直生于种子中央。子叶1片；披针形；长0.24mm，宽0.08mm，厚0.04mm。下胚轴和胚根长卵形；长0.51mm，宽0.13mm，厚0.08mm；朝向种脐。

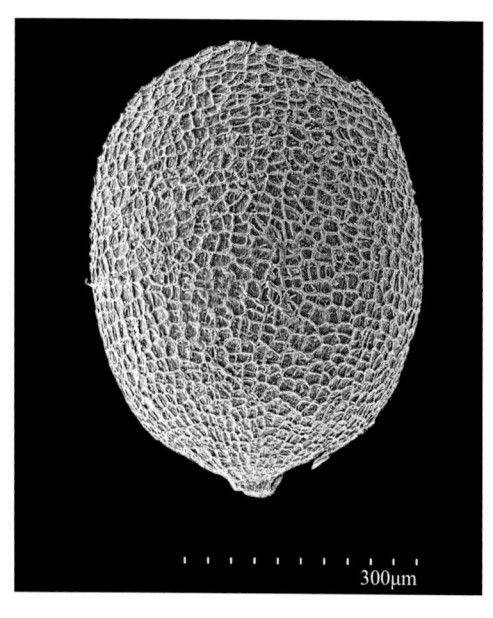

◀ 种子 SEM 照

▶ 种子的背面、侧面和顶部

▶ 种子 X 光照

200μm

◀ 种子纵切面

200μm

◀ 种子横切面

200μm

► 胚

100μm

藜芦科 Melanthiaceae

球药隔重楼
***Paris fargesii* Franch.**

植株生活型
多年生草本，高50~100cm。

分　　布
产于广东、广西、贵州、湖北、湖南、江西、四川和云南。生于海拔500~2100m的森林荫蔽处。此外，印度、缅甸和越南等国也有分布。

经济价值
以根状茎入药，具清热解毒、消肿止痛、平喘止咳、活血散瘀和凉肝定惊功效，能治疗肿伤中毒、淋巴结结核、毒蛇咬伤等症。

濒危原因
生境破坏严重；过度挖掘利用。

▶ 植株

花果期
花期4—6月，果期7—9月。

果实形态结构
蒴果；卵球形，顶端尖；表面具多条纵棱；紫色。果皮外层为紫色，革质；内层新鲜时为绿白色，肉质，干后为棕色，胶质，厚0.04mm；成熟后开裂；内含种子几十粒。

传播体类型
种子。

传播方式
动物传播。

种子萌发特性
具混合休眠。双低双高的温度交替处理（5~10℃处理2个月，然后放入18~20℃处理3个月，再放入5~10℃处理1.5个月，最后在20~22℃培养）有助于打破种子休眠，促进萌发。

◀ 雌蕊和雄蕊

▶ 未成熟果实

▶ 种子集

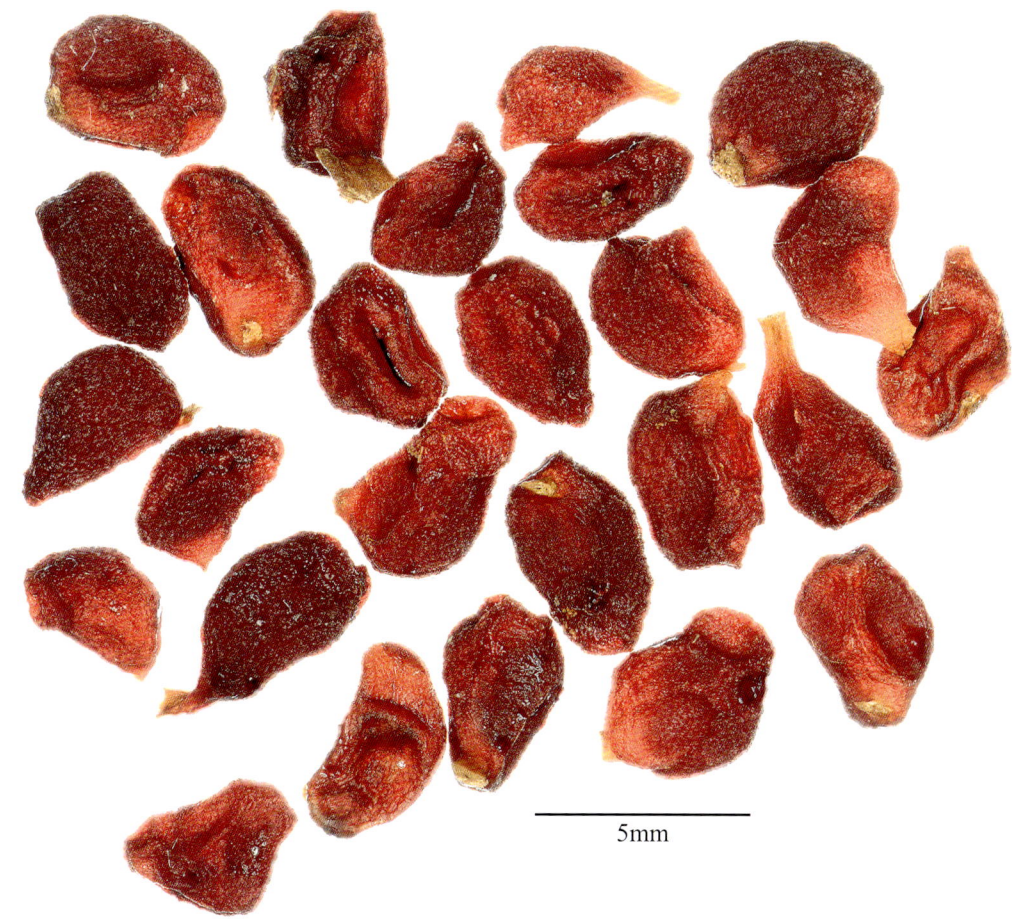

种子形态结构

种子： 椭球形、倒卵形或卵形；表面凹凸不平；橙色或橙红色；长3.75~5.45mm，宽2.13~3.80mm，厚1.75~2.95mm，重0.0104~0.0210g。

种脐： 黄色；椭圆形；长0.33~0.64mm，宽0.58~0.96mm；稍突起；横生于种子基端。

种皮： 外种皮橙红色或橙色；新鲜时为肉质，干后为胶质；厚0.08~0.16mm。内种皮乳黄色；膜状胶质；紧贴胚乳。

胚乳： 含量丰富；白色，透明；胶质，含油脂；包着胚。

胚： 球形、椭球形或倒卵形，未分化；乳白色或乳黄色；蜡质；长0.22~1.00mm，宽0.15~0.56mm，厚0.09~0.36mm；位于种子近基部中央。

▶ 种子的背面、侧面和顶部

▶ 种子 X 光照

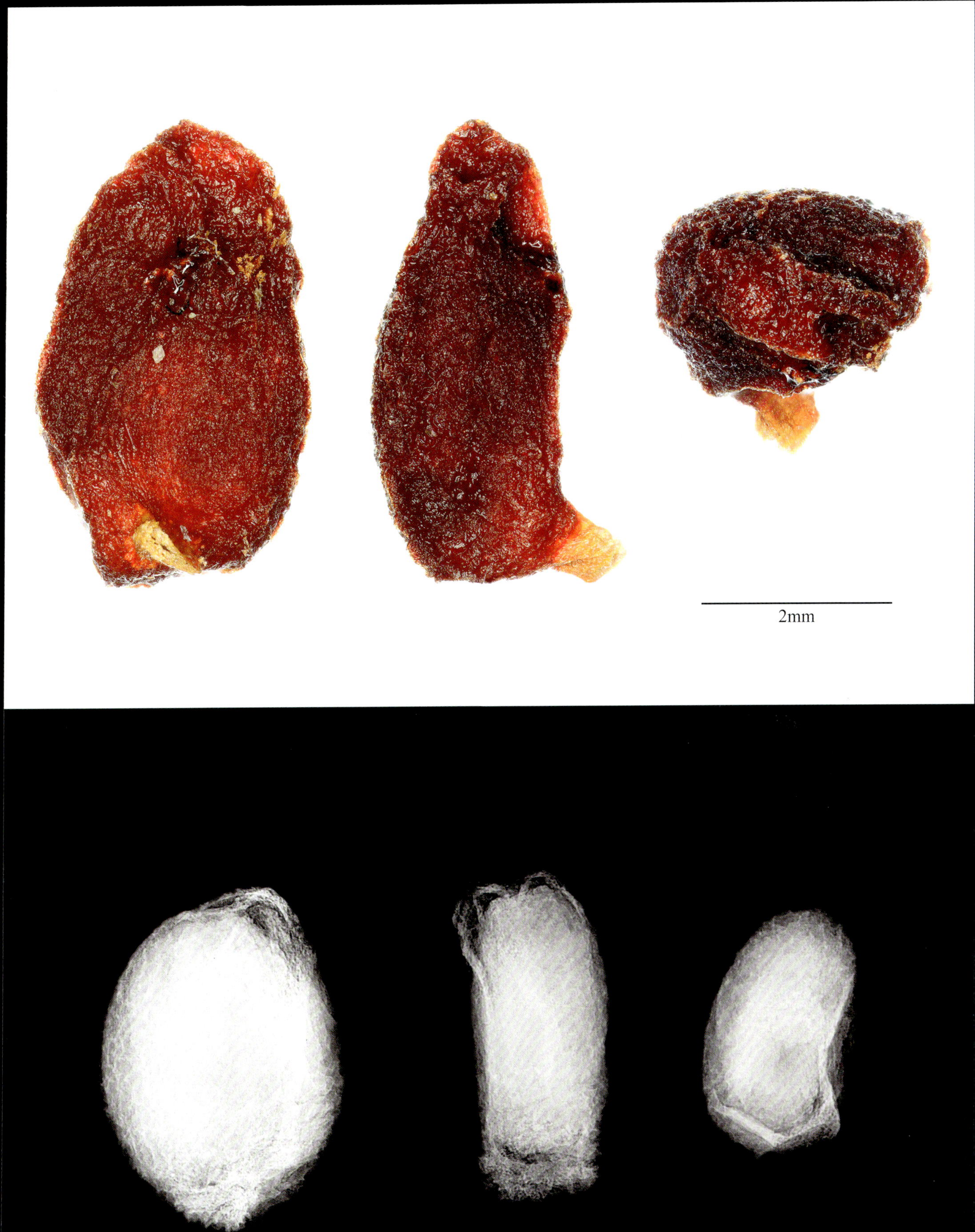

2mm

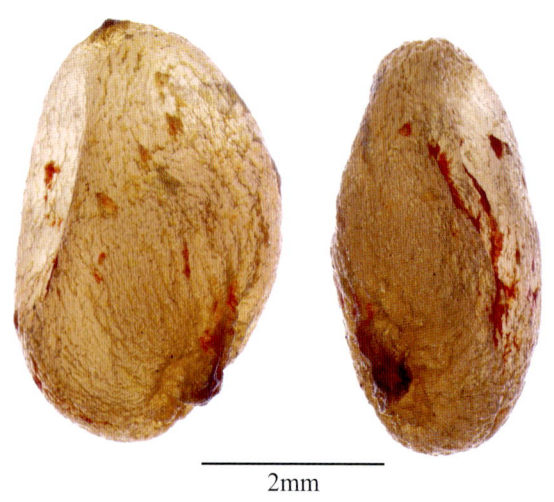

◀ 带内种皮的种子

2mm

◀ 种子纵切面

1mm

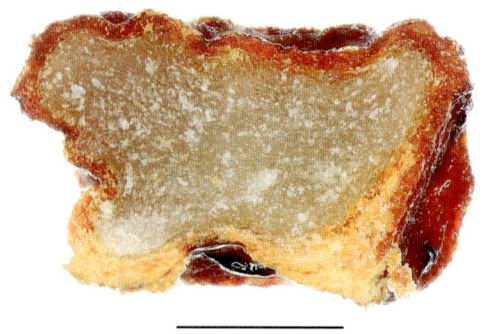

◀ 种子横切面

1mm

▶ 胚

500μm

▶ 萌发中的种子

5mm

兰科 Orchidaceae

白及
Bletilla striata (Thunb. ex A. Murray) Rchb. f.

保护级别 二级

植株生活型
多年生地生草本，高15~60cm。

分　　布
产于陕西、甘肃、江苏、安徽、浙江、江西、福建、湖北、湖南、广东、广西、四川和贵州。生于海拔100~3200m的常绿阔叶林下、栎树林或针叶林下、路边草丛或岩石缝中。此外，缅甸、朝鲜半岛和日本等国家和地区也有分布。

经济价值
花形优雅、花色艳丽、花期较长，具较高园艺价值。此外，白及干燥假鳞茎为我国传统中药，具收敛止血、消肿生肌功效，能治疗咯血、吐血、创伤出血、疮疡肿毒和皮肤皲裂；白及胶具黏度，被广泛用于日化、生物医药、纺织印染、特种涂料等方面。

濒危原因
生境破碎化和丧失；过度采挖；在自然条件下种子萌发率较低，成苗慢，导致种群天然更新困难。

▶ 植株

花果期
花期4—5月。

果实形态结构
蒴果；倒卵形或椭球形；表面具6条纵棱，顶端具一稍弯、长的宿存合蕊柱；幼时绿色，成熟后新鲜时为黄绿色，干后为棕色；沿3条纵棱开裂；内含种子数万粒。

散布体类型
种子。

传播方式
风力传播。

种子贮藏特性
可耐短期干藏。

种子萌发特性
在无菌萌发及快繁方面，白及种子萌发的最佳培养基为液体培养基1/2MS+6-BA 1.0mg/L，添加10%椰汁乳能够进一步提高种子萌发率，促进原球茎生长；无性繁殖最佳培养基为MS+6-BA 1.0mg/L+NAA 0.2mg/L。在直播方面，白及种子在适配的椰糠基质上能顺利萌发，萌发率大于80%。

▶ 种子集

1mm

种子形态结构

种子： 纺锤形，两端大小不等，直或稍弯；表面具蜂巢状纹饰；黄白色；长1.05~1.48mm，宽0.14~0.28mm。

种脐： 孔状；位于种子基端。

种皮： 外种皮黄白色，透明；膜状胶质；与内种皮之间存在空腔。内种皮浅黄色，透明；膜状胶质；紧包着胚。

胚乳： 无。

胚： 椭球形，未分化；白色；半肉半蜡质，含油脂；长0.15~0.37mm，宽0.10~0.18mm；位于种子中部。

▶ 种子

▶ 种子 SEM 照

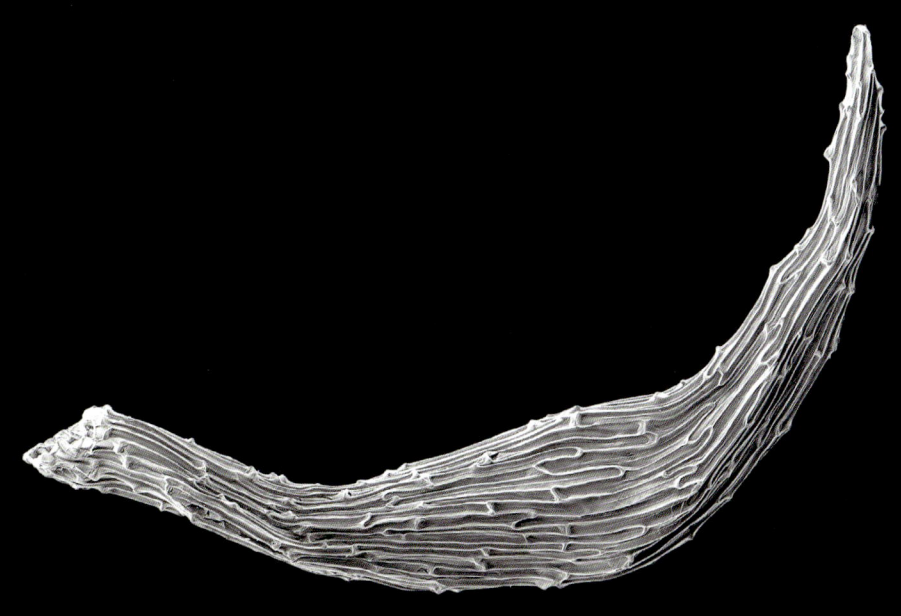

兰科 Orchidaceae

杜鹃兰
***Cremastra appendiculata* (D. Don) Makino**

保护级别 二级

植株生活型
多年生地生草本。

分　　布
产于山西、陕西、甘肃、江苏、安徽、浙江、江西、台湾、河南、湖北、湖南、广东、四川、重庆、贵州、云南和西藏。生于海拔500~2900m的林下湿地或沟边湿地上。此外，尼泊尔、不丹、印度、老挝、越南、泰国、朝鲜半岛和日本等国家和地区也有分布。

经济价值
花多，色彩浓烈，有香气，具较高园艺价值。此外，杜鹃兰的干燥假鳞茎又名山慈姑，为重要中草药，具清热解毒和化痰散结功效，能治疗喉鼻、瘰疬痰核、痈肿疔毒和淋巴结核等症。

濒危原因
生境破碎化或丧失；过度采挖；坐果率低，在自然条件下种子萌发率较低，导致种群天然更新困难。

▶ 花

花果期
花期5—6月，果期9—12月。

果实形态结构
蒴果；椭球形；果体表面具3条宽纵棱，棱间果面中央具一纵脊，顶端具一长而稍弯的宿存合蕊柱；幼时绿色，成熟后新鲜时为黄棕色；长2.5~3cm，宽1~1.3cm。果皮纸质；黄棕色；成熟后沿3条纵棱呈缝状开裂；内含种子数万粒。

散布体类型
种子。

传播方式
风力传播。

种子贮藏特性
可耐短期干藏。

种子萌发特性
在15~25℃、遮阴、pH值5.5条件下，在KC+0.5mg/L KT（激动素）+1.3mg/L IBA（吲哚乙酸）+1.0%蔗糖+7.5%马铃薯泥+0.5%活性炭的最适培养基上，6周萌发率可达32.87%。

▶ 种子集

种子形态结构

种子： 长圆柱形或纺锤形，直或稍弯；表面具蜂巢状和复网纹；黄白色；长1.71~2.21mm，宽0.11~0.16mm。

种脐： 孔状；位于种子基端。

种皮： 外种皮膜状胶质；黄白色，透明；与内种皮之间存在空腔。内种皮膜状胶质；浅黄色，透明；紧包着胚。

胚乳： 无。

胚： 圆柱形或倒卵形，未分化；白色；半肉半蜡质，含油脂；长0.25~0.29mm，宽0.09~0.12mm；位于种子中央。

▶ 种子

▶ 种子 SEM 照

200μm

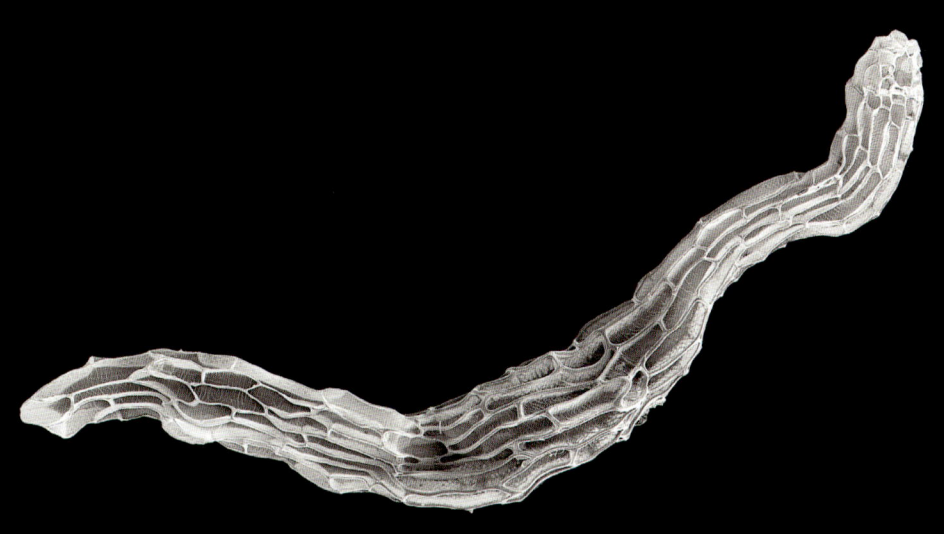

500μm

兰科 Orchidaceae

垂花兰
Cymbidium cochleare Lindl.

植株生活型
多年生附生草本。

分 布
产于台湾和云南。生于海拔300~1000m的阴湿密林中树上。此外，印度、孟加拉国、缅甸和越南等国也有分布。

经济价值
花多，有香气，花期长，可种植于花坛边缘与花境及疏林地被供观赏。

濒危原因
分布区狭窄；生境破碎化和丧失；过度采挖；在自然条件下种子萌发率较低，导致种群天然更新困难。

保护级别 二级

▶ 花和果

花果期
花期10月至翌年1月。

果实形态结构
蒴果；椭球形；表面具多条宽纵棱，棱间果面中央具一纵脊，顶端具一长而直的宿存合蕊柱；幼时绿色，成熟后新鲜时为绿黄色；长2~2.5cm，宽1.5~2cm。果皮肉质；绿黄色；成熟后开裂；内含种子数万粒。

散布体类型
种子。

传播方式
风力传播、水力传播（树干径流）和动物传播（鸟类体表传播）。

▶ 种子集

种子形态结构

种子： 纺锤形；直或稍弯；表面具蜂巢状纹饰；胚部黄色，两端白色；长0.37~0.60mm，宽0.15~0.25mm。

种脐： 孔状；位于种子基端。

种皮： 外种皮膜状胶质；白色，透明；与内种皮之间存在空腔。内种皮膜状胶质；黄色，透明；紧包着胚。

胚乳： 无。

胚： 卵形、倒卵形或椭球形，未分化；白色；半肉半蜡质，含油脂；长0.12~0.23mm，宽0.04~0.10mm；位于种子中央。

▶ 种子

▶ 种子SEM照

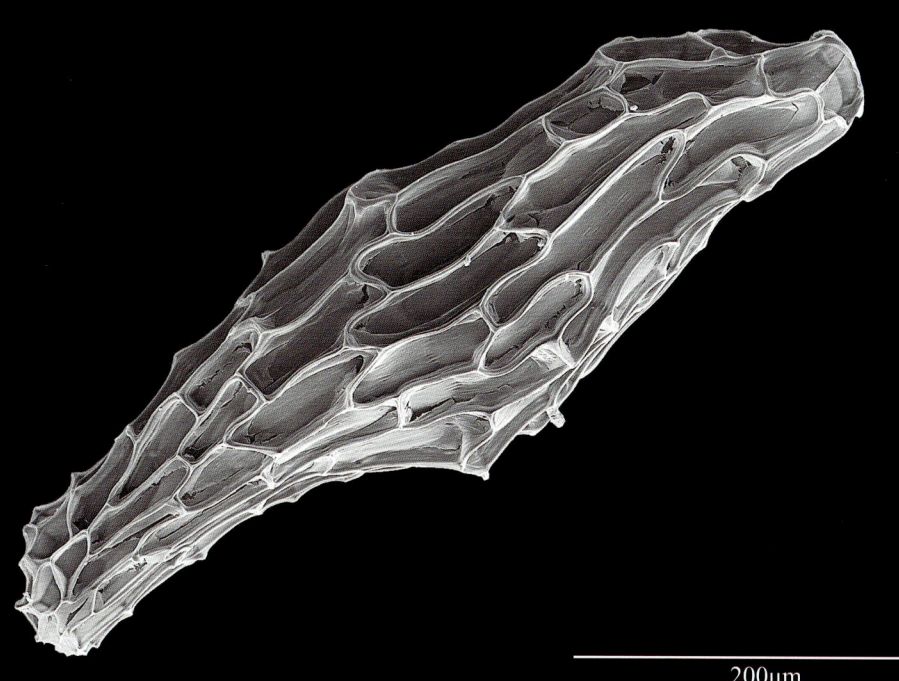

兰科 Orchidaceae

冬凤兰
***Cymbidium dayanum* Rchb. f.**

保护级别  二级

植株生活型
多年生附生草本。

分　　布
产于福建、台湾、广东、海南、广西、云南和西藏。生于海拔300~1600m的疏林中树上或溪谷旁岩壁上。此外，印度、缅甸、越南、老挝、柬埔寨、泰国、马来西亚、文莱、印度尼西亚、菲律宾和日本也有分布。

经济价值
花多，花色典雅，有香气，且花期较长，具较高园艺价值。此外，还具食用、药用和食品添加等方面的价值。

濒危原因
生境破碎化和丧失；过度采挖；在自然条件下种子萌发率较低，导致种群天然更新困难。

▶ 花

花果期
花期8—12月,果期翌年2—4月。

果实形态结构
蒴果;椭球形;表面具3条纵棱,棱间果面中央具一纵脊,顶端具一长而直的宿存合蕊柱;幼时绿色,成熟后新鲜时为黄绿色;长4~5cm,宽2~2.8cm。果皮肉质;黄绿色;成熟后开裂;内含种子数万粒。

散布体类型
种子。

传播方式
风力传播、水力传播(树干径流)和动物传播(鸟类体表传播)。

种子萌发特性
在培养基MS+6-BA 1.0mg/L+NAA 0.5mg/L+CM 15%上,85~90d即可萌发,萌芽率达98%以上。

▶ 种子集

500μm

种子形态结构

种子： 纺锤形、椭球形或倒卵形；直或稍弯；表面具蜂巢状纹饰；胚部黄色，两端白色；长0.37~0.58mm，宽0.16~0.26mm。

种脐： 孔状；位于种子基端。

种皮： 外种皮膜状胶质；白色，透明；与内种皮之间存在空腔。内种皮膜状胶质；黄色，透明；紧包着胚。

胚乳： 无。

胚： 倒卵形或纺锤形，未分化；白色；半肉半蜡质，含油脂；长0.13~0.23mm，宽0.05~0.09mm；位于种子中央。

▶ 种子

▶ 种子 SEM 照

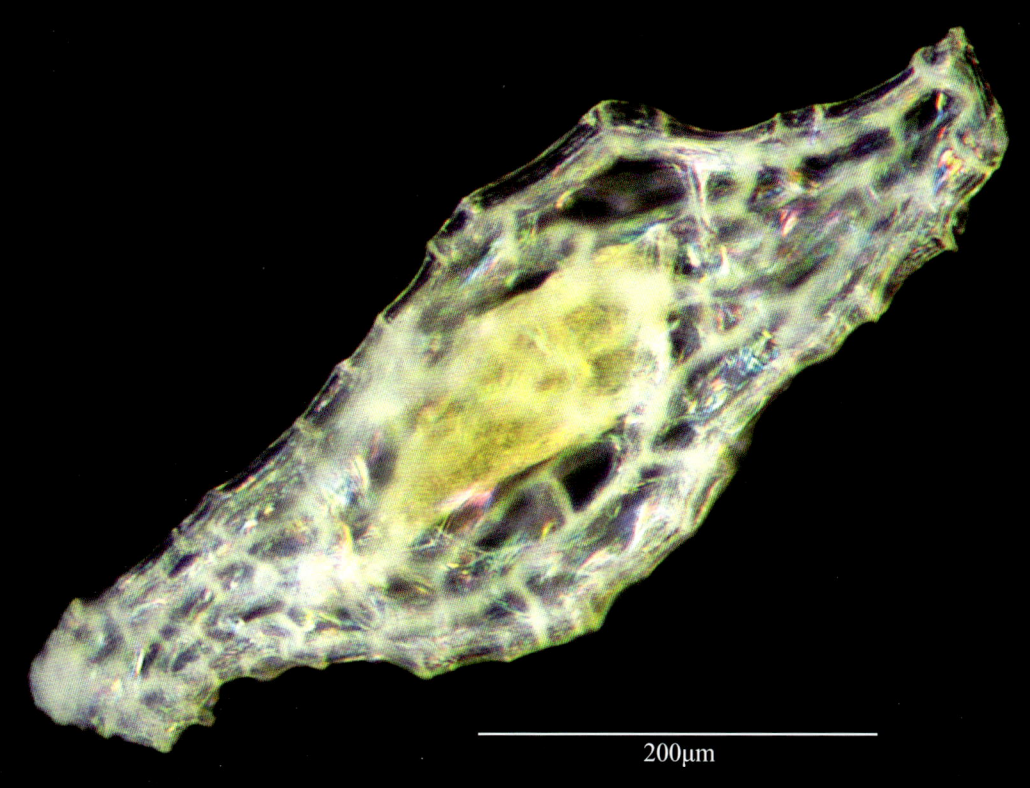

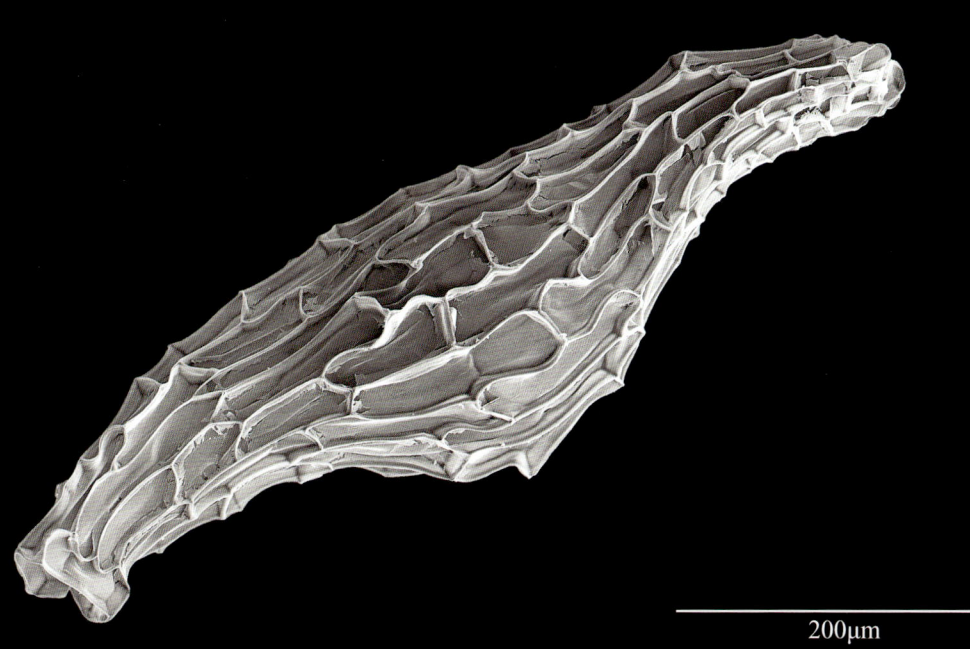

兰科 Orchidaceae

莎草兰
Cymbidium elegans **Lindl.**

保护级别 二级

植株生活型
多年生附生草本。

分布
产于四川、云南和西藏。生于海拔1700~2800m的林中树上或岩壁上。此外，尼泊尔、不丹、印度和缅甸也有分布。

经济价值
花多，花期长，且有香气，可种植于花坛边缘与花境及疏林地被供观赏。

濒危原因
分布区狭窄；生境破碎化和丧失；过度采挖；在自然条件下种子萌发率较低，导致种群天然更新困难。

▶ 花序

花果期
花期10—12月。

果实形态结构
蒴果；椭球形；长2~2.5cm，宽1.5~2cm。

散布体类型
种子。

传播方式
风力传播、水力传播（树干径流）和动物传播（鸟类体表传播）。

▶ 种子集

种子形态结构

种子： 椭球形或倒卵形；直或稍弯；表面具蜂巢状纹饰；胚部黄色，两端白色；长0.48~0.72mm，宽0.18~0.30mm。

种脐： 孔状；位于种子基端。

种皮： 外种皮膜状胶质；白色，透明；与内种皮之间存在空腔。内种皮膜状胶质；乳黄色，透明；紧包着胚。

胚乳： 无。

胚： 椭球形或倒卵形，未分化；白色；半肉半蜡质，含油脂；长0.12~0.25mm，宽0.08~0.12mm；位于种子中央。

▶ 种子

▶ 种子 SEM 照

兰科 Orchidaceae

虎头兰
***Cymbidium hookerianum* Rchb. f.**

植株生活型
多年生附生草本。

分　　布
产于广西、四川、贵州、云南和西藏。生于海拔1100~2700m的林中树上或溪谷旁岩石上。此外，尼泊尔、不丹、印度、缅甸、泰国和越南也有分布。

经济价值
花多而大，花色独特，有香气，具较高园艺价值。

濒危原因
生境破碎化和丧失；过度采挖；在自然条件下种子萌发率较低，导致种群天然更新困难。

▶ 花

花果期
花期1—4月。

果实形态结构
蒴果;狭椭球形;长9~11cm,宽约4cm。

散布体类型
种子。

传播方式
风力传播、水力传播(树干径流)和动物传播(鸟类体表传播)。

▶ 种子集

种子形态结构

种子： 纺锤形；直或稍弯；表面具蜂巢状纹饰；胚部浅黄色或黄色，两端白色；长0.49~0.94mm，宽0.12~0.21mm。

种脐： 孔状；位于种子基端。

种皮： 外种皮膜状胶质；白色，透明；与内种皮之间存在空腔。内种皮膜状胶质；浅黄色或黄色，透明；紧包着胚。

胚乳： 无。

胚： 圆球形，未分化；白色；半肉半蜡质，含油脂；长0.06~0.11mm，宽0.06~0.10mm；位于种子中央。

▶ 种子

▶ 种子 SEM 照

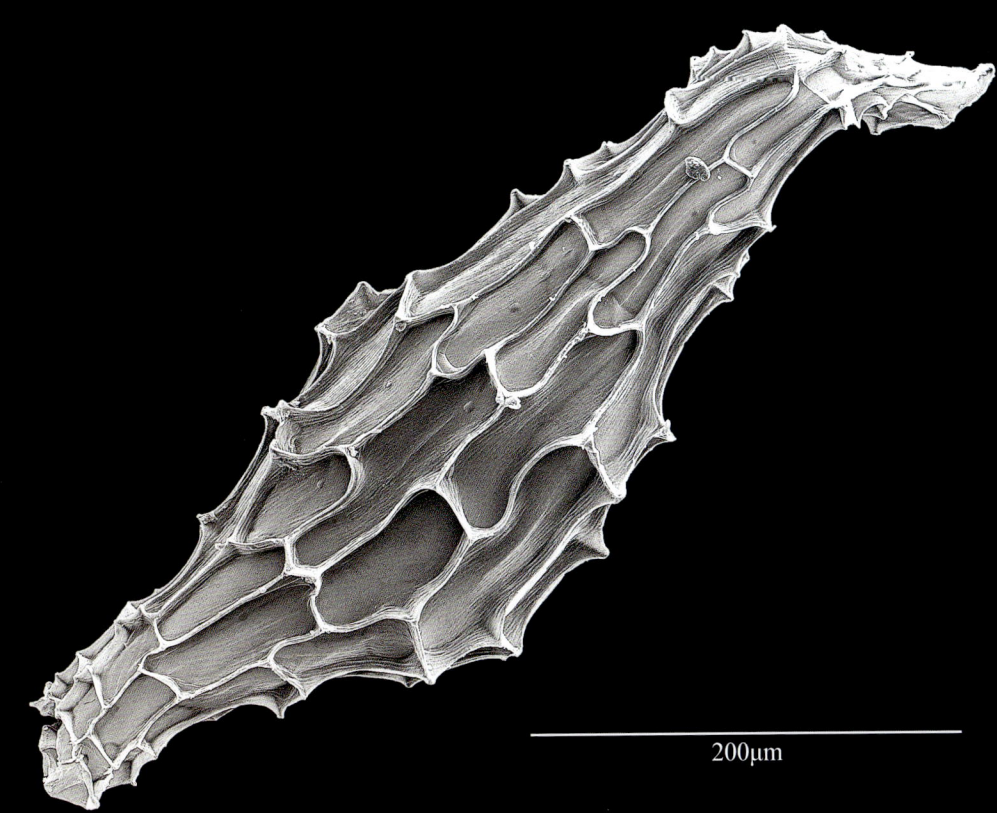

兰科 Orchidaceae

硬叶兰
***Cymbidium mannii* Rchb. f.**

保护级别 二级

植株生活型
多年生附生草本。

分　　布
产于广东、海南、广西、贵州和云南。生于海拔100~1600m的林中或灌木林中的树上。此外，尼泊尔、不丹、巴基斯坦、印度、孟加拉国、缅甸、越南、老挝、柬埔寨和泰国也有分布。

经济价值
花多，花形和花色奇特，具较高园艺价值；全草可入药，具清热润肺、化痰止咳、散瘀止血等功效。

濒危原因
生境破碎化和丧失；过度采挖；在自然条件下种子萌发率较低，幼苗存活率低，导致种群天然更新困难。

▶ 植株

花果期
花期3—4月，果期7—8月。

果实形态结构
蒴果；倒卵形；表面具3条宽纵棱，两棱之间的果面中央具一纵棱，顶端具粗合蕊柱；幼时绿色，成熟后新鲜时为黄色；长约5cm，宽约1.5cm。果皮肉质；黄色；成熟后沿纵棱开裂；内含种子数万粒。

散布体类型
种子。

传播方式
风力传播、水力传播（树干径流）和动物传播（鸟类体表传播）。

萌发特性
黑暗条件更有利于硬叶兰原球茎的形成。

▶ 花

▶ 种子集

种子形态结构

种子： 纺锤形；直或稍弯；表面具蜂巢状纹饰；胚部白色或浅黄色，两端白色；长0.64~0.88mm，宽0.19~0.26mm。

种脐： 孔状；位于种子基端。

种皮： 外种皮膜状胶质；白色，透明；与内种皮之间存在空腔。内种皮膜状胶质；白色或浅黄色，透明；紧包着胚。

胚乳： 无。

胚： 圆球形或椭球形，未分化；白色；半肉半蜡质，含油脂；长0.11~0.16mm，宽0.07~0.12mm；位于种子中央。

▶ 种子

▶ 种子 SEM 照

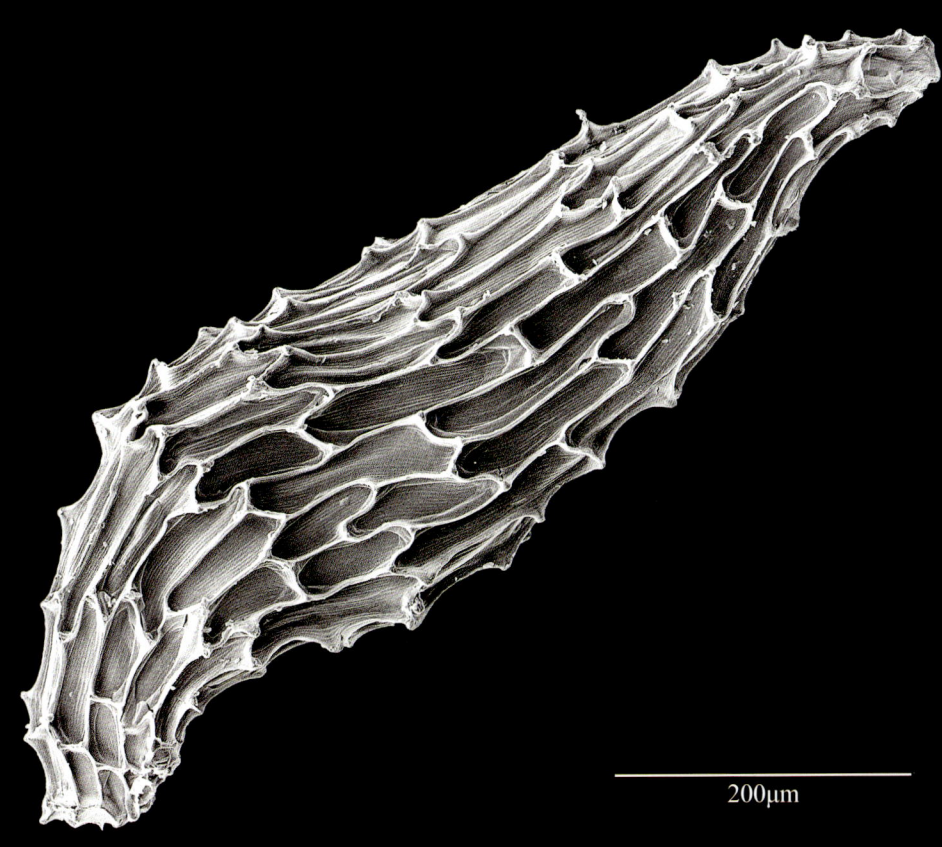

兰科 Orchidaceae

西藏虎头兰
***Cymbidium tracyanum* L. Castle**

植株生活型
多年生附生草本。

分　　布
产于贵州、云南和西藏。生于海拔1200~1900m的林中大树干上或树杈上，也见于溪谷旁的岩石上。此外，印度、缅甸、泰国和越南也有分布。

经济价值
花多，花朵硕大，花色奇特，适宜作盆栽或切花，具较高园艺价值。

濒危原因
分布区狭窄；生境破碎化和丧失；过度采挖；在自然条件下种子萌发率较低，导致种群天然更新困难。

▶ 植株

花果期
花期9—12月,果期翌年2—3月。

果实形态结构
蒴果;椭球形;表面具3条宽6mm的纵棱,两棱之间的果面中央具一宽9mm的纵脊,顶端具一长约3cm、宽1.1cm的合蕊柱;幼时绿色,成熟后新鲜时为黄色,干后褐色;长8~9cm,宽4.5~5cm,厚4.2cm。果皮肉质;黄色;成熟后沿棱纵向开裂;内含种子数百万粒。

散布体类型
种子。

传播方式
风力传播、水力传播(树干径流)和动物传播(鸟类体表传播)。

种子萌发特性
在Hyponex1号1g/L+Hyponex2号1g/L+6-BA 1mg/L+10%香蕉汁+2%苹果汁+蔗糖20g/L+琼脂6g/L+AC 1g/L的培养基上,种子萌发率可达90%~98%。

◀ 花

▶ 果实

▶ 种子集

种子形态结构

种子： 纺锤形；直或稍弯；表面具蜂巢状纹饰；黄白色；长1.00~1.29mm，宽0.20~0.31mm，厚0.16~0.18mm。

种脐： 孔状；位于种子基端。

种皮： 外种皮膜状胶质；黄白色，透明；与内种皮之间存在空腔。内种皮膜状胶质；乳白色，透明；紧包着胚。

胚乳： 无。

胚： 圆球形或椭球形，未分化；白色；半肉半蜡质，含油脂；长0.15~0.22mm，宽0.11~0.15mm；位于种子中部或中下部。

▶ 种子

▶ 种子SEM照

400μm

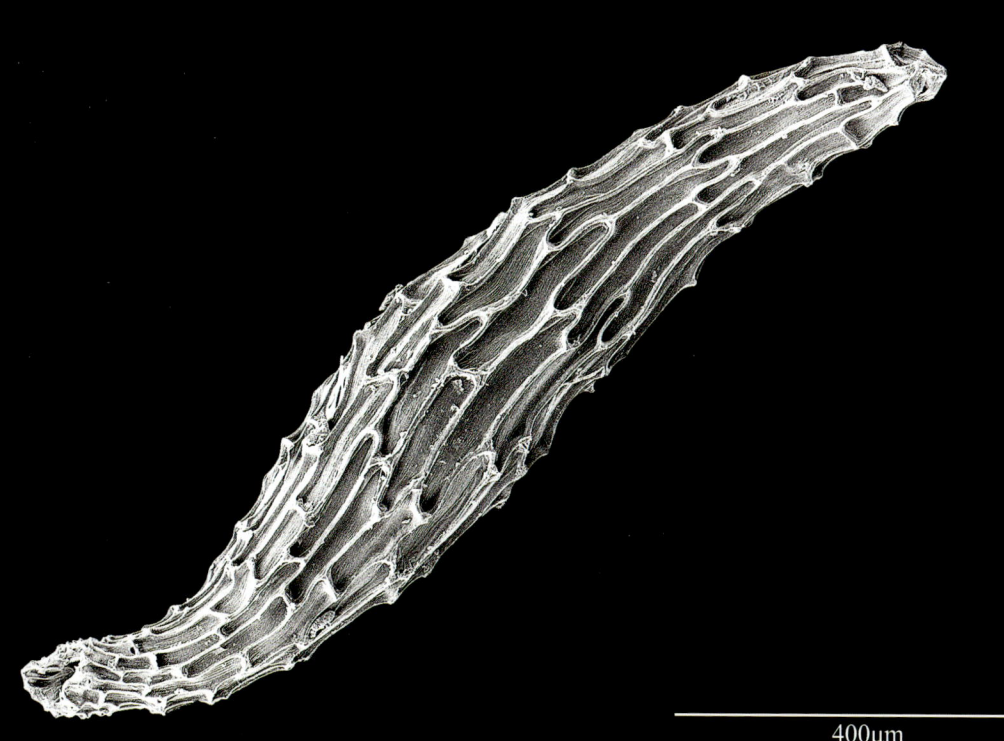

400μm

兰科 Orchidaceae

暖地杓兰
Cypripedium subtropicum S. C. Chen & K. Y. Lang

保护级别 一级

植株生活型
多年生地生草本，高达1.5m。

分　　布
产于西藏和云南。生于海拔1400m的林下。此外，越南也有分布。

经济价值
花多，花形和色彩奇特，具较高园艺价值。

濒危原因
分布区狭窄；生境破碎化和丧失；过度采挖；在自然条件下种子萌发率较低，导致种群天然更新困难。

▶ 植株

花果期

花期7月。

果实形态结构

蒴果；长椭球形；表面密布褐色细绒毛，具6条纵棱，顶端具一短而粗的合蕊柱，基部具长果梗；幼时绿色，成熟后新鲜时为黄棕色，干后为棕褐色；沿3条棱纵向开裂；内含种子数十万粒。

散布体类型

种子。

传播方式

风力传播。

◀ 花

▶ 果实的侧面、背面、侧面、顶部和基部

▶ 种子集

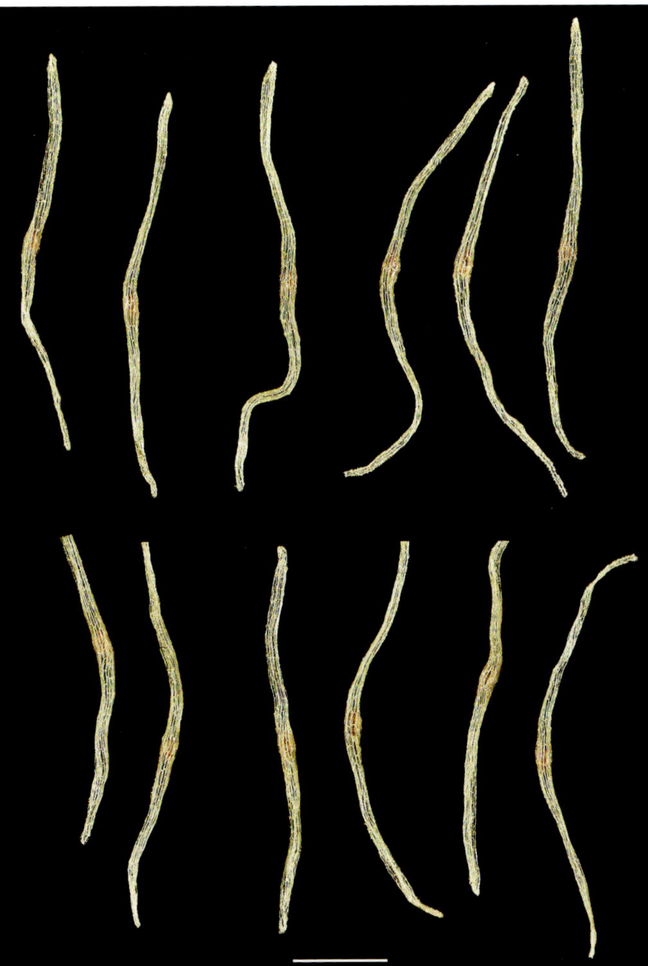

种子形态结构

种子： 丝状长圆柱形或纺锤形；稍弯；表面具蜂巢状纹饰；浅黄棕色；长3.11~4.42mm，宽0.20~0.28mm。

种脐： 孔状；位于种子基端。

种皮： 外种皮膜状胶质；浅黄棕色，透明；与内种皮之间存在空腔。内种皮膜状胶质；黄棕色，透明；紧包着胚。

胚乳： 无。

胚： 椭球形，未分化；白色；半肉半蜡质，含油脂；长0.21~0.28mm，宽0.10~0.15mm；位于种子中部。

▶ 种子

▶ 种子SEM照

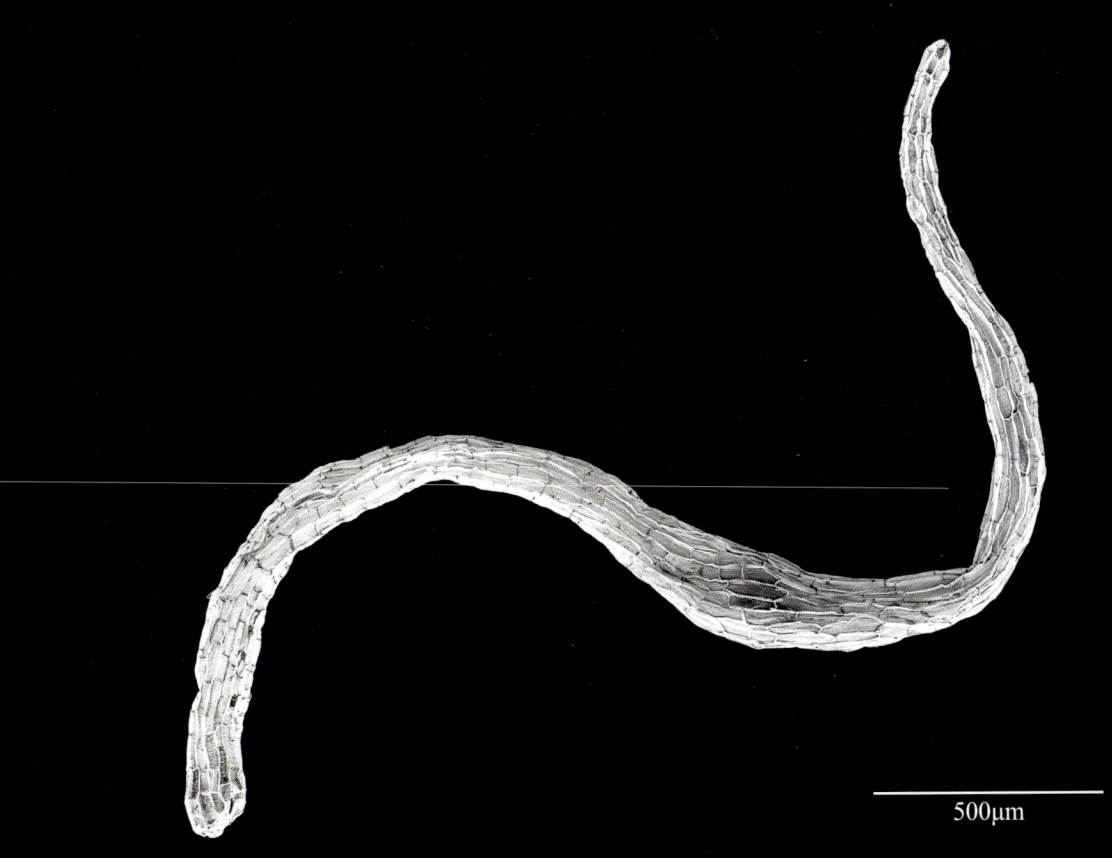

1mm

500µm

兰科 Orchidaceae

西藏杓兰
Cypripedium tibeticum King ex Rolfe

保护级别 二级

植株生活型
多年生地生草本，高15~35cm。

分　布
产于甘肃、四川、贵州、云南和西藏。生于海拔2300~4200m的透光林下、林缘、灌木坡地、草坡或乱石地上。此外，不丹和印度附近也有分布。

经济价值
叶形美观，花朵硕大，花形奇特，色彩艳丽，具较高园艺价值。此外，根可入药，具利尿、消肿、止痛、活血功效，能治疗风湿腰腿痛、下肢水肿、跌打损伤、淋病等症。

濒危原因
生境破碎化和丧失；过度采挖；在自然条件下种子萌发率较低，导致种群天然更新困难。

▶ 开花植株

花果期

花期5—8月。

果实形态结构

蒴果；倒卵形；表面具多条纵棱；新鲜时为棕色；成熟后沿棱纵向开裂；内含种子数十万粒。

散布体类型

种子。

传播方式

风力传播。

◀ 带花、果植株

▶ 种子集

1mm

种子形态结构

种子：椭球形或纺锤形；直或稍弯；表面具蜂巢状纹饰；黄棕色；长0.67~1.01mm，宽0.22~0.77mm。

种脐：孔状；位于种子基端。

种皮：外种皮膜状胶质；黄棕色，透明；与内种皮之间存在空腔。内种皮膜状胶质；黄棕色，透明；紧包着胚。

胚乳：无。

胚：圆球形或椭球形，未分化；白色；半肉半蜡质，含油脂；长0.15~0.21mm，宽0.08~0.13mm；位于种子中部或中下部。

▶ 种子

▶ 种子SEM照

兰科 Orchidaceae

宽口杓兰
Cypripedium wardii **Rolfe**

植株生活型
多年生地生草本，高10~20cm。

分　　布
产于云南、四川和西藏。生于海拔2500~3500m的密林下、石灰岩岩壁上或溪边岩石上。

经济价值
叶形美观，花形和色彩奇特，具较高园艺价值。

科研价值
中国特有种，对研究中国植物区系的起源与演化具有重要价值。

濒危原因
分布区狭窄；生境破碎化和丧失；过度采挖；在自然条件下种子萌发率较低，导致种群天然更新困难。

保护级别 一级

▶ 植株

花果期
花期6—7月。

果实形态结构
蒴果；椭球形；表面密布细绒毛，具3条纵棱，两棱之间的果面中央具一纵脊；幼时绿色；成熟后沿棱纵向开裂；内含种子数十万粒。

散布体类型
种子。

传播方式
风力传播。

▶ 种子集

种子形态结构

种子：椭球形或纺锤形；直或稍弯；表面具蜂巢状纹饰；乳白色；长0.53~0.84mm，宽0.18~0.31mm，厚0.11~0.16mm。

种脐：孔状；位于种子基端。

种皮：外种皮厚膜质；乳白色，半透明；与内种皮之间存在空腔。内种皮膜状胶质；黄白色或黄色，透明；紧包着胚。

胚乳：无。

胚：椭球形，未分化；乳白色；蜡质，含少量油脂；长0.24~0.33mm，宽0.09~0.16mm，厚0.06~0.07mm；位于种子中部。

▶ 种子

▶ 种子SEM照

200μm

200μm

兰科 Orchidaceae

兜唇石斛
Dendrobium aphyllum (Roxb.) C. E. C. Fisch.

保护级别 二级

植株生活型
多年生附生草本。

分　　布
产于广西、贵州和云南。生于海拔400~1500m的疏林中树干上或山谷岩石上。此外，印度、孟加拉国、柬埔寨、尼泊尔、不丹、缅甸、老挝、越南和马来西亚也有分布。

经济价值
花形奇特，花色艳丽，具较高园艺价值。此外，茎具养阴益胃、生津止渴、清热等功效，可抗肿瘤、降低糖脂、延缓衰老、抗氧化、抗病毒、抗菌和抗辐射等。

濒危原因
分布区狭窄；生境破碎化和丧失；过度采挖；在自然条件下种子萌发率较低，导致种群天然更新困难。

▶ 花序

花果期

花期3—4月，果期6—7月。

果实形态结构

蒴果；狭倒卵形；成熟后沿棱纵向开裂；内含种子数十万粒。基部具长约1~1.5cm的柄。

散布体类型

种子。

传播方式

风力传播、水力传播（树干径流）和动物传播（鸟类体表传播）。

萌发特性

1/2MS+0.2mg/L NAA+马铃薯粉30g/L+活性炭0.2mg/L为种子萌发的适宜培养基，80d左右即可获得实生幼苗。

▶ 种子集

1mm

种子形态结构

种子： 卵形或椭球形；直或稍弯；表面具蜂巢状纹饰；胚部黄色，两端白色；长0.16~0.25mm，宽0.06~0.08mm。

种脐： 孔状；位于种子基端。

种皮： 外种皮膜状胶质；白色，透明；与内种皮之间存在空腔。内种皮膜状胶质；乳黄色，透明；紧包着胚。

胚乳： 无。

胚： 椭球形，未分化；白色；半肉半蜡质，含油脂；长0.12~0.18mm，宽0.05~0.08mm；几乎充满种子。

▶ 种子

▶ 种子SEM照

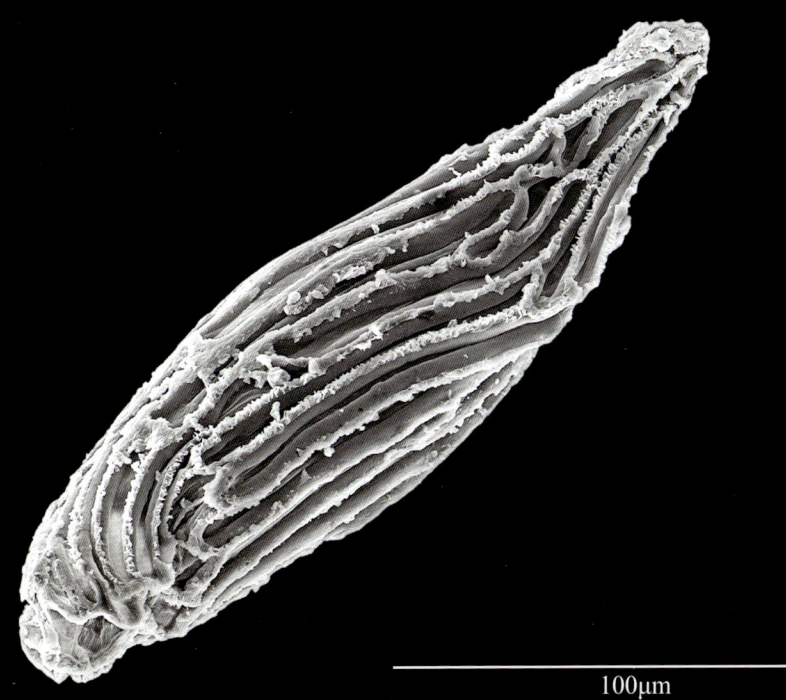

兰科 Orchidaceae

矮石斛
Dendrobium bellatulum Rolfe

保护级别 二级

植株生活型
多年生附生草本。

分　　布
产于云南。生于海拔1250~2100m的山地疏林中树干上。此外，印度、缅甸、泰国、老挝和越南也有分布。

经济价值
花形奇特，花色艳丽，具较高园艺价值。

濒危原因
分布区狭窄；生境破碎化和丧失；过度采挖；在自然条件下种子萌发率较低，导致种群天然更新困难。

▶ 植株

花果期
花期4—6月。

果实形态结构
蒴果；成熟后开裂；内含种子数十万粒。

散布体类型
种子。

传播方式
风力传播、水力传播（树干径流）和动物传播（鸟类体表传播）。

▶ 种子集

种子形态结构

种子： 纺锤形或长卵形；直或稍弯；表面具蜂巢状纹饰；胚部黄色，两端白色；长0.27~0.32mm，宽0.06~0.08mm。

种脐： 孔状；位于种子基端。

种皮： 外种皮膜状胶质；白色，透明；与内种皮之间存在空腔。内种皮膜状胶质；黄色，透明；紧包着胚。

胚乳： 无。

胚： 椭球形，未分化；白色；半肉半蜡质，含油脂；长0.18~0.26mm，宽0.06~0.08mm；几乎充满种子。

▶ 种子

▶ 种子 SEM 照

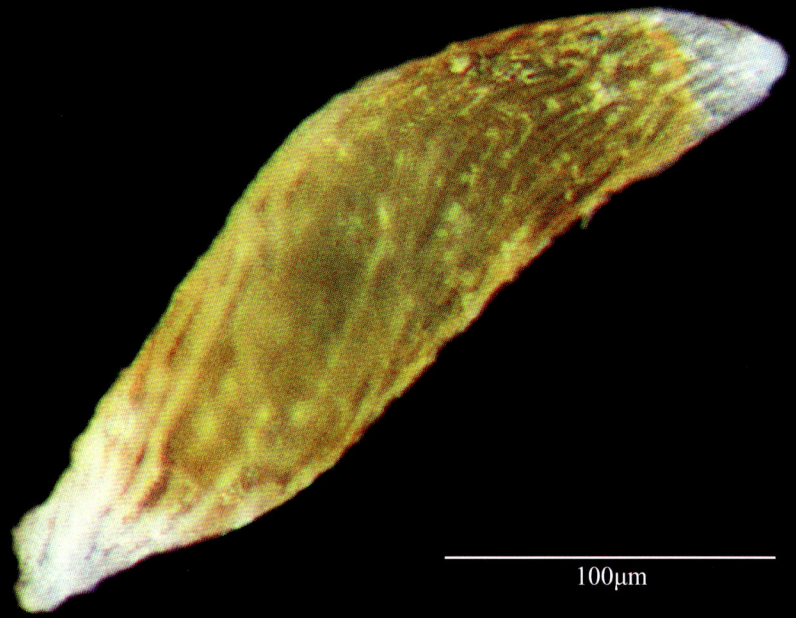

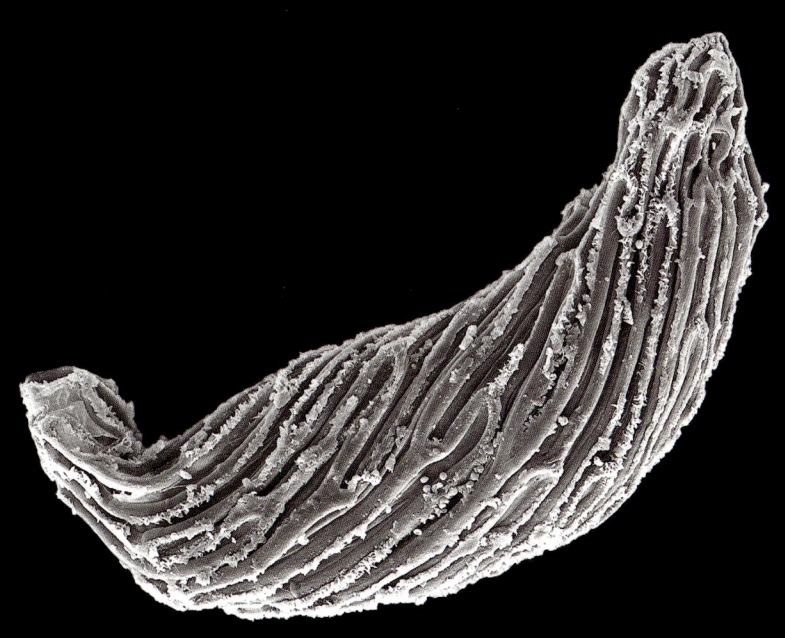

兰科 Orchidaceae

长苏石斛
Dendrobium brymerianum Rchb. f.

保护级别  二级

植株生活型
多年生附生草本。

分　　布
产于云南。生于海拔1100~1900m的山地林缘树干上。此外，印度、孟加拉国、泰国、缅甸、老挝和越南也有分布。

经济价值
花形奇特，花色艳丽，具较高园艺价值。

濒危原因
分布区狭窄；生境破碎化和丧失；过度采挖；在自然条件下种子萌发率较低，导致种群天然更新困难。

▶ 花

花果期
花期6—7月，果期9—10月。

果实形态结构
蒴果；长倒卵形；表面具6条纵棱；新鲜时为黄棕色；长1.7cm，宽1cm；成熟后沿其中3条棱开裂；内含种子数十万粒。基部具长柄。

散布体类型
种子。

传播方式
风力传播、水力传播（树干径流）和动物传播（鸟类体表传播）。

▶ 种子集

种子形态结构

种子： 纺锤形；稍扭曲；表面具蜂巢状纹饰；胚部浅黄色，两端白色；长0.29~0.45mm，宽0.06~0.09mm。

种脐： 孔状；位于种子基端。

种皮： 外种皮膜状胶质；白色，透明；与内种皮之间存在空腔。内种皮膜状胶质；浅黄色，透明；紧包着胚。

胚乳： 无。

胚： 椭球形，未分化；白色；半肉半蜡质，含油脂；长0.12~0.17mm，宽0.04~0.06mm；位于种子中部，充满种子的1/2左右。

▶ 种子

▶ 种子 SEM 照

100μm

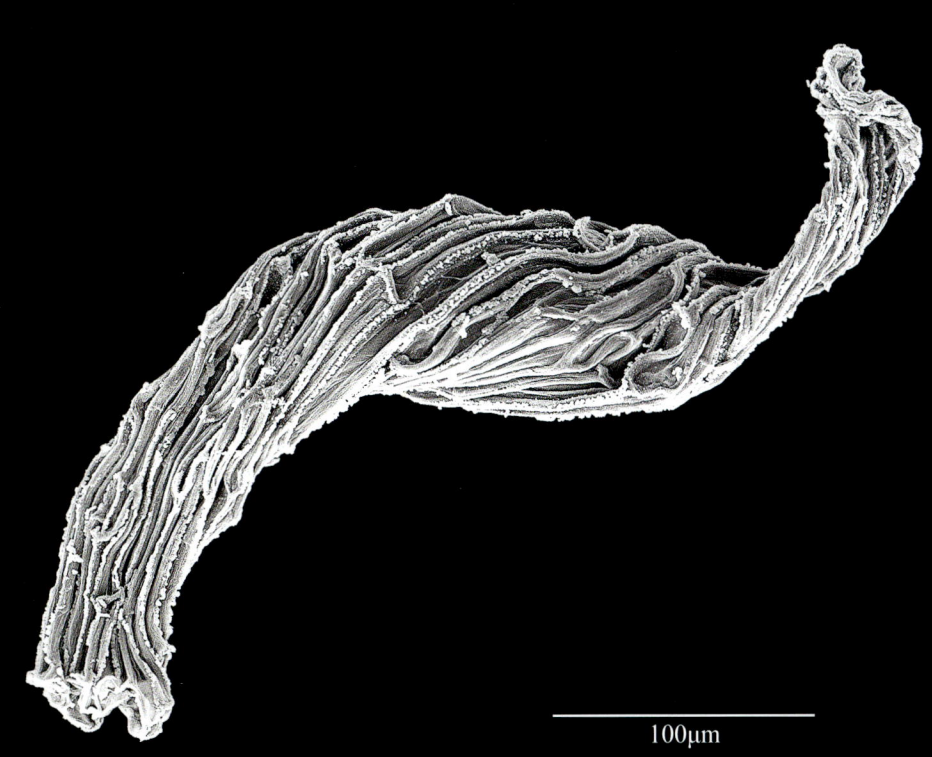

100μm

兰科 Orchidaceae

翅萼石斛
Dendrobium cariniferum Rchb. f.

保护级别  二级

植株生活型
多年生附生草本。

分　　布
产于云南。生于海拔1100~1700m的山地林中树干上。此外，印度、缅甸、泰国、老挝和越南也有分布。

经济价值
花姿优雅，玲珑可爱，花色鲜艳，气味芳香，既可作切花，又可盆栽观赏，具较高园艺价值。

濒危原因
分布区狭窄；生境破碎化和丧失；过度采挖；在自然条件下种子萌发率较低，导致种群天然更新困难。

▶ 花

花果期
花期3—4月，种子9—10月成熟。

果实形态结构
蒴果；卵形；宽3cm；成熟后开裂；内含种子数十万粒。

散布体类型
种子。

传播方式
风力传播、水力传播（树干径流）和动物传播（鸟类体表传播）。

▶ 种子集

种子形态结构

种子：纺锤形；直或稍弯；表面具蜂巢状纹饰；胚部橙色，两端白色；长0.26~0.28mm，宽0.05~0.08mm。

种脐：孔状；位于种子基端。

种皮：外种皮膜状胶质；白色，透明；与内种皮之间几乎无空腔。内种皮膜状胶质；橙色，透明；紧包着胚。

胚乳：无。

胚：卵形或椭球形，未分化；白色；半肉半蜡质，含油脂；长0.14~0.20mm，宽0.05~0.07mm；几乎充满种子。

▶ 种子

▶ 种子SEM照

兰科 Orchidaceae

束花石斛
Dendrobium chrysanthum Wall. ex Lindl.

保护级别 二级

植株生活型
多年生附生草本。

分布
产于广西、贵州、云南和西藏。生于海拔700~2500m的山地密林中树干上或山谷阴湿的岩石上。此外，印度、巴基斯坦、尼泊尔、不丹、缅甸、泰国、老挝和越南也有分布。

经济价值
花姿优雅，玲珑可爱，花色鲜艳，气味芳香，具较高园艺价值。此外，茎有益胃生津、滋阴清热功效，能治疗阴伤津亏、口干烦渴、食少干呕、病后虚热、目暗不明之症。

濒危原因
生境破碎化和丧失；过度采挖；在自然条件下种子萌发率较低，导致种群天然更新困难。

▶ 植株

花果期
花期9—10月。

果实形态结构
蒴果；长圆柱形；长7cm，宽1.5cm；成熟后开裂；内含种子数十万粒。

散布体类型
种子。

传播方式
风力传播、水力传播（树干径流）和动物传播（鸟类体表传播）。

▶ 花

▶ 种子集

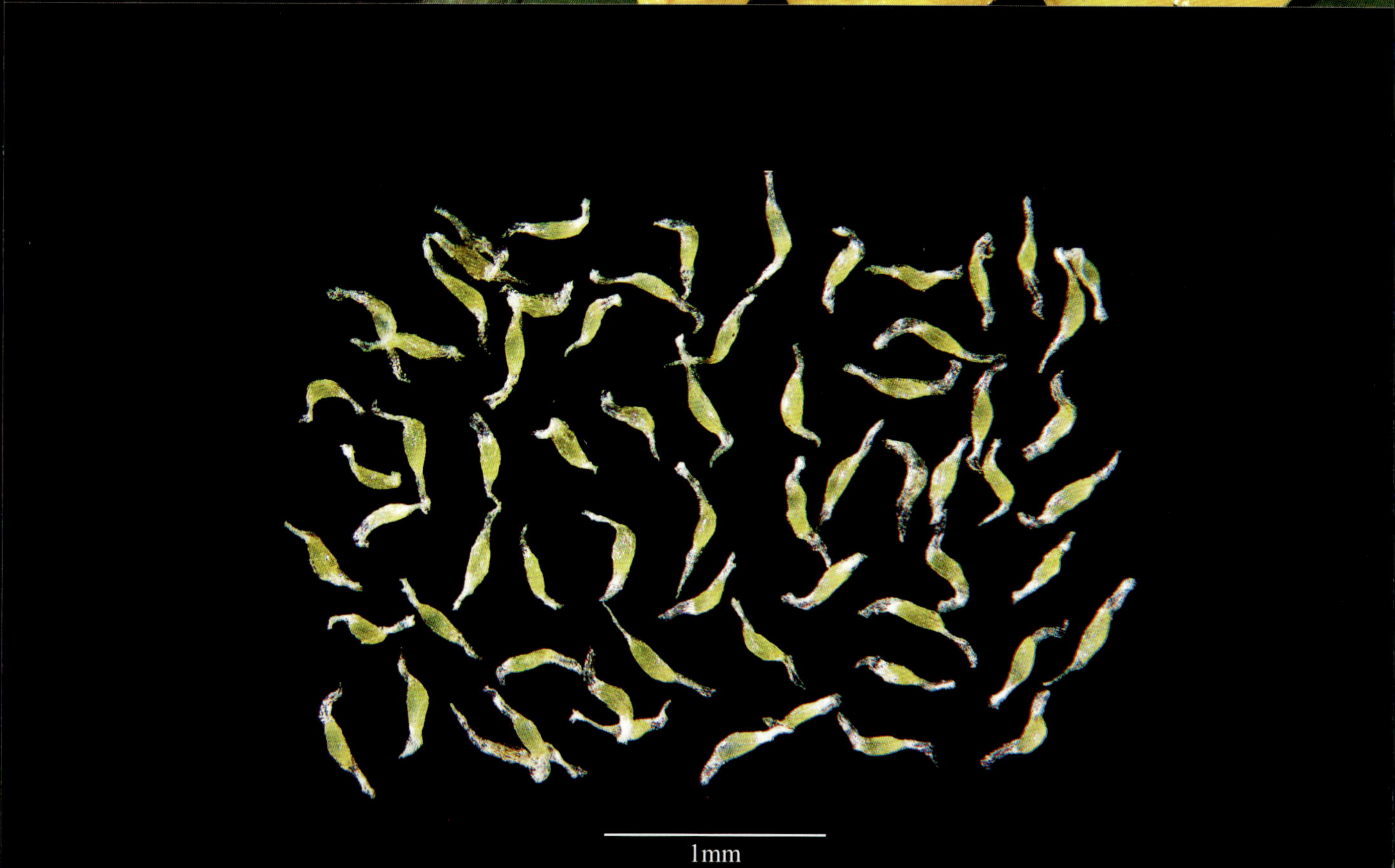

1mm

种子形态结构

种子：纺锤形；直或稍弯，有时稍扭；表面具蜂巢状纹饰；胚部浅黄色或黄色，两端白色；长0.47~0.65mm，宽0.09~0.12mm。

种脐：孔状；位于种子基端。

种皮：外种皮膜状胶质；白色，透明；与内种皮之间几乎无空腔。内种皮膜状胶质；浅黄色或黄色，透明；紧包着胚。

胚乳：无。

胚：卵形或椭球形，未分化；白色；半肉半蜡质，含油脂；长0.22~0.24mm，宽0.09~0.12mm；位于种子中部，充满种子的1/3~1/2。

▶ 种子

▶ 种子 SEM 照

兰科 Orchidaceae

鼓槌石斛
Dendrobium chrysotoxum Lindl.

保护级别 二级

植株生活型
多年生附生草本。

分　　布
产于云南。生于海拔520~1620m阳光充足的常绿阔叶林中树干上或疏林下岩石上。此外，印度、孟加拉国、柬埔寨、缅甸、泰国、老挝和越南也有分布。

经济价值
花姿优雅，玲珑可爱，花色鲜艳，气味芳香，具较高园艺价值。此外，还是一种中药，以茎入药，具益胃生津、滋阴清热功效，能治疗热病津伤、口干烦渴、胃阴不足、食少干呕、病后虚热不退、阴虚火旺、骨蒸劳热、目暗不明、筋骨痿软之症。

濒危原因
分布区狭窄；生境破碎化和丧失；过度采挖；在自然条件下种子萌发率较低，导致种群天然更新困难。

▶ 植株

花果期
花期3—5月。

果实形态结构
蒴果；倒卵形；表面具多条纵棱；新鲜时为黄绿色；成熟后开裂；内含种子数十万粒。

散布体类型
种子。

传播方式
风力传播、水力传播（树干径流）和动物传播（鸟类体表传播）。

▶ 种子集

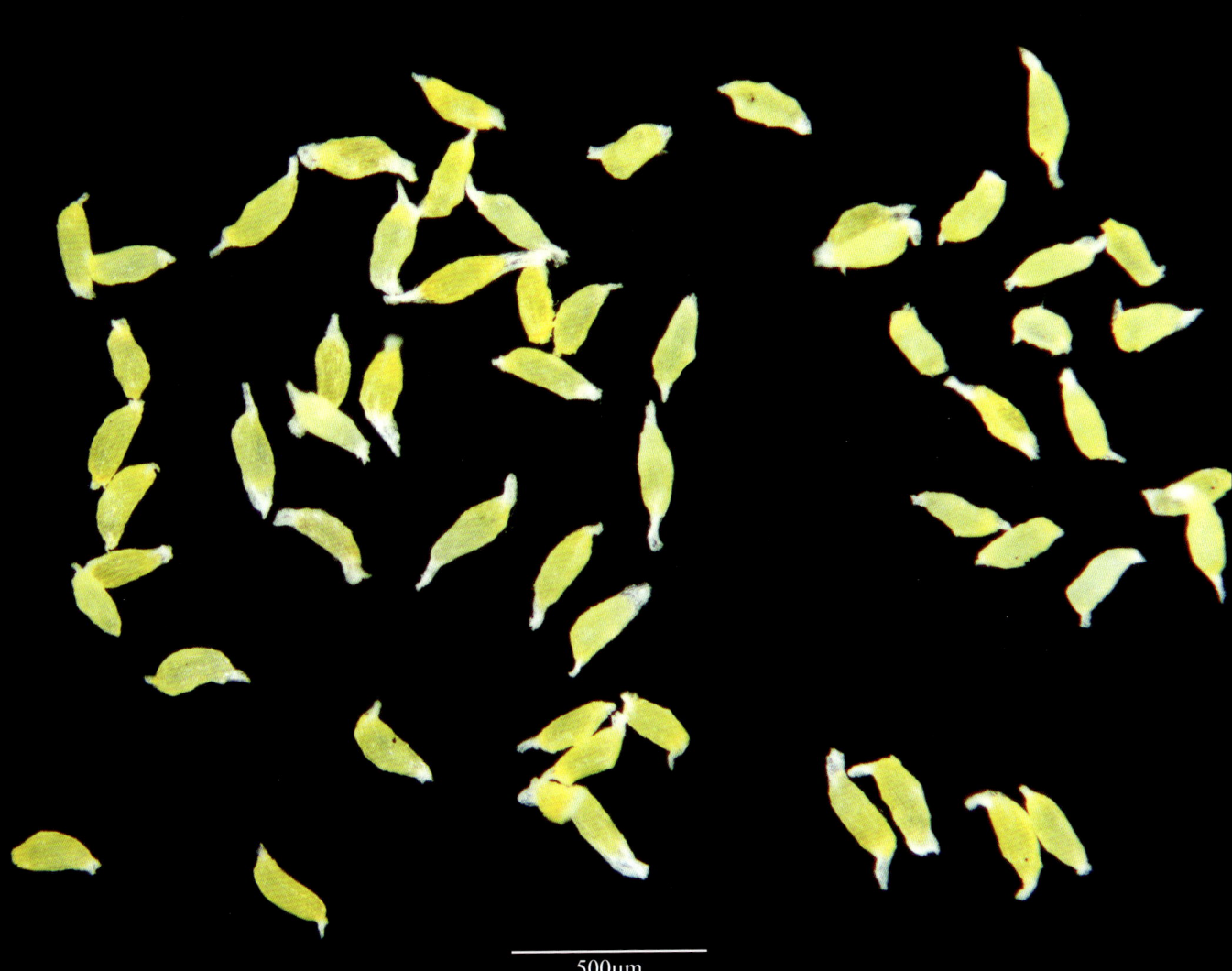

种子形态结构

种子： 长卵形、椭球形或纺锤形；直或稍弯，有时稍扭；表面具蜂巢状纹饰；胚部黄色，两端白色；长0.26~0.33mm，宽0.08~0.11mm。

种脐： 孔状；位于种子基端。

种皮： 外种皮膜状胶质；白色，透明；与内种皮之间几乎无空腔。内种皮膜状胶质；黄色，透明；紧包着胚。

胚乳： 无。

胚： 倒卵形或椭球形，未分化；白色；半肉半蜡质，含油脂；长0.18~0.25mm，宽0.07~0.10mm；几乎充满种子。

▶ 种子

▶ 种子SEM照

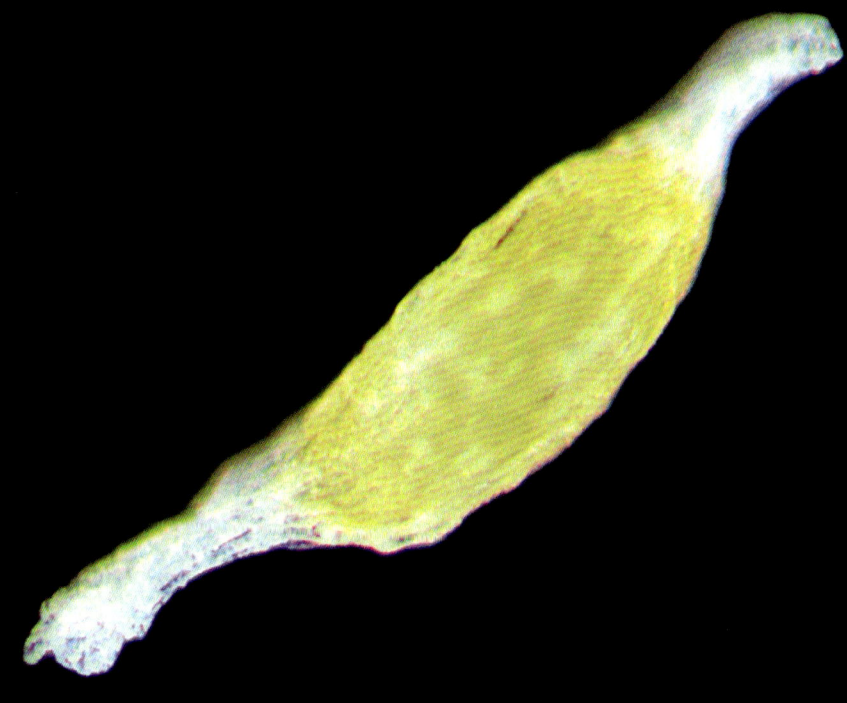

100μm

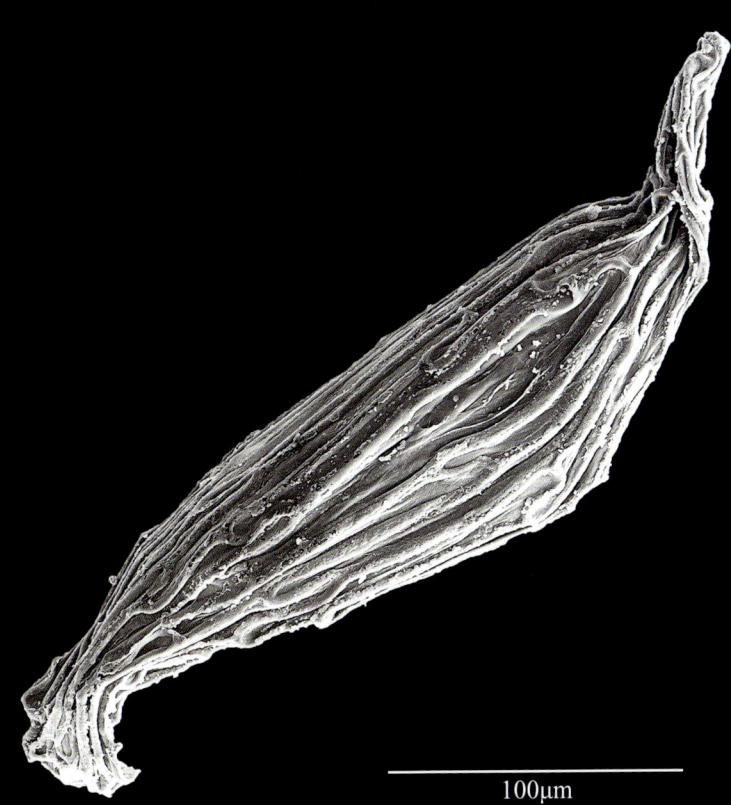

100μm

兰科 Orchidaceae

细茎石斛
***Dendrobium moniliforme* (L.) Sw.**

保护级别  二级

植株生活型
多年生附生草本。

分　　布
产于陕西、甘肃、安徽、浙江、江西、福建、台湾、河南、湖南、湖北、广东、广西、贵州、四川、重庆、云南和西藏。生于海拔590~3000m的阔叶林中树干上或山谷岩壁上。此外，印度、巴基斯坦、尼泊尔、不丹、缅甸、越南、朝鲜半岛和日本也有分布。

经济价值
花姿优雅，玲珑可爱，花色鲜艳，气味芳香，具较高园艺价值。

濒危原因
生境破碎化和丧失；过度采挖；在自然条件下种子萌发率较低，导致种群天然更新困难。

▶ 花

花果期
花期3—5月。

果实形态结构
蒴果：倒卵形或椭球形；表面具3条纵棱；新鲜时为黄绿色或黄色；长21.85~40.00mm，宽6.80~8.82mm；成熟后开裂；内含种子10万~22万粒。

散布体类型
种子。

传播方式
风力传播、水力传播（树干径流）和动物传播（鸟类体表传播）。

▶ 种子集

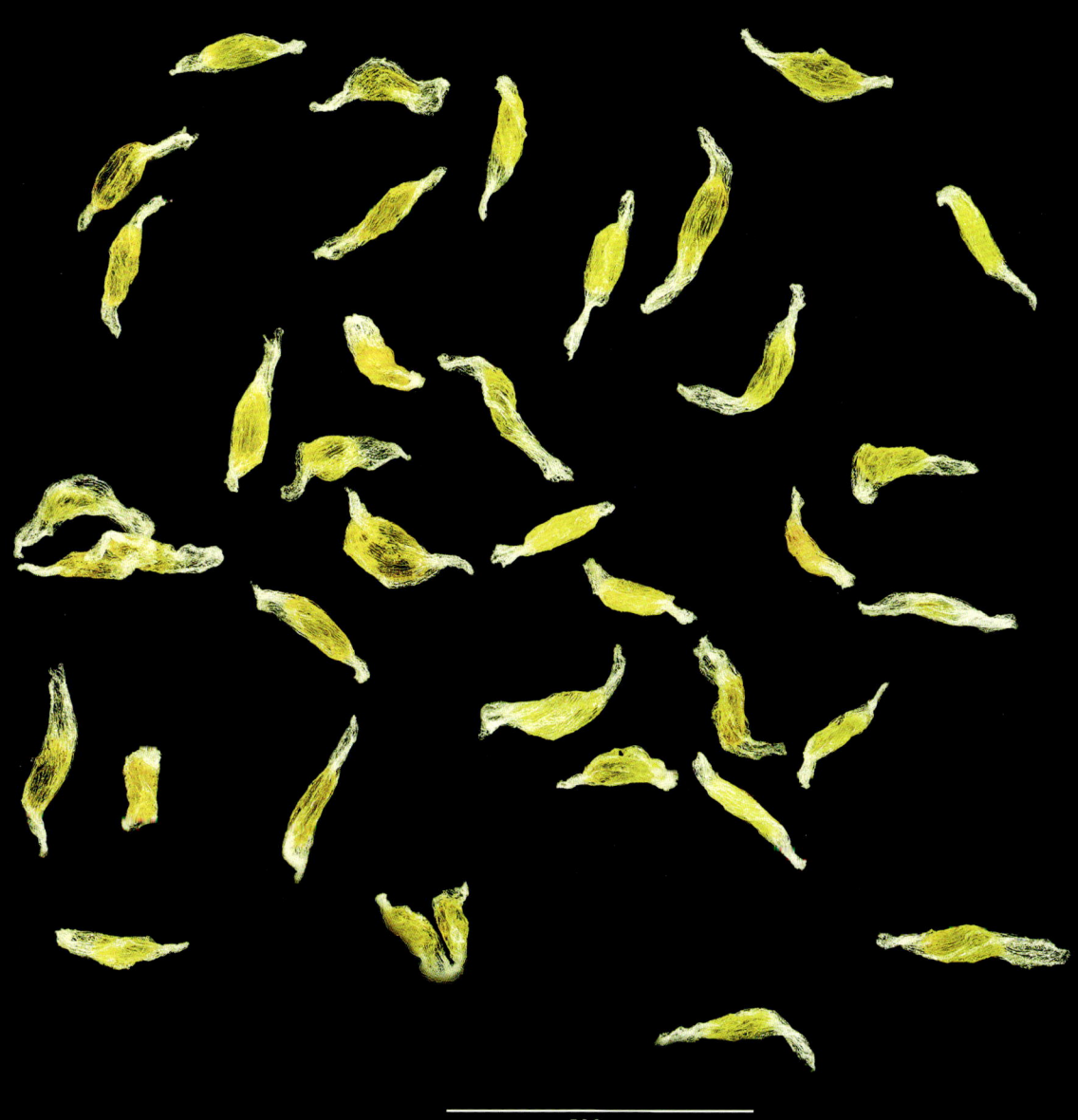

种子形态结构

种子：纺锤形；直或稍弯，有时稍扭；表面具蜂巢状纹饰；胚部黄色，两端白色；种子长0.22~0.36mm，宽0.05~0.10mm。

种脐：孔状；位于种子基端。

种皮：外种皮膜状胶质；白色，透明；与内种皮之间几乎无空腔。内种皮膜状胶质；黄色，透明；紧包着胚。

胚乳：无。

胚：卵形、倒卵形或椭球形，未分化；白色；半肉半蜡质，含油脂；长0.11~0.17mm，宽0.05~0.08mm；位于种子中部，充满种子的1/2左右。

▶ 种子

▶ 种子 SEM 照

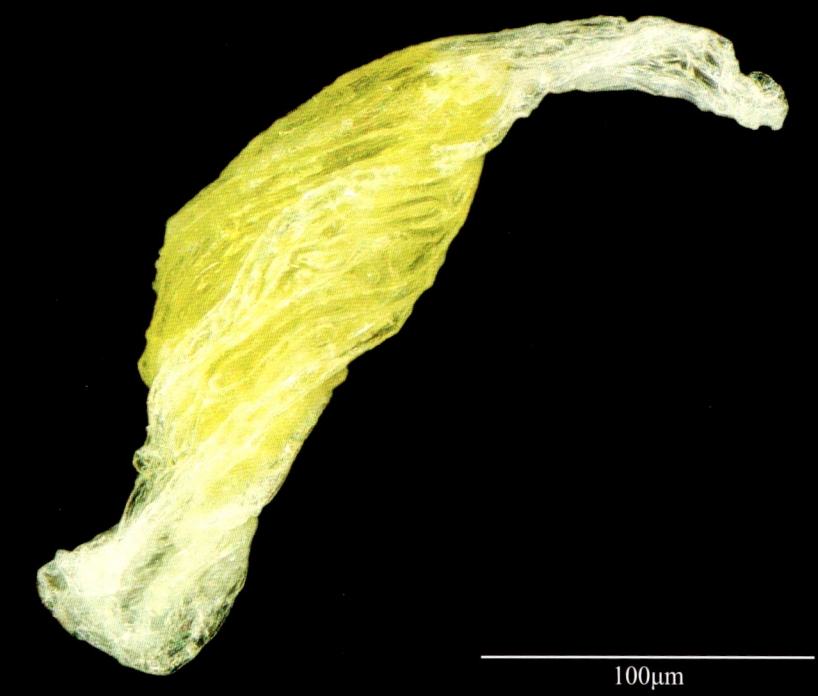

兰科 Orchidaceae

石斛
***Dendrobium nobile* Lindl.**

植株生活型
多年生附生草本。

分　　布
产于台湾、香港、海南、广西、湖北、四川、贵州、云南和西藏。生于海拔480~1700m的山地林中树干上或山谷岩石上。此外，印度、孟加拉国、尼泊尔、不丹、缅甸、泰国、老挝和越南也有分布。

经济价值
花形奇特，花色艳丽，气味芳香，具较高园艺价值。此外，还是一种中药，以茎入药，具益胃生津、滋阴清热功效，能治疗热病津伤、口干烦渴、胃阴不足、食少干呕、病后虚热不退、阴虚火旺、骨蒸劳热、目暗不明、筋骨痿软之症。

濒危原因
生境破碎化和丧失；过度采挖；在自然条件下种子萌发率较低，导致种群天然更新困难。

▶ 植株

花果期
花期4—6月，果期7—8月。

果实形态结构
蒴果；成熟后开裂；内含种子数十万粒。

散布体类型
种子。

传播方式
风力传播、水力传播（树干径流）和动物传播（鸟类体表传播）。

▶ 种子集

种子形态结构

种子：纺锤形；直或稍弯，有时稍扭；表面具蜂巢状纹饰；胚部橙色，两端白色；种子长0.32~0.50mm，宽0.06~0.10mm。

种脐：孔状；位于种子基端。

种皮：外种皮膜状胶质；白色，透明；与内种皮之间几乎无空腔。内种皮膜状胶质；橙黄色，透明；紧包着胚。

胚乳：无。

胚：卵形或椭球形，未分化；白色；半肉半蜡质，含油脂；长0.16~0.23mm，宽0.06~0.09mm；位于种子中部，充满种子的1/2左右。

▶ 种子

▶ 种子SEM照

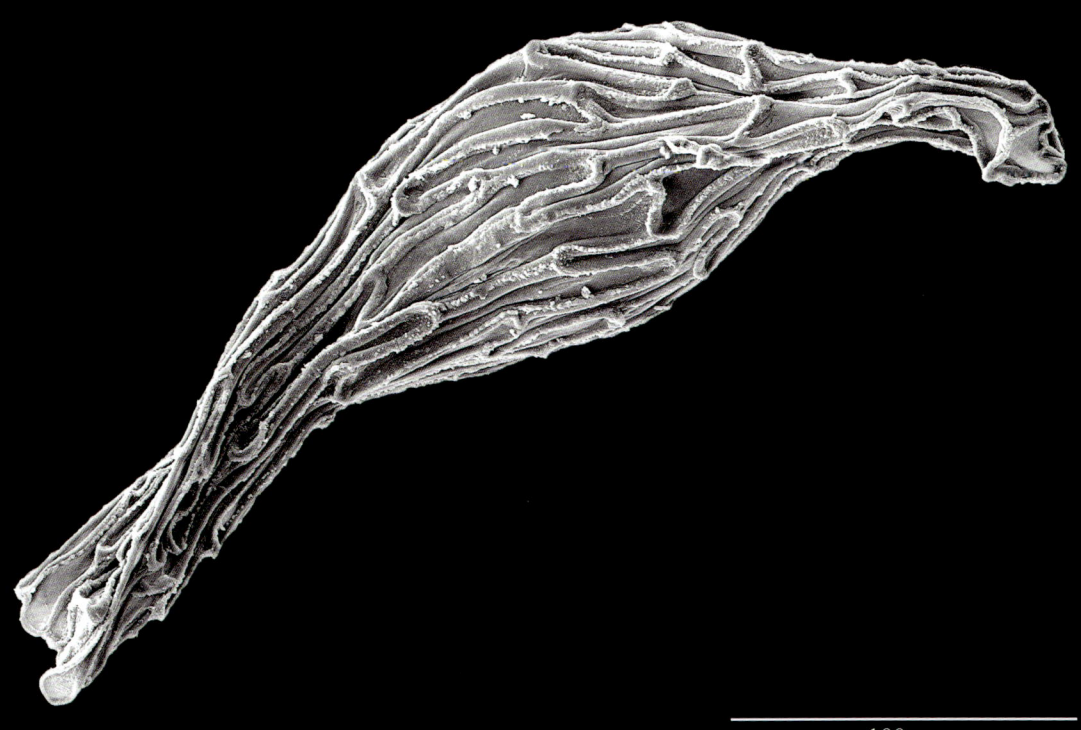

兰科 Orchidaceae

铁皮石斛
Dendrobium officinale Kimura & Migo

保护级别 二级

植株生活型
多年生附生草本。

分　　布
产于安徽、浙江、福建、广西、四川、云南和台湾。生于海拔1600m的山地半阴湿的岩石上。此外，日本等国也有分布。

经济价值
花形奇特，具较高园艺价值。此外，还是一味名贵中药，以茎入药，具益胃生津、滋阴清热功效，能治疗热病津伤、口干烦渴、胃阴不足、食少干呕、病后虚热不退、阴虚火旺、骨蒸劳热、目暗不明、筋骨痿软之症。

濒危原因
生境破碎化和丧失；过度采挖；在自然条件下种子萌发率较低，导致种群天然更新困难。

▶ 植株

花果期

花期3—6月。

果实形态结构

蒴果；倒卵形；表面光滑，具3条纵脊，两脊之间的果面中央各具一条宽1.22~1.40mm的纵棱，基部具长1.00~1.81cm的果梗；新鲜时为黄绿色或黄色；长17.53~30.97mm，宽8.23~13.38mm，厚7.89~12.90mm。果皮肉质；成熟后开裂；内含种子10万~16万粒。

散布体类型

种子。

传播方式

风力传播、水力传播（树干径流）和动物传播（鸟类体表传播）。

种子萌发特性

在25℃±1℃，8h/16h光照，一层薄棉花和滤纸的培养条件下，萌发率为92%。

▶ 花

▶ 种子集

种子形态结构

种子： 卵形或纺锤形；直或稍弯，有时稍扭；表面具蜂巢状纹饰；胚部黄色或橙色，两端白色；种子长0.21~0.38mm，宽0.06~0.12mm。

种脐： 孔状；位于种子基端。

种皮： 外种皮膜状胶质；白色，透明；与内种皮之间几乎无空腔。内种皮膜状胶质；橙色，透明；紧包着胚。

胚乳： 无。

胚： 卵形或椭球形，未分化；白色；半肉半蜡质，含油脂；长0.13~0.20mm，宽0.05~0.11mm；位于种子中部，充满种子的大部分。

▶ 种子

▶ 种子 SEM 照

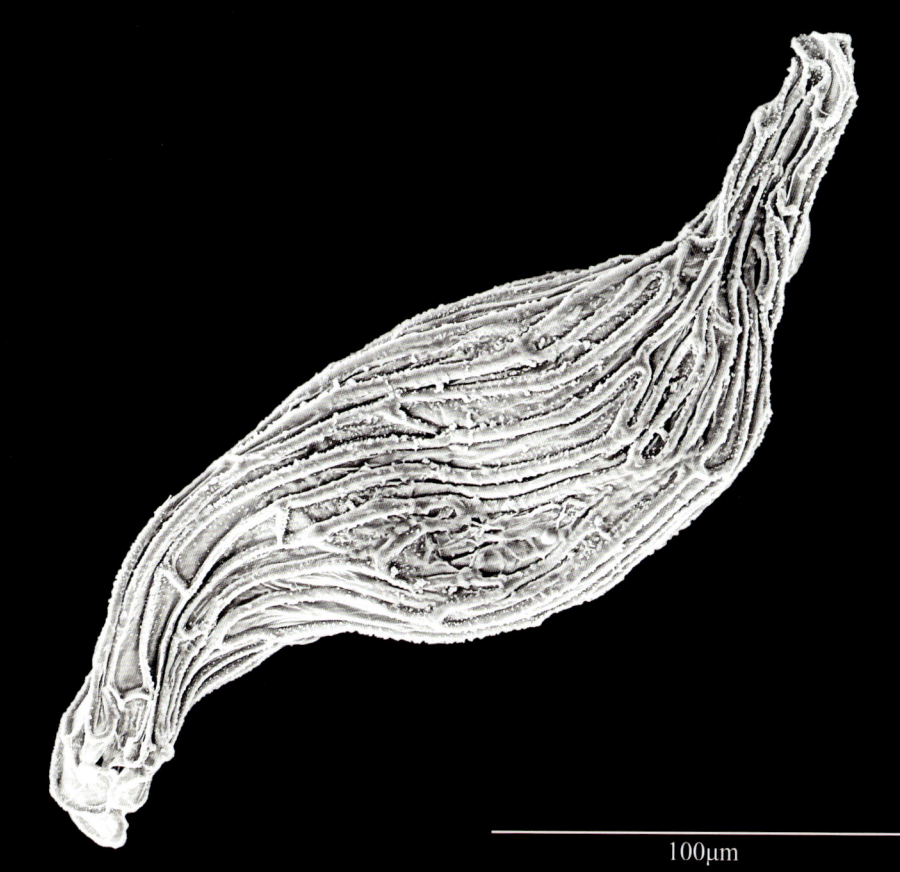

兰科 Orchidaceae

肿节石斛
Dendrobium pendulum Roxb.

植株生活型
多年生附生草本。

分　　布
产于云南。生于海拔1050~1600m的山地疏林中树干上。此外，印度、孟加拉国、缅甸、泰国、越南和老挝也有分布。

经济价值
花形奇特，花色艳丽，气味芳香，具较高园艺价值。此外，内服能治疗咽喉干痒和咳嗽，外用则治疗跌打损伤和骨折伤筋。

濒危原因
分布区狭窄；生境破碎化和丧失；过度采挖；在自然条件下种子萌发率较低，导致种群天然更新困难。

保护级别 二级

▶ 花序

花果期
花期3—4月。

果实形态结构
蒴果；倒卵形；表面具3条纵棱和多条翅棱；新鲜时为黄绿色。果皮肉质；成熟后开裂；内含种子数十万粒。

散布体类型
种子。

传播方式
风力传播、水力传播（树干径流）和动物传播（鸟类体表传播）。

▶ 种子集

种子形态结构

种子： 长纺锤形；直或稍弯，有时稍扭；表面具蜂巢状纹饰；胚部乳白色或浅黄色，两端白色；长0.46~0.57mm，宽0.06~0.09mm。

种脐： 孔状；位于种子基端。

种皮： 外种皮膜状胶质；白色，透明；与内种皮之间几乎无空腔。内种皮膜状胶质；乳白色或浅黄色，透明；紧包着胚。

胚乳： 无。

胚： 椭球形，未分化；白色；半肉半蜡质，含油脂；长0.17~0.25mm，宽0.06~0.08mm；位于种子中部，充满种子的1/3~1/2。

▶ 种子

▶ 种子 SEM 照

200μm

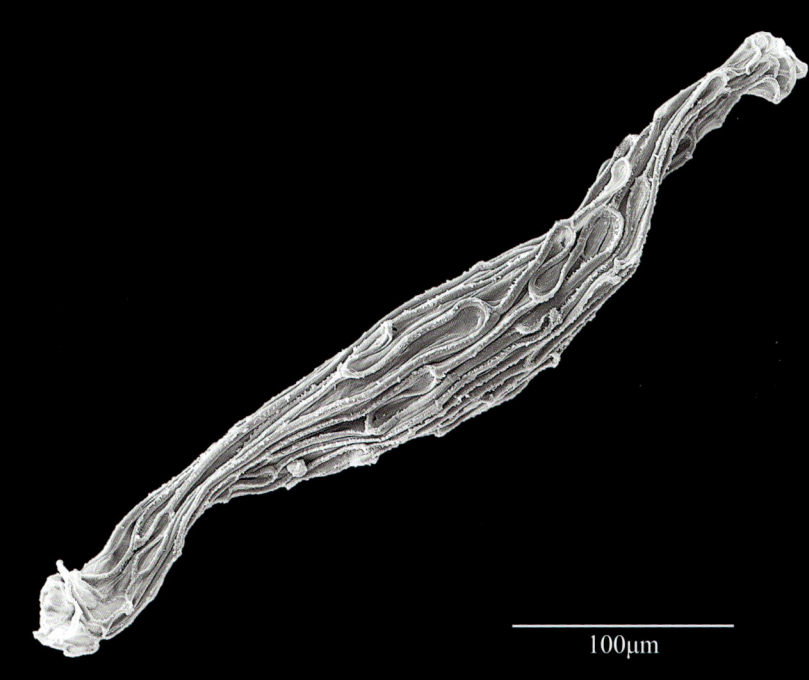

100μm

兰科 Orchidaceae

黑毛石斛
Dendrobium williamsonii Day & Rchb. f.

保护级别  二级

植株生活型
多年生附生草本。

分　　布
产于海南、广西和云南。生于海拔约1000m的林中树干上。此外,印度、老挝、泰国、缅甸和越南也有分布。

经济价值
花形奇特,花色艳丽,具较高园艺价值。此外,内服能治疗口干烦渴、病后虚弱、热病伤津、食欲不振和肺痨,外用则治疗四肢骨折和瘀血肿痛。

濒危原因
分布区狭窄;生境破碎化和丧失;过度采挖;在自然条件下种子萌发率较低,导致种群天然更新困难。

▶ 花

花果期

花期4—5月。

果实形态结构

蒴果；成熟后开裂；内含种子数十万粒。

散布体类型

种子。

传播方式

风力传播、水力传播（树干径流）和动物传播（鸟类体表传播）。

▶ 种子集

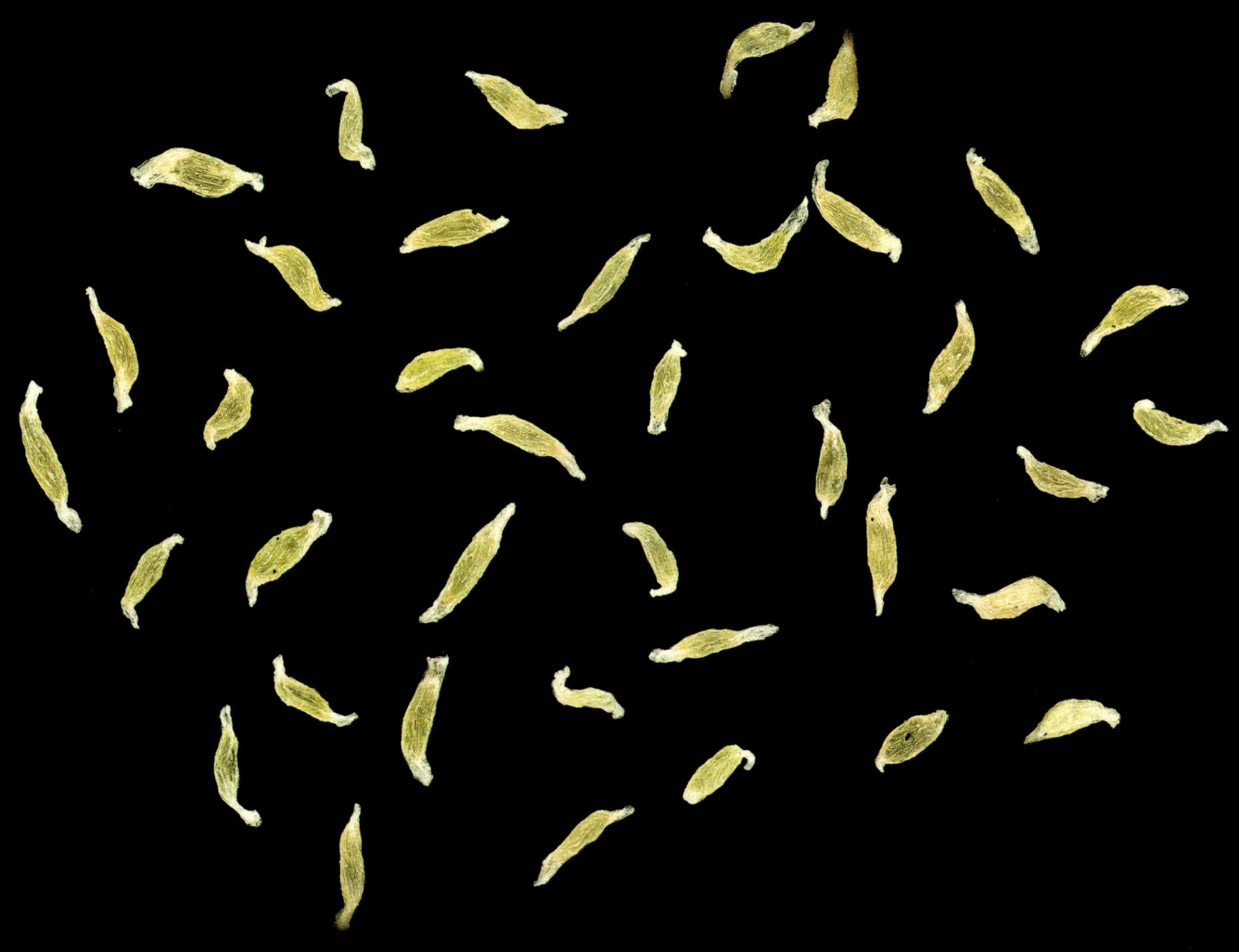

种子形态结构

种子： 纺锤形；直或稍弯，有时稍扭；表面具蜂巢状纹饰；胚部浅黄色或黄色，两端白色；长0.19~0.31mm，宽0.05~0.09mm。

种脐： 孔状；位于种子基端。

种皮： 外种皮膜状胶质；白色，透明；与内种皮之间几乎无空腔。内种皮膜状胶质；浅黄色或黄色，透明；紧包着胚。

胚乳： 无。

胚： 椭球形，未分化；白色；半肉半蜡质，含油脂；长0.12~0.19mm，宽0.04~0.08mm；位于种子中部，充满种子的1/2至大部分。

▶ 种子

▶ 种子SEM照

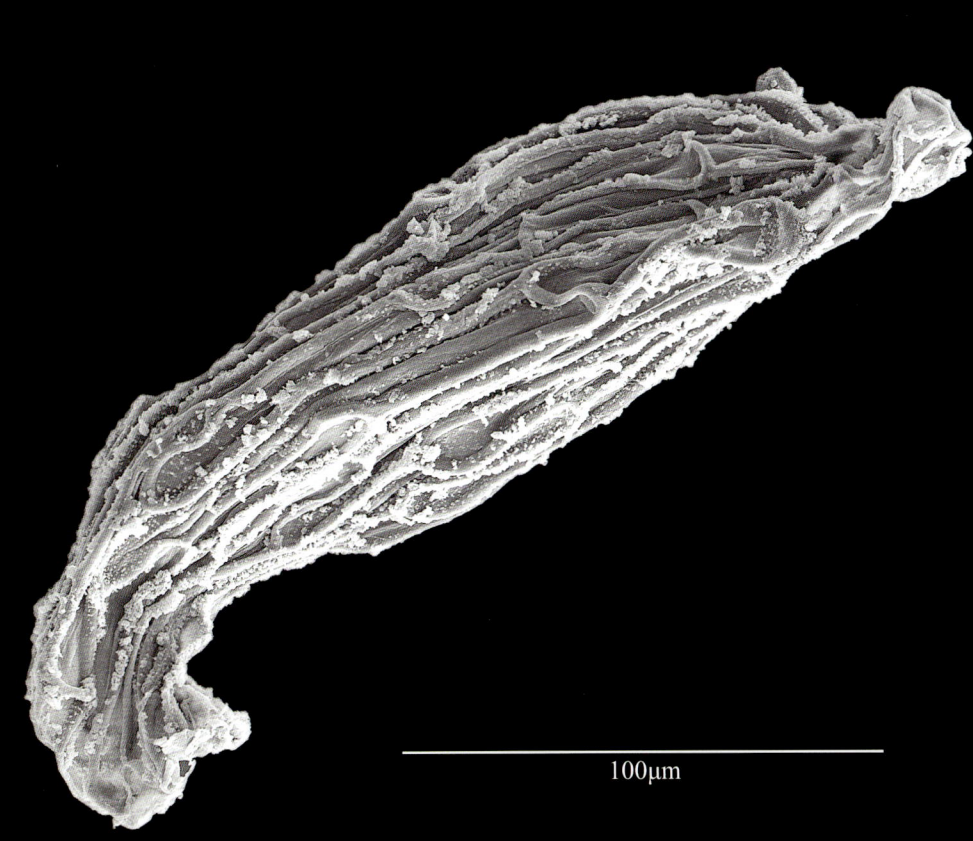

兰科 Orchidaceae

天麻
Gastrodia elata Bl.

保护级别 二级

植株生活型
菌类寄生草本，高30~100cm。

分布
产于吉林、辽宁、内蒙古、河北、山西、陕西、甘肃、江苏、安徽、浙江、江西、台湾、河南、湖北、湖南、四川、贵州、云南和西藏。生于海拔400~3200m的疏林下、林中空地、林缘和灌丛边缘。此外，印度、尼泊尔、不丹、日本、朝鲜半岛至西伯利亚也有分布。

经济价值
花形独特，花色艳丽，具较高园艺价值。此外，天麻是名贵中药，以块茎入药，具息风止痉、平抑肝阳、祛风通络功效，能治疗肝风内动、惊痫抽搐、眩晕、头痛、肢体麻木、手足不遂、风湿痹痛等症。

濒危原因
生境破碎化和丧失；过度采挖；在自然条件下种子萌发率较低，导致种群天然更新困难。

▶ 花

花果期
花期5—7月，果期7—8月。

果实形态结构
蒴果；倒卵形；表面具多条纵棱；成熟后新鲜时为黄棕色；长1.4~1.8cm，宽8~9mm；开裂；内含种子数万粒。

散布体类型
种子。

传播方式
风力传播。

▶ 果序

▶ 果实的侧面和腹面

种子形态结构

种子： 纺锤形；直或稍弯；表面具蜂巢状纹饰；胚部浅黄棕色，两端白色；长0.50~0.93mm，宽0.07~0.10mm。

种脐： 孔状；位于种子基端。

种皮： 外种皮膜状胶质；白色，透明；与内种皮之间几乎无空腔。内种皮膜状胶质；浅黄棕色，透明；紧包着胚。

胚乳： 无。

胚： 椭球形或近圆球形，未分化；白色；半肉半蜡质，含油脂；长0.09~0.16mm，宽0.05~0.08mm；位于种子中部。

◀ 块茎

▶ 种子集

▶ 种子

兰科 Orchidaceae

西南手参
Gymnadenia orchidis Lindl.

保护级别 二级

植株生活型
多年生地生草本。

分　　布
产于陕西、甘肃、青海、湖北、四川、云南和西藏。生于海拔2800~4100m的山坡林下、灌丛下和高山草地中。此外，印度、巴基斯坦、尼泊尔、不丹和缅甸也有分布。

经济价值
花多，花色艳丽，具较高园艺价值。此外，以块茎入药，具止咳平喘、益肾健脾、理气和血、止痛功效，能治疗肺虚咳喘、虚劳消瘦、神经衰弱、肾虚腰腿酸软、阳痿、滑精、尿频、慢性肝炎、久泻、失血、带下、乳少和跌打损伤。

濒危原因
生境破碎化和丧失；过度采挖；在自然条件下种子萌发率较低，导致种群天然更新困难。

▶ 植株

花果期

花期7—9月。

果实形态结构

蒴果；椭球形；褐色；成熟后开裂；内含种子数万粒。

散布体类型

种子。

传播方式

风力传播。

▶ 花

▶ 种子集

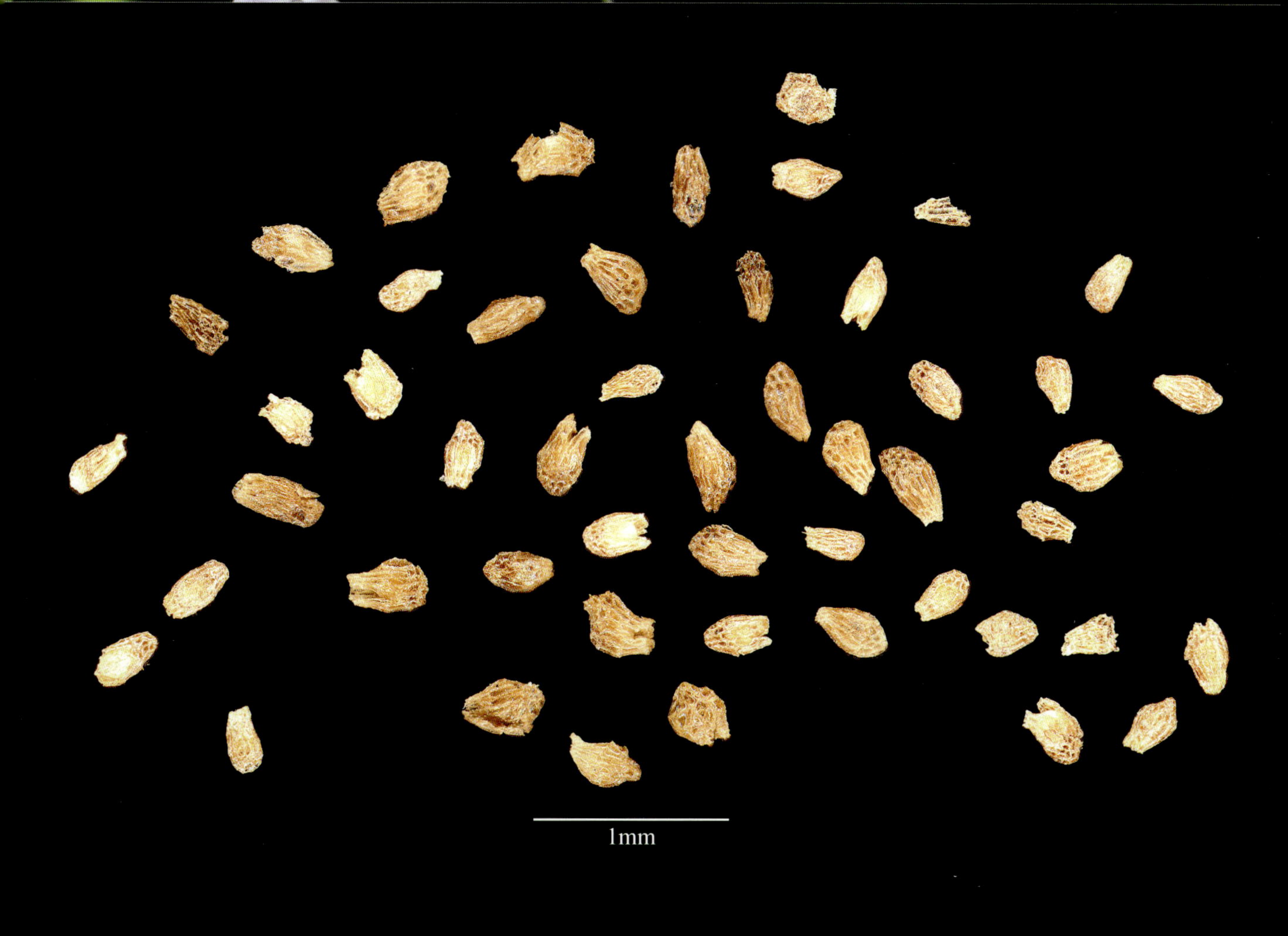

1mm

种子形态结构

种子：倒卵形；直或稍弯；表面具蜂巢状纹饰和复网纹；黄棕色、棕色或棕褐色；长 0.37~0.48mm，宽0.14~0.21mm。

种脐：孔状；位于种子基端。

种皮：外种皮膜状胶质；黄棕色、棕色或棕褐色，半透明；与内种皮之间存在空腔。内种皮膜状胶质；浅黄棕色，透明；紧包着胚。

胚乳：无。

胚：倒卵形或椭球形，未分化；白色；半肉半蜡质，含油脂；长0.13~0.21mm，宽0.08~0.14mm；位于种子中部。

▶ 种子

▶ 种子 SEM 照

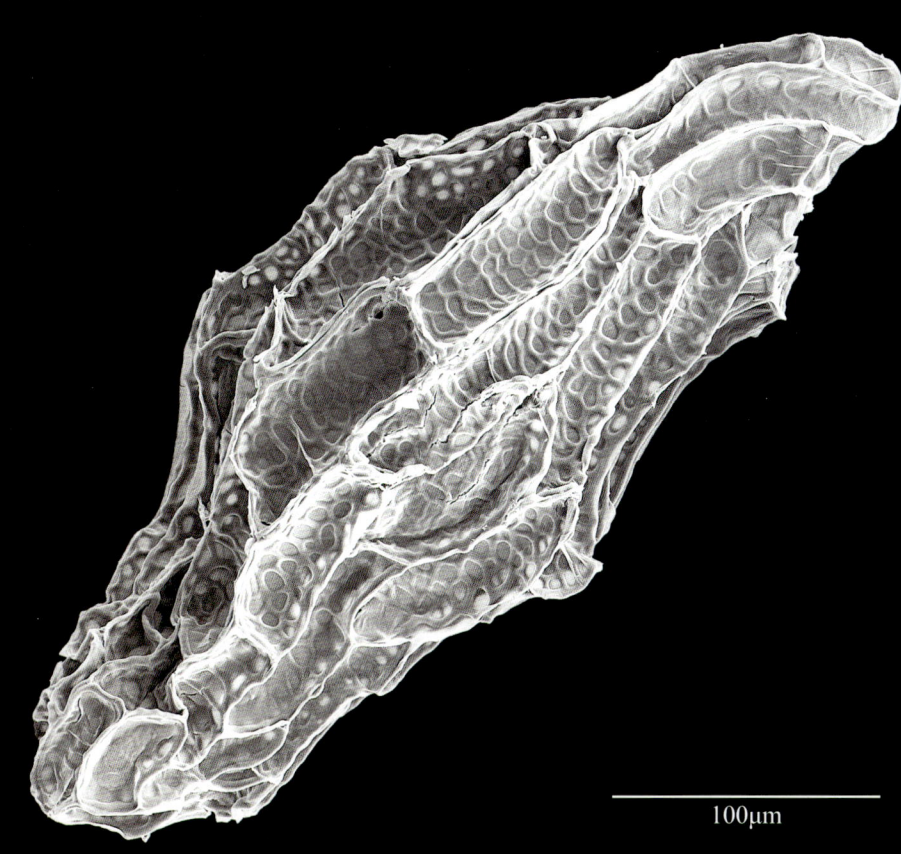

兰科 Orchidaceae

巨瓣兜兰
Paphiopedilum bellatulum (Rchb. f.) Stein

保护级别 一级

植株生活型
多年生地生或半附生草本，通常较矮小。

分　　布
产于广西、贵州和云南。生于海拔1000~1800m的石灰岩岩隙积土处或多石土壤上。此外，印度、老挝、缅甸、泰国和越南也有分布。

经济价值
花形雅致，色彩庄重，带有不规则紫色斑点，花期较长，具较高园艺价值。

科研价值
石灰岩地区的特有物种，对研究石灰岩地区植物区系的起源与演化具有重要价值。

濒危原因
分布区狭窄；生境破碎化和丧失；过度采挖；在自然条件下种子萌发率较低，种群天然更新困难。

▶ 花

花果期
花期4—8月。

果实形态结构
蒴果；三棱状椭球形；表面密被棕色或白色绒毛；幼时绿色，具紫色斑点，成熟后为棕褐色；开裂；内含种子数万粒。

散布体类型
种子。

传播方式
风力传播。

种子贮藏特性
可耐短期干藏。

▶ **果实的腹面、侧面、侧面和顶部**

种子形态结构

种子：纺锤形；直或稍弯；表面具蜂巢状纹饰；棕色、棕褐色或褐色；长0.47~0.76mm，宽0.16~0.22mm，厚0.11~0.18mm。

种脐：孔状；位于种子基端。

种皮：外种皮膜状胶质；棕色、棕褐色或褐色，半透明；与内种皮之间存在空腔。内种皮膜状胶质；白色或浅棕色，透明；紧包着胚。

胚乳：无。

胚：椭球形，未分化；白色；半肉半蜡质，含油脂；长0.22~0.27mm，宽0.11~0.16mm，厚0.07~0.13mm；位于种子中部。

▶ 种子集

▶ 种子

兰科 Orchidaceae

长瓣兜兰
Paphiopedilum dianthum Tang & F. T. Wang

保护级别 一级

植株生活型
多年生附生草本。

分　　布
产于广西、贵州和云南。生于海拔1000~2300m的林缘或疏林中的树干上或岩石上。此外，老挝和越南也有分布。

经济价值
姿态美观，花形优雅，花期较长，为观赏花卉之上品，是中国仅有的几种多花性兜兰之一。

科研价值
石灰岩地区特有物种，对研究石灰岩地区植物区系的起源与演化具有重要价值。此外，还是兰花杂交育种的优秀亲本之一。

濒危原因
分布区狭窄；生境破碎化和丧失；过度采挖；在自然条件下种子萌发率较低，种群天然更新困难。

▶ 植株

花果期

花期7—9月，果期11月。

果实形态结构

蒴果；三棱状倒卵形或椭球形；表面被绒毛，具3条宽0.89~1.44mm的纵棱，棱间果面中央具一纵棱，顶端具一长9.70~14.93mm、稍弯的宿存合蕊柱；幼时绿色，然后转黄，成熟后为黑褐色；长4cm，宽1.5cm。果皮为黑褐色；纸质；厚0.47~0.62mm；成熟后沿3条纵棱开裂；内含种子数万粒。

散布体类型

种子。

传播方式

风力传播、水力传播（树干径流）和动物传播（鸟类体表传播）。

种子贮藏特性

不耐干藏。

▶ 花

▶ 果实的腹面、侧面、背面和顶部

1cm

种子形态结构

种子： 卵形、椭圆形或矩圆形，直或稍弯；表面具蜂巢状纹饰；棕色或棕褐色；长0.44~0.62mm，宽0.16~0.22mm，厚0.13~0.16mm。

种脐： 孔状；位于种子基端。

种皮： 外种皮膜状胶质；棕色或棕褐色，半透明；与内种皮之间存在空腔。内种皮膜状胶质；黄白色或白色，透明；紧包着胚。

胚乳： 无。

胚： 椭球形，未分化；白色；半肉半蜡质，含油脂；长0.22~0.31mm，宽0.11~0.13mm，厚0.09mm；位于种子中部。

▶ 种子集

▶ 种子

兰科 Orchidaceae

带叶兜兰
***Paphiopedilum hirsutissimum* (Lindl. ex Hook.) Stein**

保护级别 二级

植株生活型
多年生地生或半附生草本。

分　　布
产于广西、贵州和云南。生于海拔300~1500m的石灰岩地区林下或林缘岩石缝中或多石湿润土壤上。此外，印度、越南、老挝、缅甸和泰国也有分布。

经济价值
花朵硕大，花形雅致，色彩庄重，花期较长，具重要观赏价值。

濒危原因
分布区狭窄；生境破碎化和丧失；过度采挖；在自然条件下种子萌发率较低，种群天然更新困难。

▶ 植株

花果期
花期4—5月。

果实形态结构
蒴果；六棱状倒卵形或椭球形；表面密被白色和棕色腺毛及紫色或棕色腺点，具3条宽1.07~1.09mm、厚0.53~0.62mm的纵棱，棱间果面中央具一纵脊，顶端具一长约7.70mm、宽2.10mm、稍弯的宿存合蕊柱；幼时绿色，成熟后为枯黄色、棕色或棕褐色。果皮外表面为枯黄色、棕色或棕褐色，内表面为鲜黄色；革质；厚0.16~0.20mm；成熟后沿棱缝状开裂；内含种子数十万粒。

散布体类型
种子。

传播方式
风力传播。

种子贮藏特性
可耐短期干藏。

▶ **果实的背面、侧面和顶部**

种子形态结构

种子： 卵形或椭球形；直或稍弯；表面具蜂巢状纹饰；棕色或棕褐色；长0.47~0.64mm，宽0.16~0.20mm，厚0.13~0.18mm。

种脐： 近圆形；深凹；位于种子基端。

种皮： 外种皮膜状胶质；棕色或棕褐色，半透明；与内种皮之间存在空腔。内种皮膜状胶质；浅黄棕色，透明；紧包着胚。

胚乳： 无。

胚： 圆柱形或椭球形，未分化；白色；半肉半蜡质，含油脂；长0.22~0.31mm，宽0.11~0.12mm，厚0.07~0.11mm；位于种子中部。

▶ 种子集

▶ 种子

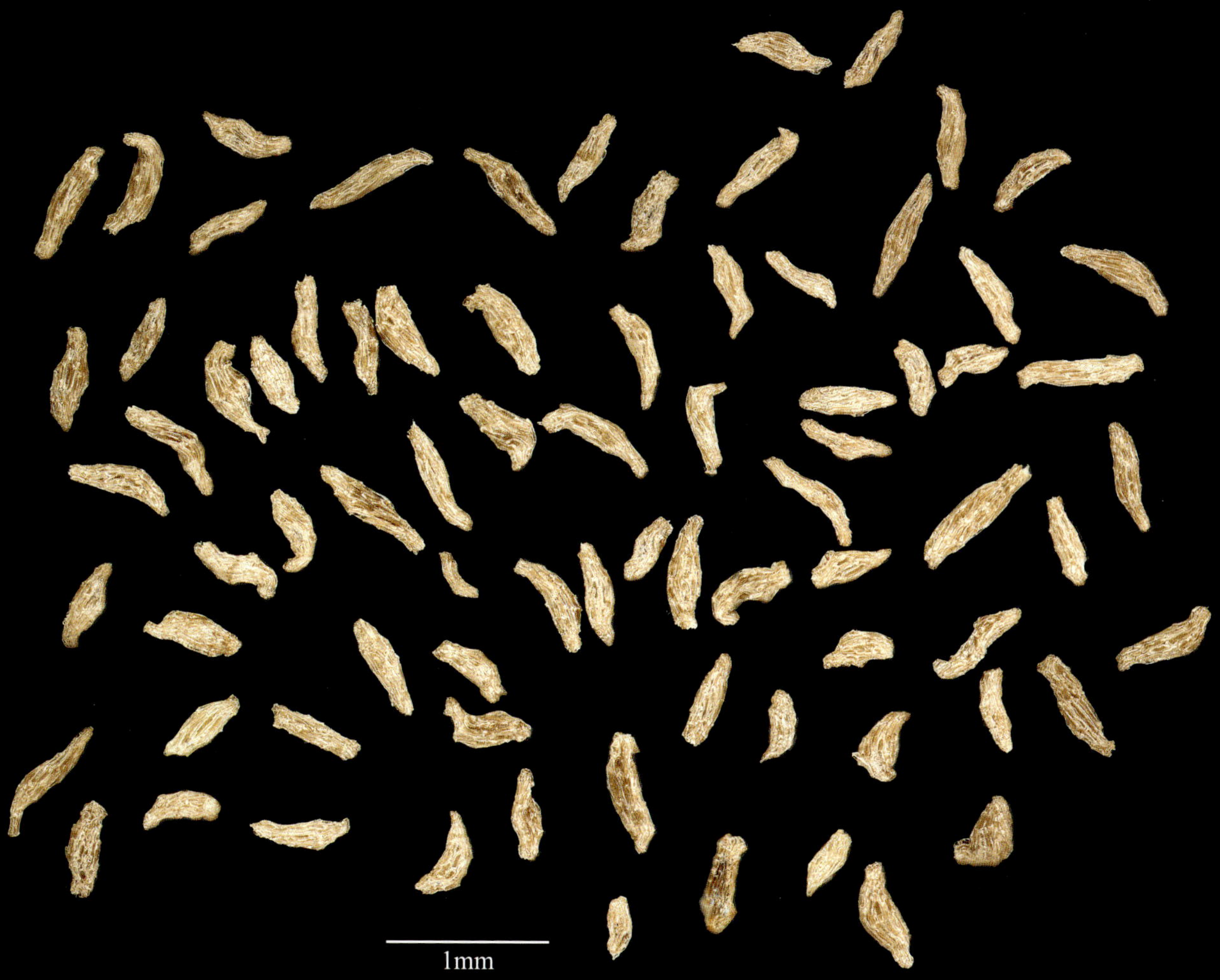

兰科 Orchidaceae

麻栗坡兜兰
Paphiopedilum malipoense S. C. Chen & Z. H. Tsi

保护级别 一级

植株生活型
多年生地生或半附生草本，具短的根状茎。

分　布
产于重庆、广西、贵州和云南。生于海拔1100~1600m的石灰岩山坡林下多石处或积土岩壁上。此外，越南也有分布。

经济价值
叶片斑斓，花朵硕大，花形奇特，花色如玉，花期较长，具较高园艺价值。

科研价值
为兜兰属现存种类中最原始的类群，是一个从杓兰属向兜兰属演化的中间类型或过渡类型，在研究兰科植物系统发育和演化方面具有重要价值。此外，还是石灰岩地区的特有物种，对研究石灰岩地区植物区系的起源与演化具有重要价值。

濒危原因
分布区狭窄；生境破碎化和丧失；过度采挖；在自然条件下种子萌发率较低，种群天然更新困难。

▶ 花

花果期
花期12月至翌年3月。

果实形态结构
蒴果；三棱状倒卵形或椭球形；表面密布白色或棕褐色、具节的长腺毛，具3条宽1.64~1.89mm、厚0.56mm的带状纵棱，棱间果面中央具一纵脊，顶端具一长10.45mm、宽2.23mm、厚2.24mm的圆柱形宿存合蕊柱；幼时绿色，然后转黄，成熟后为棕褐色。果皮棕褐色；纸质；厚0.47~0.62mm；成熟后沿3条纵棱两侧开裂；内含种子数万粒。基部具密布腺毛的长果梗。

散布体类型
种子。

传播方式
风力传播。

种子贮藏特性
可耐短时干藏。

◀ 幼果

▶ 成熟果实的背面、侧面和顶部

种子形态结构

种子：纺锤形或倒卵形，直或弯；表面具蜂巢状纹饰；棕褐色或褐色；长0.62~1.40mm，宽0.13~0.20mm，厚0.13~0.18mm。

种脐：孔状；位于种子基端。

种皮：外种皮膜状胶质；棕褐色或褐色，半透明；与内种皮之间存在空腔。内种皮膜状胶质；浅棕褐色，透明；紧包着胚。

胚乳：无。

胚：椭球形，未分化；白色；半肉半蜡质，含油脂；长0.18~0.22mm，宽0.09~0.11mm，厚0.09mm；位于种子中部。

▶ 种子集

▶ 种子

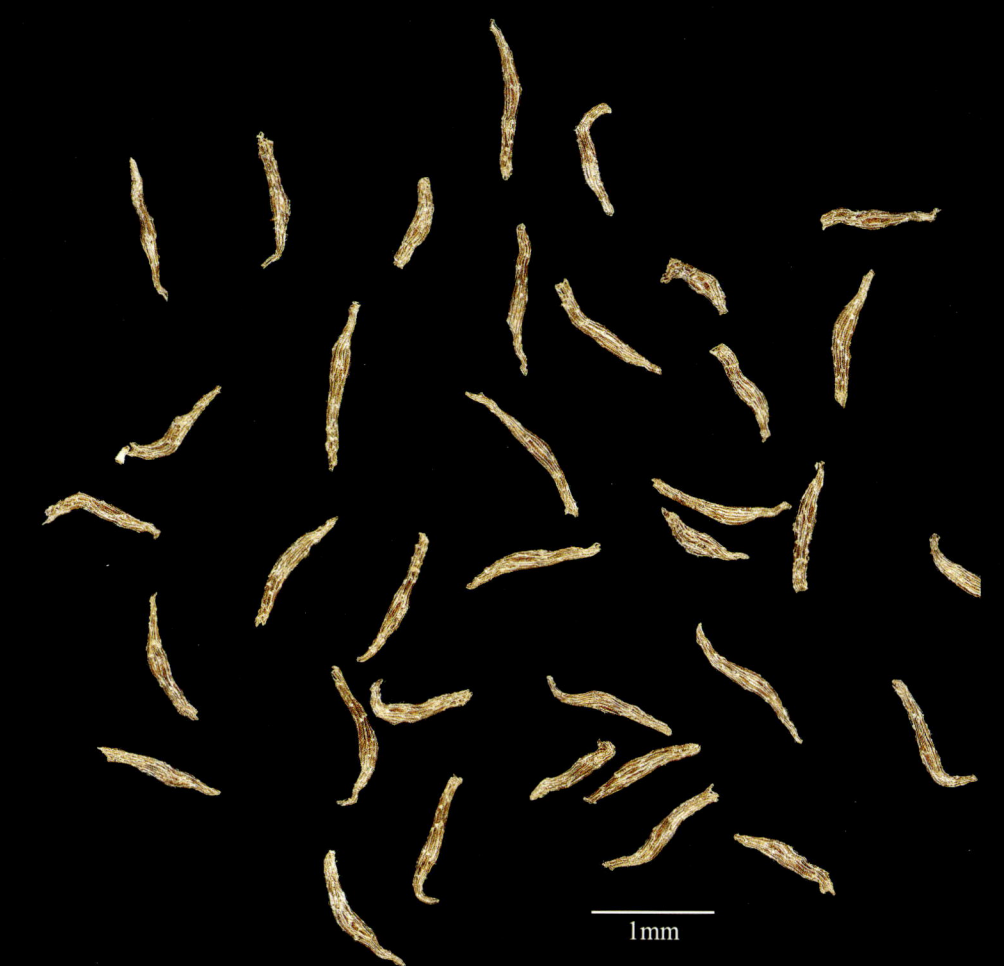

兰科 Orchidaceae

彩云兜兰
***Paphiopedilum wardii* Summerh.**

保护级别 一级

植株生活型
多年生地生草本。

分 布
产于云南。生于海拔1200~2500m的山坡草丛多石积土中。此外，印度、尼泊尔、不丹和缅甸也有分布。

经济价值
花朵硕大，花形和花色奇特，花期较长，具较高园艺价值。

濒危原因
分布区狭窄；生境破碎化和丧失；过度采挖；在自然条件下种子萌发率较低，种群天然更新困难。

▶ 花

花果期

花期12月至翌年3月。

果实形态结构

蒴果；六棱状卵形；表面被稀疏黄白色或褐色的腺毛及紫色腺点，具3条纵棱，棱间果面中央具一纵脊，顶端具一长4.7~5mm、宽2.2~2.5mm、稍弯的宿存合蕊柱；幼时绿紫色，成熟干后为棕色。果皮外表面为棕色，内表面为黄色；壳质；厚0.24mm；成熟后沿棱两侧呈缝状开裂；内含种子数万粒。

散布体类型

种子。

传播方式

风力传播。

种子贮藏特性

可耐短期干藏。

▶ 果实的背面、侧面和顶部

1cm

种子形态结构

种子：纺锤形，稍弯；表面具蜂巢状纹饰；棕色；长1.36~1.96mm，宽0.18~0.20mm，厚0.16~0.20mm。

种脐：近圆形；孔状；位于种子基端。

种皮：外种皮棕色；膜状胶质，半透明；与内种皮之间存在空腔。内种皮黄棕色；膜状胶质，透明；紧包着胚。

胚乳：无。

胚：椭球形，未分化；白色；半肉半蜡质，含油脂；长0.24~0.29mm，宽0.09~0.11mm，厚0.09~0.11mm；位于种子中部。

▶ 种子集

▶ 种子

兰科 Orchidaceae

二叶独蒜兰
***Pleione scopulorum* W. W. Sm.**

保护级别 二级

植株生活型
多年生附生或地生草本。

分　　布
产于云南和西藏。生于海拔2800~4200m的针叶林下多砾石草地上、苔藓覆盖的岩石上、溪谷旁岩壁上或亚高山灌丛草地上。此外，印度和缅甸也有分布。

经济价值
姿态优美，花色艳丽，具较高园艺价值。此外，以假鳞茎入药，具清热解毒、消肿散结功效，能治疗痈肿疔毒、瘰疬和蛇虫咬伤。

濒危原因
分布区狭窄；生境破碎化和丧失；过度采挖；在自然条件下种子萌发率较低，种群天然更新困难。

▶ 植株

花果期
花期5—7月，果期10月。

果实形态结构
蒴果；倒卵形或椭球形；表面具3条宽纵棱，棱间果面中央具一纵脊，顶端具三棱状宿存合蕊柱；棕褐色；长2~3cm。果皮棕褐色；成熟后沿纵棱开裂；内含种子数万粒。

散布体类型
种子。

传播方式
风力传播。

▶ 种子集

种子形态结构

种子： 圆锥形；直或稍弯；表面具蜂巢状纹饰；白色或棕色；长0.33~0.73mm，宽0.10~0.20mm。

种脐： 近圆形；深凹；位于种子基端。

种皮： 外种皮膜状胶质；白色或棕色，透明或半透明；与内种皮之间存在空腔。内种皮膜状胶质；浅黄棕色，透明；紧包着胚。

胚乳： 无。

胚： 圆球形或椭球形，未分化；白色；半肉半蜡质，含油脂；长0.11~0.23mm，宽0.07~0.13mm；位于种子中部。

▶ 种子

▶ 种子 SEM 照

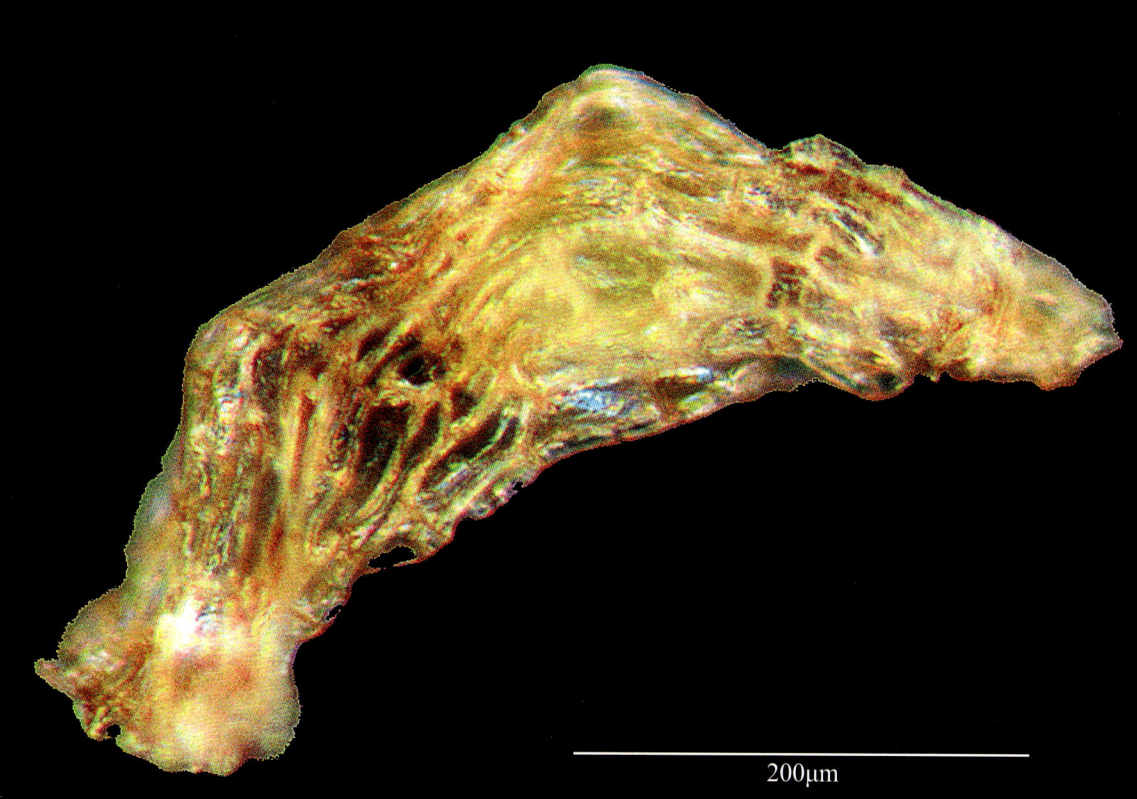

200μm

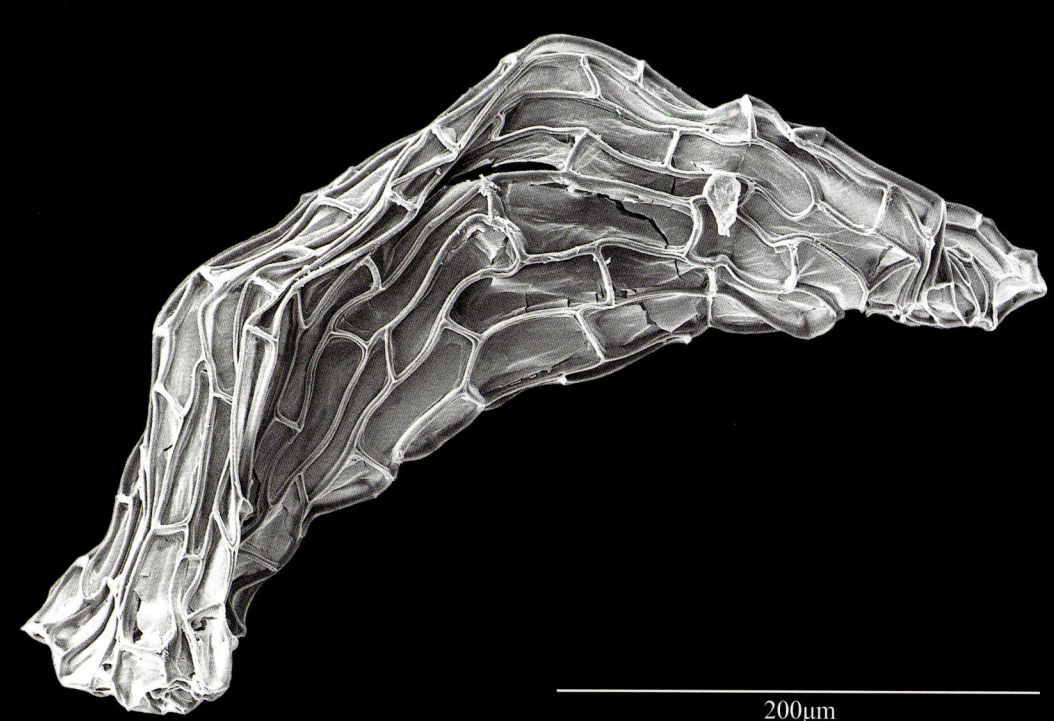

200μm

兰科 Orchidaceae

钻喙兰
Rhynchostylis retusa (L.) Blume

保护级别 二级

植株生活型
多年生附生草本。

分　　布
产于贵州和云南。生于海拔310~1400m的疏林中或林缘树干上。此外，从斯里兰卡、印度到热带喜马拉雅经老挝、越南、柬埔寨、马来西亚至印度尼西亚和菲律宾也有分布。

经济价值
花序轴长达28cm，密生许多花，花色艳丽，具较高园艺价值。

濒危原因
分布区狭窄；生境破碎化和丧失；过度采挖；在自然条件下种子萌发率较低，种群天然更新困难。

▶ 花序

花果期
花期4—6月，果期5—7月。

果实形态结构
蒴果；倒卵形；表面具三棱，两棱之间的果面中央具一纵脊；长3.5cm，宽1.3cm；成熟后开裂；内含种子数万粒。基部果梗长约1cm。

散布体类型
种子。

传播方式
风力传播、水力传播（树干径流）和动物传播（鸟类体表传播）。

种子贮藏特性
可耐短时干燥。

▶ 种子集

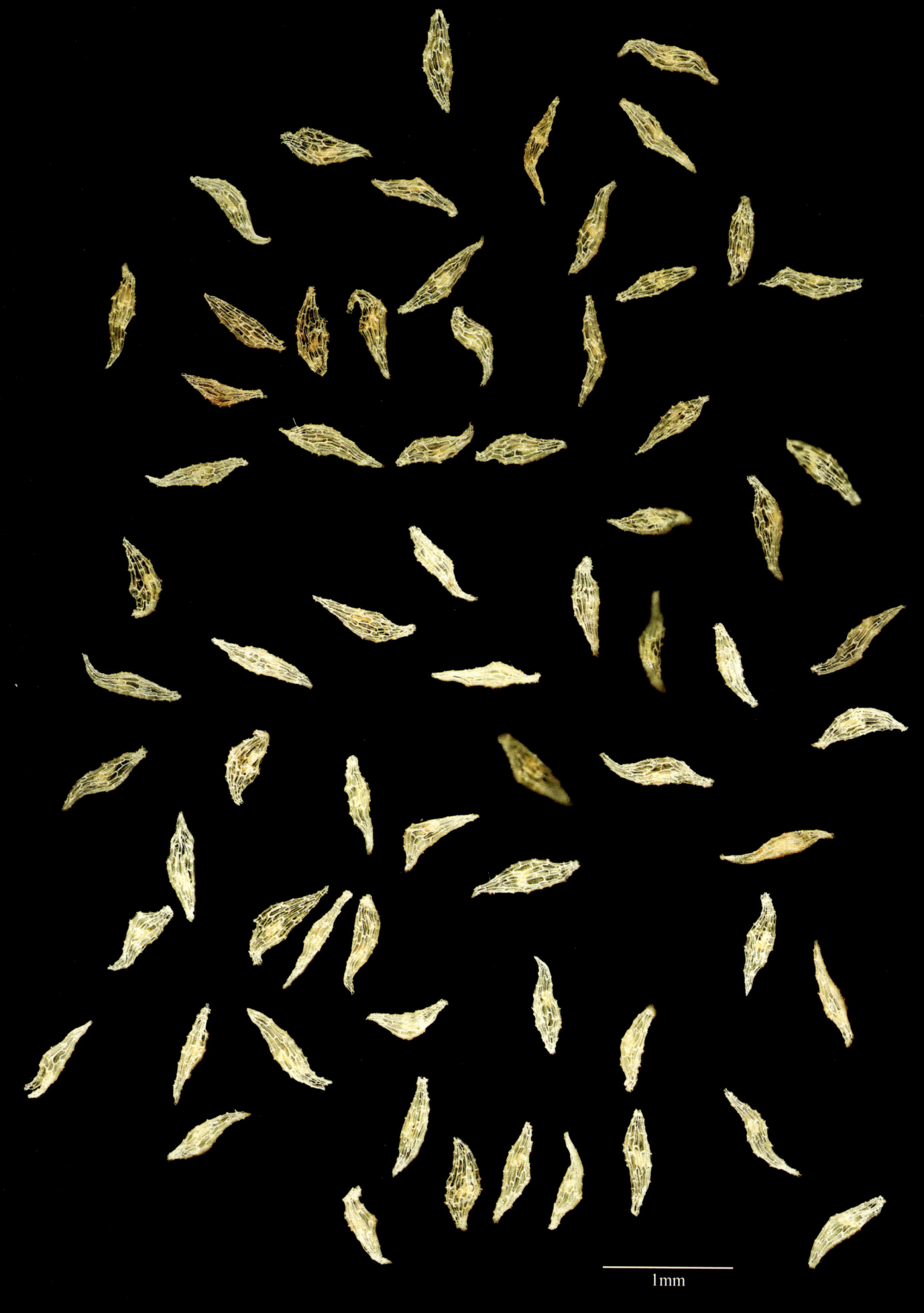

种子形态结构

种子：纺锤形；直或稍弯；表面具蜂巢状纹饰；黄白色；长0.63~0.99mm，宽0.18~0.27mm。

种脐：近圆形；孔状；位于种子基端。

种皮：外种皮膜状胶质；白色或黄白色，透明；与内种皮之间存在空腔。内种皮膜状胶质；黄白色，透明；紧包着胚。

胚乳：无。

胚：卵形，未分化；白色；半肉半蜡质，含油脂；长0.10~0.22mm，宽0.04~0.07mm；位于种子中部。

▶ 种子

▶ 种子 SEM 照

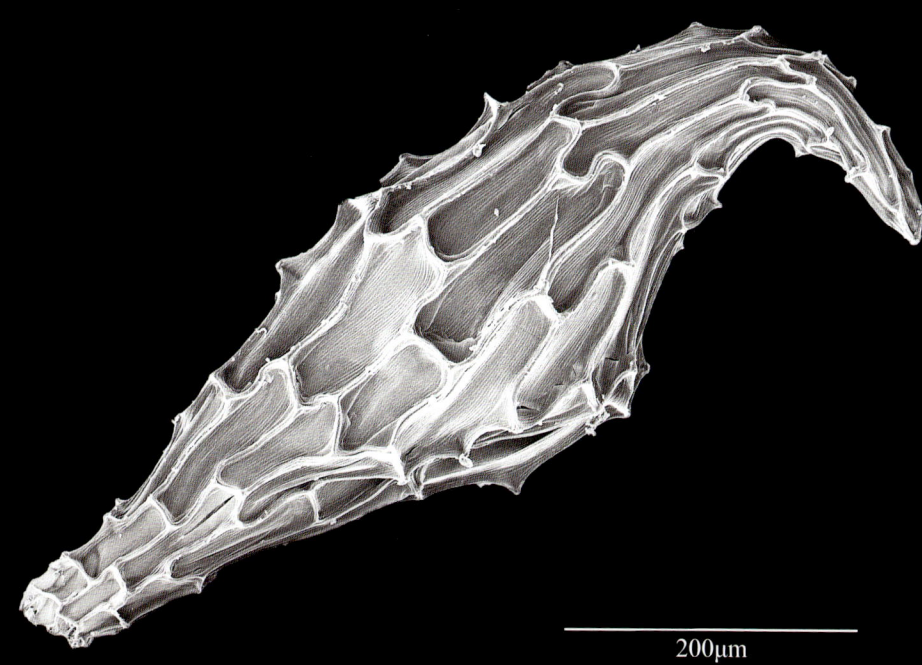

棕榈科 Arecaceae

琼棕
***Chuniophoenix hainanensis* Burret**

保护级别 二级

植株生活型
常绿丛生灌木至小乔木，高3~8m。

分　　布
产于海南。生于山地疏林中。

经济价值
树形优美，可作庭园观赏植物；茎干坚韧，可制作工艺品。

科研价值
中国特有植物，对研究棕榈科植物的系统发育和植物区系具有重要价值。

濒危原因
分布区狭窄；生境破坏严重；过度砍伐；种子易丧失活力，种群天然更新困难。

▶ 植株

花果期
花期4月，果期9—10月。

果实形态结构
浆果；球形；幼时绿色，成熟鲜果为橙红色或红色，干果为黄棕色或棕褐色；长16.65~23.67mm，宽15.34~23.08mm，厚14.44~21.67mm，重0.7586~2.0392g（干果）。外果皮为黄棕色或棕色；革质；厚0.13~0.27mm。中果皮新鲜时为肉质，干后为黄白色的纸质。内果皮纸质；内含种子1~2粒。

传播体类型
果实。

传播方式
动物传播。

种子贮藏特性
忌失水，不耐低温，亦不耐久藏。

种子萌发特性
无休眠。

◀ 花

▶ 果实集

▶ 果实X光照

2cm

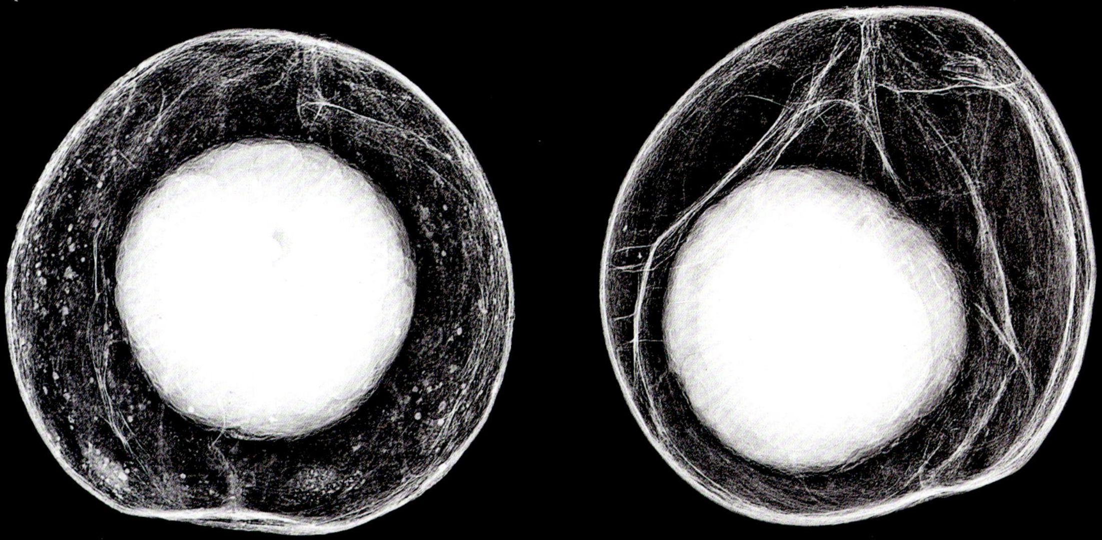

种子形态结构

种子： 椭球形、倒卵形或卵形；表面凹凸不平；枯黄色或黄棕色；长3.75~5.45mm，宽2.13~3.80mm，厚1.75~2.95mm，重0.0104~0.0210g。

种脐： 近圆形或横椭圆形；黄白色；长2.10~4.50mm，宽1.50~3.30mm。

种皮： 外种皮枯黄色或黄棕色；泡沫状海绵质；厚0.04~0.11mm。内种皮棕色；胶质；厚0.07mm；紧贴胚乳，并不规则嵌入胚乳中。

胚乳： 含量丰富；反刍型；白色；角质；包着胚。

胚： 扁椭球形；蜡质；长2.00~3.25mm，宽1.10~1.35mm，厚0.58~0.70mm；直生于种子下部中央，与胚乳之间存在胚腔。子叶1枚；乳白色；卵形；长1.20~1.60mm，宽1.05~1.15mm，厚0.58~0.70mm。下胚轴和胚根扁圆柱形；乳黄色；长0.80~1.80mm，宽0.85~1.20mm，厚0.53~0.60mm；朝向种脐。

▶ 种子集

▶ 种子的背面、腹面和基部

2cm

5mm

◀ 种子纵切面

5mm

◀ 种子横切面

5mm

▶ 胚背面

1mm

▶ 胚侧面

1mm

棕榈科 Arecaceae

龙棕
Trachycarpus nanus **Beccari**

植株生活型
灌木状，高不足1m，无地上茎。

分　　布
产于云南。生于海拔1500~2300m的林中。

经济价值
高级盆景和庭园绿化植物；花和果实可食用和入药。

科研价值
中国特有植物，是棕榈科植物中较为特殊的矮化类型，对研究中国植物区系的起源与演化，以及棕榈科分类和系统演化具有重要价值。

濒危原因
分布区狭窄；生境破碎化和丧失；过度采挖；种子易丧失活力，种群天然更新困难。

▶ 花序

花果期
花期4月，果期10月。

果实形态结构
核果；肾形；幼时绿色，成熟后为蓝黑色；长7.14~10.36mm，宽10.09~13.30mm，厚6.89~8.93mm，重0.3705~0.7669g。外果皮为蓝黑色；革质；厚0.04~0.09mm。中果皮肉质；黄棕色或灰黄色。去除外果皮和中果皮后的果核为肾形；黄白色或灰黄色；长6.99~10.26mm，宽10.03~12.84mm，厚7.09~8.93mm。内果皮壳质；厚0.04~0.08mm；内含种子1粒。

传播体类型
果实。

传播方式
动物传播。

种子贮藏特性
正常型种子。在低温干燥条件下贮藏，寿命不到2年。

种子萌发特性
无休眠。适宜萌发温度为18~25℃。

▶ 果序

▶ 果实集

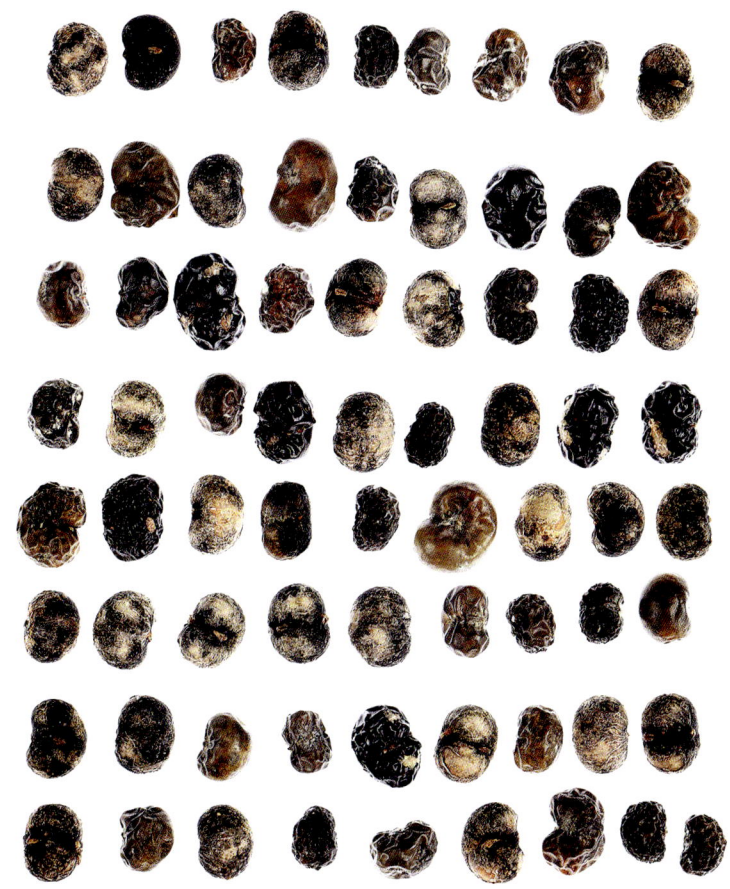

种子形态结构

种子：肾形；黄棕色或灰棕色；长5.93~8.76mm，宽8.43~11.00mm，厚6.10~7.83mm。

种脐：位于种子一侧凹陷处。

种皮：海绵质；黄棕色或灰棕色；厚0.04~0.07mm；紧贴内果皮和胚乳。

胚乳：含量丰富；白色，半透明；角质；包着胚。

胚：圆柱形；胶质；直或顶端稍弯；长0.84~1.51mm，宽0.53~1.07mm，厚0.59~0.86mm；横生于种脐对侧，与胚乳之间存在胚腔。子叶1枚；圆柱形；顶端平截；乳白色；长0.56~0.67mm，宽0.60~0.91mm，厚0.44~0.62mm。下胚轴和胚根圆柱形，中央有一小突点；乳黄色或乳白色；长0.62~0.89mm，宽0.73~0.93mm，厚0.78~0.84mm；朝向与种脐相反的方向。

▶ **果实的侧面、腹面、背面和顶部**

▶ **果实 X 光照**

4mm

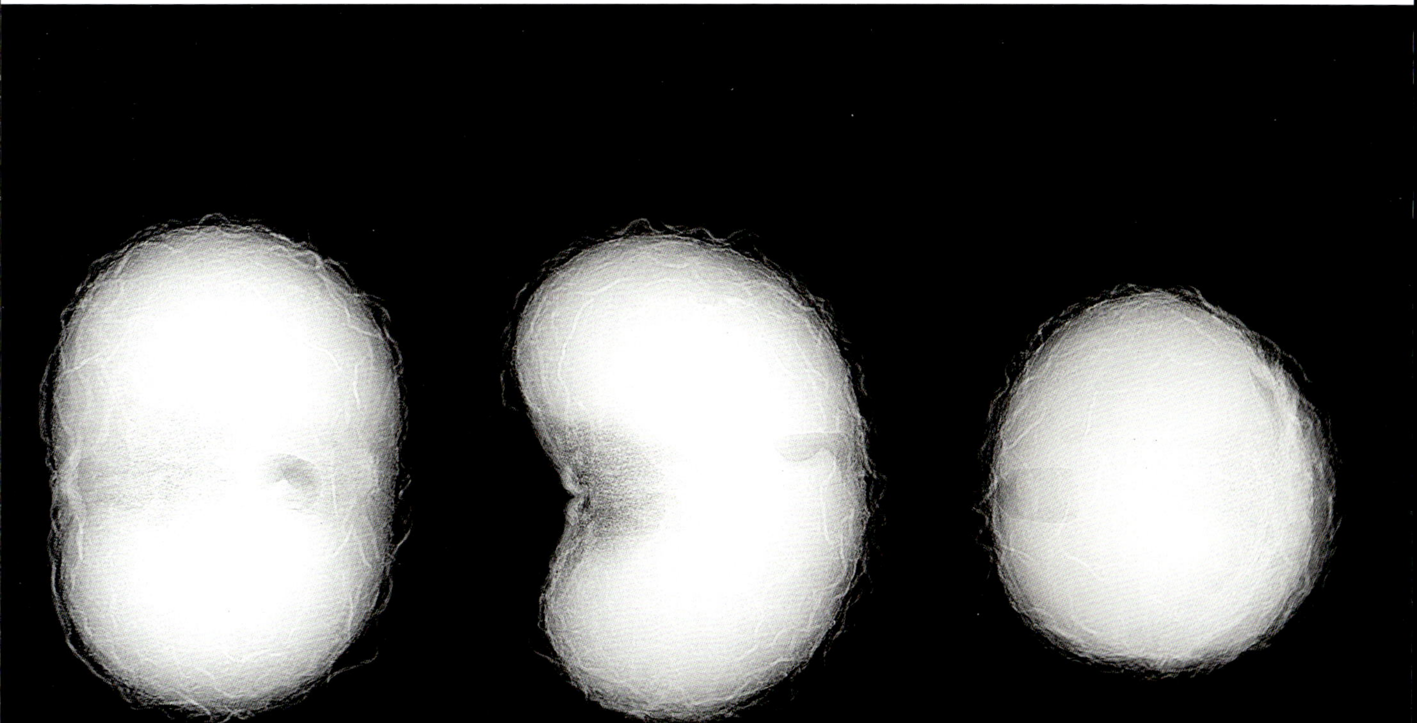

◀ 果实纵切面

5mm

◀ 果实横切面

5mm

▶ 胚

400μm

▶ 萌发中的种子

5mm

禾本科 Poaceae

莎禾
***Coleanthus subtilis* (Tratt.) Seidel**

植株生活型
一年生草本，秆高约5cm。

分　布
产于我国东北各省及江西。多生于河岸、湖泊边及沼泽等水湿地。此外，其他欧亚大陆的寒温地带也有分布。

科研价值
单种属植物，对研究禾本科植物的系统发育具有重要价值。

濒危原因
生境破坏严重。

保护级别 二级

▶ 植株和生境

花果期
南方为冬春季，北方为春夏季。

小穗形态结构
小穗含一小花。颖完全退化。外稃披针形；白色，透明；厚膜质；中央具一黄棕色纵脉，并延伸出顶端成为短芒；长约1mm（包括芒尖），宽0.27mm。内稃盾形；透明膜质；具2条分离的黄棕色纵脉，中上部2齿裂，每裂齿顶端具一短芒，其上微具刺毛；长0.5~1mm，宽0.33mm。

果实形态结构
颖果；圆锥形，表面具皱褶；未成熟时为黄绿色，成熟后为黄棕色或棕色；长1.11~1.56mm，宽0.22~0.36mm，厚0.20~0.33mm；稍长于外稃。果疤不明显；位于果实基端。果皮黄棕色或棕色；膜状胶质；成熟后不会开裂；内含种子1粒。

传播体类型
带稃果实。

传播方式
水力传播。

▶ 花序

▶ 果序

5mm

种子形态结构

种子： 披针形；长1.10~1.55mm，宽0.21~0.35mm，厚0.20~0.32mm。

种皮： 膜质；与果皮愈合，难分离。

胚乳： 含量丰富，几乎充满整粒种子；白色；淀粉质，硬块状；位于胚的上部。

胚： 椭圆形；黄白色；胶质；长0.24~0.33mm，宽0.16~0.22mm，厚0.13~0.22mm；位于种子基端。胚根鞘圆锥形；黄白色。盾片宽卵形；黄白色；长0.22mm，宽0.16mm。

▶ 小穗集

▶ 果实的背面、侧面和基部

2mm

500μm

禾本科 Poaceae

无芒披碱草
***Elymus sinosubmuticus* S. L. Chen**

保护级别 二级

植株生活型
多年生草本，秆高25~45cm。

分　　布
产于四川和青海。生于海拔3000~3500m的亚高山草甸、亚高山灌丛草地。

经济价值
是多年生疏丛型优良野生牧草。

科研价值
中国特有植物，其系统位置至今未确定，对它的研究有助于揭示禾本科披碱草属植物的系统关系。

濒危原因
生境破坏严重；过度放牧。

▶ 植株

花果期
花果期8—9月。

小穗形态结构
近无柄或具长约1mm的短柄，长（7~）9~13mm，含（1~）2~3（~4）小花。小穗轴节间长1~2mm，密生微毛。颖长圆形；具3脉，侧脉不甚明显，主脉粗糙，顶端锐尖或渐尖，无芒；黄色；两颖几乎等长，长2~3mm。外稃披针形；具5脉，脉至中部以下不甚明显，中脉延伸成不及2mm的短芒，在脉的前端和背部两侧以及基盘均具白或无色、透明的短毛刺；黄色；长7.03~10.28mm，宽1.27~1.89mm，厚0.61~1.01mm。内稃长6.91~9.72mm。

果实形态结构
颖果；长椭圆形或长倒卵形；腹平背拱，腹面具一条宽纵沟，两侧各具一条狭纵沟，顶端具黄白色柔毛；黄棕色、棕色或棕褐色；长4.30~6.20mm，宽1.20~1.60mm，厚0.67~0.87mm；内含种子1粒。果皮黄棕色、棕色或棕褐色；膜状胶质。

传播体类型
带稃果实。

传播方式
动物传播。

种子贮藏特性
正常型种子。在低温干燥条件下贮藏，寿命可达11年以上。

种子萌发特性
在20℃或25℃/15℃，12h/12h光照条件下，1%琼脂培养基上，萌发率均可达100%。

▶ 果序

▶ 带稃果实集

4mm

种子形态结构

种子： 长椭圆形或长倒卵形，稍扁。

种皮： 无色，透明；膜状胶质；与果皮愈合，难分离。

胚乳： 含量丰富；靠近胚的胚乳为乳黄色，其余的为白色；淀粉质。

胚： 椭圆形或倒卵形；乳白色；长1.02~1.27mm，宽0.67~0.71mm，厚0.38~0.40mm；位于种子背面近基部。子叶和胚根包于乳白色的胚芽鞘和胚根鞘中。盾片乳白色；椭圆形；长0.58~1.00mm，宽0.64~0.71mm，厚0.22~0.29mm。

▶ 果实的背面、腹面、侧面和基部

▶ 带稃果实 X 光照

2mm

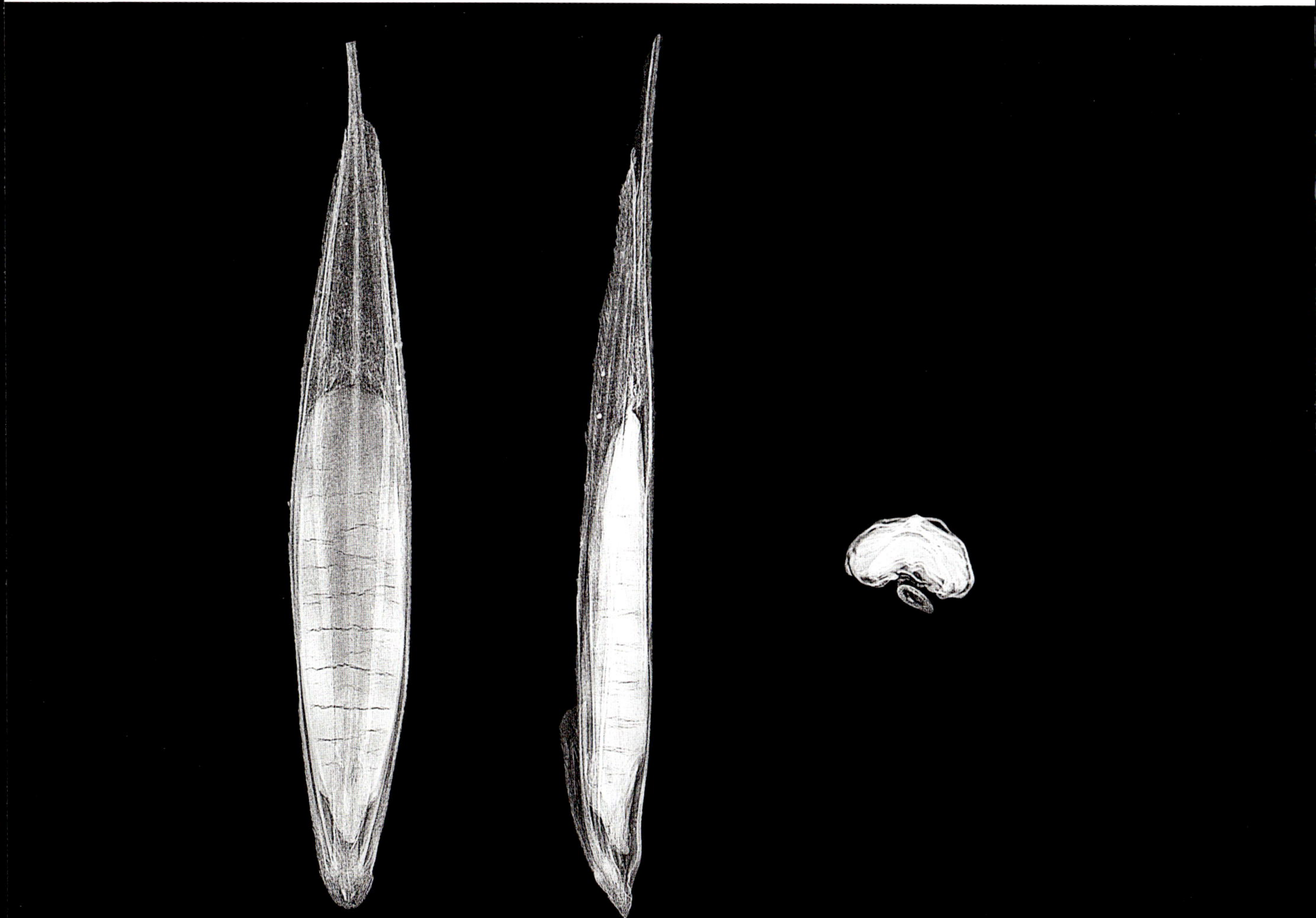

◀ 果实纵切面

1mm

◀ 果实横切面

500μm

▶ 胚正面

400μm

禾本科 Poaceae

药用稻
Oryza officinalis **Wall. ex watt**

保护级别 二级

植株生活型
多年生草本。

分　　布
产于广东、广西、海南和云南。生于海拔1000m以下的丘陵山坡中下部的冲积地和沟边。此外，不丹、菲律宾、柬埔寨、马来西亚、缅甸、尼泊尔、斯里兰卡、泰国、巴布亚新几内亚、印度、印度尼西亚和越南也有分布。

经济价值
对环境有较强适应性，并具有优质、高产、抗病虫、高氮磷利用效率、广亲和性等优良基因，是水稻育种和品种改良的重要遗传资源。

科研价值
研究药用稻的居群遗传结构，不仅可以揭示其进化历史，探讨其稀有或濒危机制，为制订保护策略提供科学依据，还能够为栽培稻的种质创新和遗传改良提供优良基因。

濒危原因
农业开垦，导致生境被挤占和破坏；不当采挖；种群小，加之鸟雀对种子的取食，导致种群天然更新能力弱。

▶ 植株标本

花果期
花期4—5月，果期9—11月。

小穗形态结构
圆锥花序大型，疏散，长30~50cm，基部常为叶鞘所包。小穗黄色、黄棕色或棕色；具黑褐色斑点或无；长5.14~8.22mm，宽2.34~3.07mm，厚1.22~1.76mm，重0.00712~0.01848g；基部具有2枚长1.54~2.94mm、宽0.64~0.96mm的半月形黄色颖片。外稃宽卵形；草质；背腹两面粗糙不平，具疣状突起，整齐排列成24~26纵列，中央各具一纵棱，棱上部及外稃边缘具无色、白色或褐色的疣基刺毛；芒自外稃顶端伸出，长0.50~1.30cm，具短刺毛；长5.08~7.74mm。内稃长4.77~7.40mm，宽约为外稃的一半，顶端具芒尖，边缘呈膜状。

果实形态结构
颖果；长椭圆形，稍扁；背腹面各具一长一短两条纵棱；棕色、红棕色或棕褐色；长4.00~6.40mm，宽1.98~2.50mm，厚1.20~1.80mm，重0.0045~0.0137g。果皮棕色、红棕色或棕褐色；纸状胶质；与种皮愈合，难分离；紧贴胚乳及胚；成熟后不会开裂；内含种子1粒。

传播体类型
带颖果实。

传播方式
动物传播。

种子贮藏特性
正常型种子。在低温干燥条件下贮藏，有助于延长其寿命。

种子萌发特性
在0℃，30%RH条件下干燥后熟10个月，然后在32℃条件下，萌发率为74%。

▶ 带颖果实集

4mm

种子形态结构

种子： 椭圆形；长3.24~6.05mm，宽1.97~2.49mm。

种皮： 种皮与果皮愈合在一起。

胚乳： 含量丰富；白色；粉质，呈半透明块状，硬而脆。

胚： 倒卵形；蜡质；乳黄色或黄色；长1.15~1.56mm，宽0.71~0.80mm，厚0.31~0.44mm；位于种子一侧的近基部。子叶和胚根包于三棱锥状、黄色的胚芽鞘和胚根鞘内。盾片三棱状倒卵形，基部尖；乳白色；长1.20~1.73mm，宽0.71~0.80mm，厚0.07~0.16mm；包着胚芽鞘和胚根鞘。

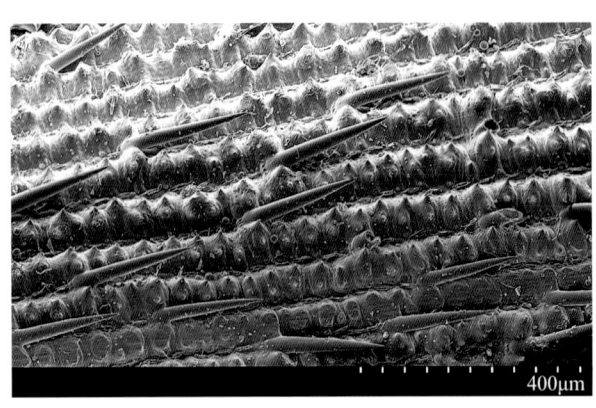

◀ 外颖表面 SEM 照

▶ 带颖果实的背面、腹面、侧面和基部

▶ 带颖果实 X 光照

2mm

◀ 果实的背面、腹面、侧面和基部

◀ 果实横切面

▶ 果实纵切面

1mm

▶ 胚的正面和侧面

500μm

禾本科 Poaceae

野生稻
***Oryza rufipogon* Griff.**

植株生活型
多年生水生草本,秆高约1.5m。

分　　布
产于广东、广西、海南、云南和台湾。生于海拔700m以下的热带坝区沼泽地、荒水塘、溪沟沿岸和水稻田间的坑塘、水渠地段向阳的浅水中及海拔1200m的山坡。此外,澳大利亚、菲律宾、印度、尼泊尔、孟加拉国、柬埔寨、越南、老挝、缅甸、泰国、马来西亚等国也有分布。

经济价值
可作牧草。

科研价值
野生稻是栽培稻的近缘祖先,蕴藏着丰富的优良基因,能为栽培稻的种质创新和遗传改良提供帮助,是水稻育种的珍贵遗传材料。此外,通过研究野生稻的居群遗传结构,还可揭示其进化历史,探讨其稀有及濒危机制,从而为制订适宜的保护策略提供科学依据。

濒危原因
农业开垦,导致生境被挤占和破坏;环境污染和外来物种入侵;不当采挖;种群小,加之鸟雀对种子的取食,致使种群天然更新能力弱。

▶ 植株

保护级别 二级

花果期
花果期4—5月和10—11月。

小穗形态结构
圆锥花序长约20cm，先直立而后下垂。小穗长椭圆形或长倒卵形；黄色或黄棕色；长7.91~8.54mm，宽2.21~3.11mm，厚1.52~2.02mm，重0.01453~0.02167g；基部具两枚长2.01~2.48mm、宽0.90~1.04mm、半圆形的退化颖片；成熟后自小穗轴关节上脱落。第一和第二外稃退化呈鳞片状，长约2.5mm，具一脉状脊，顶端尖，边缘微粗糙。孕性外稃长圆形，具5脉；表面遍生无色、透明的短糙毛及稀疏的褐色小斑点，脊的上部具长纤毛，顶端具长0.5~4cm、有明显关节、被糙毛的芒；厚纸质；长7~8mm。内稃与外稃同质，被糙毛，具3脉。

果实形态结构
颖果；长椭圆形或卵形；具两棱三沟；棕色或红棕色；长5.80~6.95mm，宽1.90~2.40mm，厚1.40~1.80mm，重0.0091~0.0166g；成熟后易脱落。果皮膜质；黄色；厚0.016mm；与种皮愈合在一起，难分离；紧贴胚乳及胚；成熟后不会开裂；内含种子1粒。

传播体类型
带颖果实。

传播方式
自体传播和动物传播。

种子贮藏特性
正常型种子。在低温干燥条件下贮藏，有助于延长其寿命。

种子萌发特性
室内自然干燥后熟4个月，然后在32℃下，萌发率为92%。

▶ 带穗植株

▶ 带颖果实集

种子形态结构

种子： 长椭圆形或卵形；长5.32~6.94mm，宽1.91~2.30mm。

种皮： 种皮与果皮愈合在一起。

胚乳： 含量丰富；白色；粉质，呈半透明块状，硬而脆。

胚： 三棱状倒卵形；黄色；蜡质，含少量油脂；长1.13~1.64mm，宽0.78~1.00mm，厚0.49~0.53mm；位于种子一侧的近基部。子叶和胚根包于三棱锥状的胚芽鞘和胚根鞘内。盾片倒卵形；乳白色或乳黄色；长1.11~1.38mm，宽0.78~0.84mm，厚0.09~0.24mm。

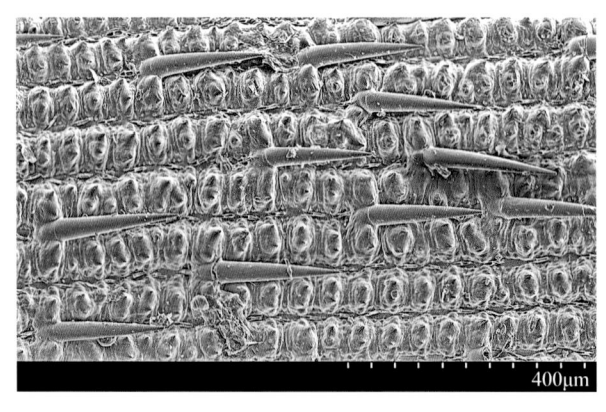

◀ 外颖表面 SEM 照

▶ 带颖果实的背面、腹面、侧面和基部

▶ 带颖果实 X 光照

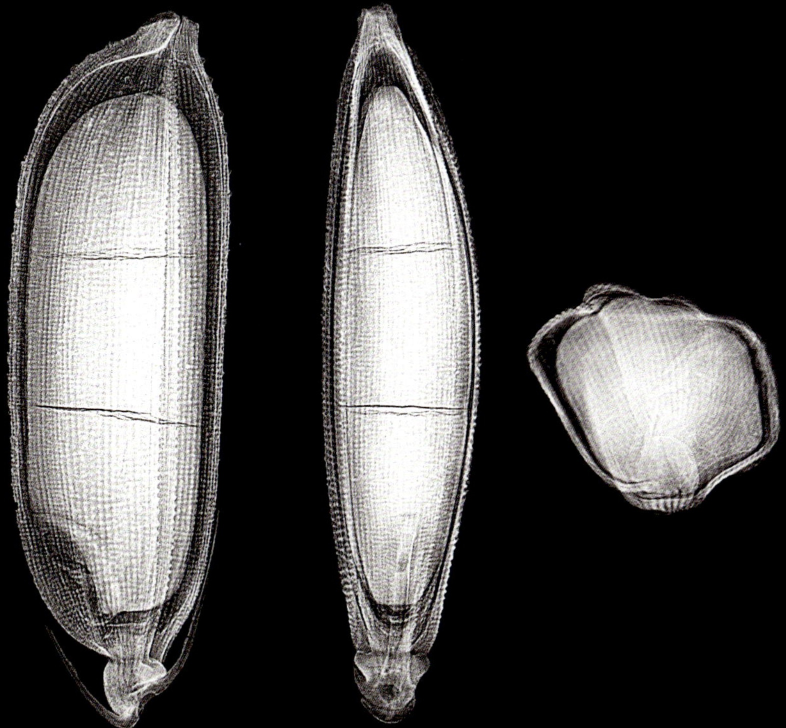

◀ 果实的背面、腹面和侧面

◀ 果实横切面

▶ 果实纵切面

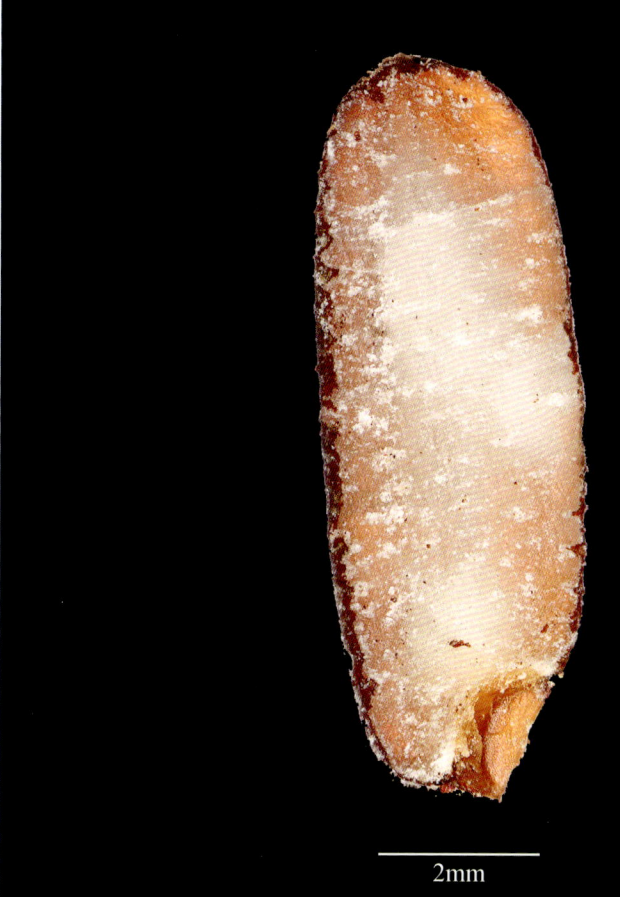

2mm

▶ 胚

500μm

禾本科 Poaceae

华山新麦草

Psathyrostachys huashanica Keng ex P. C. Kuo

保护级别 一级

植株生活型
多年生草本。

分　　布
产于河南和陕西。生于海拔450~1800m的岩石坡或岩壁。

经济价值
牧草。

科研价值
中国特有植物，是小麦的野生近缘种，具抗病、抗旱、早熟等优良特性，是小麦育种和品种改良的重要遗传资源。

濒危原因
分布区狭窄；生境破坏严重。

▶ 植株

花果期
花果期5—7月。

小穗形态结构
穗状花序长4~8cm，宽约1cm。小穗2~3枚生于一节；新鲜时为黄绿色，干后为枯黄色或灰黄色；含1~2朵小花。小穗轴节间长约3.5mm。小花披针形；枯黄色或灰黄色；长8.96~10.30mm，宽1.49~1.79mm。具2颖；锥形；粗糙。外稃披针形，边缘膜质；外表面具多条线状纵棱，顶端具3.88~5.67mm长的针状芒，棱的中上部和芒都具无色透明的短糙毛。内稃与外稃近长；具两条线状纵棱，棱间具一宽沟，光滑无毛；黄白色或黄绿色。

果实形态结构
颖果；窄倒卵形；顶端密布白色柔毛，腹面中央具一宽纵沟，两侧各具一狭沟；黄棕色或棕褐色；长5.20~7.30mm，宽1.20~1.60mm，厚0.58~0.87mm，重0.0022~0.0054g。果皮为黄棕色或棕褐色；膜状胶质；与种皮紧贴在一起；成熟后不会开裂；内含种子1粒。

传播体类型
带颖果实。

传播方式
动物传播。

种子贮藏特性
正常型种子。在低温干燥条件下贮藏，寿命可达3年以上。

种子萌发特性
在20℃或25℃/15℃，12h/12h光照条件下，1%琼脂培养基上，萌发率均可达100%。

▶ 果序

▶ 带颖或不带颖果实集

2cm

种子形态结构

种子：窄倒卵形；腹面中央具一宽纵沟，两侧各具一或浅或深的狭纵沟；棕色；长5.19~7.29mm，宽1.19~1.59mm，厚0.57~0.86mm，重0.0022~0.0054g。

种皮：棕色；胶质，半透明；紧贴胚乳及胚。

胚乳：含量丰富；白色或乳黄色；淀粉质，外层粉状，中间块状。

胚：蜡质；乳白色或乳黄色；长1.09~1.38mm，宽0.71~0.84mm，厚0.29~0.31mm；位于种子背面近基部。子叶和胚根包于圆锥状的胚芽鞘和胚根鞘内；胚芽鞘长0.40~0.44mm，宽0.27~0.38mm，厚0.18~0.29mm；胚根鞘长0.29~0.38mm，宽0.27~0.38mm，厚0.16~0.31mm。盾片卵形或倒卵形；乳白色或乳黄色；长0.71~0.96mm，宽0.71~0.84mm，厚0.09~0.11mm。

▶ **带颖果实的腹面、背面和侧面**

▶ **带颖果实 X 光照**

4mm

◀ 果实的背面、腹面、侧面、基部和顶部

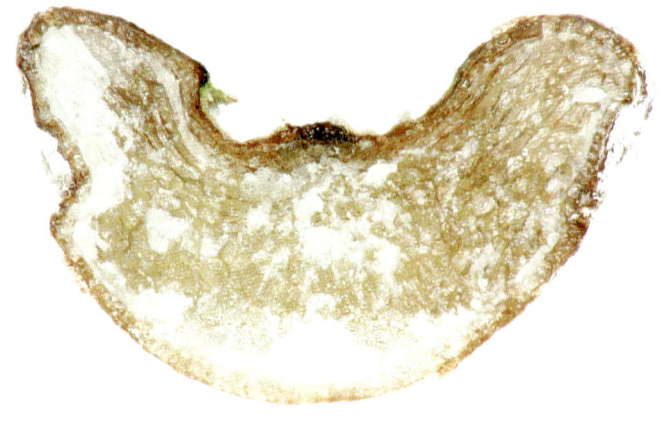

◀ 果实横切面

▶ 胚正面

▶ 胚侧面

禾本科 Poaceae

拟高粱

Sorghum propinquum (Kunth) Hitchc.

保护级别 二级

植株生活型
多年生草本，秆高1.5~3m，基部径1~3cm，具多节。

分　　布
产于重庆、四川、云南、福建、广东、海南和台湾。生于河岸旁、沙滩、农田和山坡。此外，菲律宾、马来西亚、文莱、斯里兰卡、印度、印度尼西亚、泰国和越南等也有分布。

经济价值
既可作青饲料，又可调制成干草和加工成草粉，在冬春缺草季节喂食牲畜。

濒危原因
生境破坏严重；种群数量稀少，个体竞争力弱，易受干扰。

附注： 本种在《国家重点保护野生植物名录》中为"拟高粱"，而在《中国植物志》《中国生物物种名录》中为"拟高粱"。

▶ 植株标本

花果期
花果期7—10月。

小穗形态结构
圆锥花序开展，长30~50cm，宽6~15cm；分枝纤细，3~6枚轮生。小穗椭圆形或窄椭圆形；长3.8~4.5mm，宽1.2~2mm；顶端尖或具小尖头，疏生柔毛，基盘钝，具细毛。颖薄革质；具不明显横脉；第一颖具9~11脉，脉在上部明显，边缘内折，两侧具不明显的脊，顶端无齿或具不明显的3小齿；第二颖具7脉，上部具脊，略呈舟形，疏生柔毛。外稃宽披针形；膜质，透明；稍短于颖；具纤毛。内稃短于外稃，顶端尖或微凹，无芒或具一根细弱扭曲的芒。

果实形态结构
颖果；倒卵形；腹平背拱；棕色或棕褐色；长1.53~1.82mm，宽0.89~1.11mm，厚0.47~0.76mm。果皮棕色；膜状胶质；与种皮愈合在一起，难分离；紧贴胚乳及胚；成熟后不会开裂；内含种子1粒。

传播体类型
带稃颖果。

传播方式
动物传播。

种子贮藏特性
正常型种子。在低温干燥条件下贮藏，有助于延长其寿命。

▶ 果实集

2mm

种子形态结构

种子： 椭球形；长1.52~1.81mm，宽0.88~1.10mm，厚0.46~0.75mm。

种皮： 种皮与果皮愈合在一起。

胚乳： 含量丰富；白色；粉质，呈半透明块状，硬而脆。

胚： 倒卵形；乳白色；蜡质；长0.89~1.07mm，宽0.56~0.73mm，厚0.38mm；位于种子背面近基部。子叶和胚根包于锥状的胚芽鞘和胚根鞘内。盾片倒卵形；乳白色；长0.93~1.04mm，宽0.60~0.69mm，厚0.31mm；从底面和两侧包着胚芽鞘和胚根鞘。

▶ **果实的背面、腹面、侧面和基部**

▶ **果实 X 光照**

◀ 果实纵切面

1mm

◀ 果实横切面

400μm

▶ 去除种皮的种子

400μm

▶ 胚

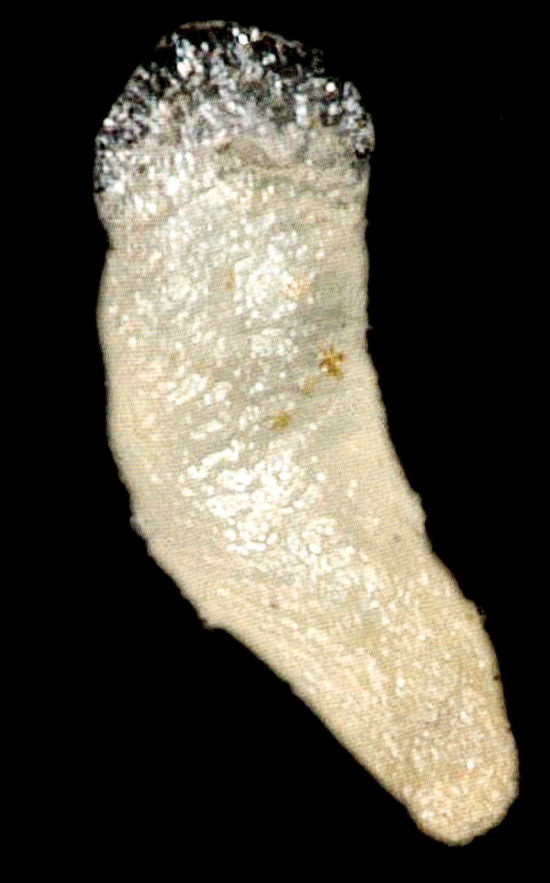

400μm

禾本科 Poaceae

箭叶大油芒
Spodiopogon sagittifolius **Rendle**

保护级别 二级

植株生活型
多年生直立草本，秆高60~100cm，直径2~6mm。

分　　布
产于云南和四川。生于海拔1500~1800m的山坡、草坡及林下。

经济价值
彝药的一种，以全草入药，能治疗风湿骨痛、风湿性关节炎、风寒感冒。此外，还是一种优良牧草。

科研价值
中国特有植物，对研究东亚植物区系具有重要价值。

濒危原因
分布区狭窄；生境破坏严重；过度利用；个体数量较少，种群易受干扰。

▶ 植株

花果期
花期8—9月，果期9—12月。

小穗形态结构
圆锥花序长9~15cm，分枝轮生，细弱，开展，长5cm。小穗长卵形；幼时绿中带紫，成熟后为枯黄色、黄棕色、棕色或褐色；长5.41~5.42mm，宽0.89~1.25mm；中下部具白色长柔毛，小穗轴节间呈喇叭状，基盘具白色短毛。两颖近相等；草质；第一颖具11~13脉，脉间具白色长柔毛，顶端尖；第二颖具8~11脉。外稃与内稃近等长，长约5mm；白色，透明；膜质，边缘具纤毛。

果实形态结构
颖果；椭球形；棕色至棕褐色；长1.68~2.72mm，宽0.59~0.96mm，厚0.60~0.90mm；顶端具两根线状花柱。果皮棕色或棕褐色；膜状胶质；与种皮愈合在一起，难分离；紧贴胚乳及胚；成熟后不会开裂；内含种子1粒。

传播体类型
带颖果实。

传播方式
动物传播。

种子贮藏特性
正常型种子。在低温干燥条件下贮藏，寿命可达8年以上。

种子萌发特性
在20℃和25℃/15℃，12h/12h光照条件下，1%琼脂培养基上，萌发率可达100%。

▶ 小穗的背面、侧面和腹面

▶ 小穗集

2mm

4mm

种子形态结构

种子： 椭球形；长1.67~2.71mm，宽0.58~0.95mm，厚0.59~0.88mm。

种皮： 种皮与果皮愈合在一起。

胚乳： 含量丰富；白色；粉质，呈半透明块状，硬而脆。

胚： 椭圆形；乳白色；蜡质；长1.07~1.27mm，宽0.40~0.67mm，厚0.22~0.33mm；位于种子背面近基部。子叶和胚根包于锥状的胚芽鞘和胚根鞘内。盾片椭圆形；白色；长0.96~1.04mm，宽0.33~0.56mm，厚0.16mm；与胚根鞘中下部结合在一起，从底面和两侧，以及一部分上部包着胚芽鞘和胚根鞘。

▶ 果实的背面、腹面和基部

▶ 果实 X 光照

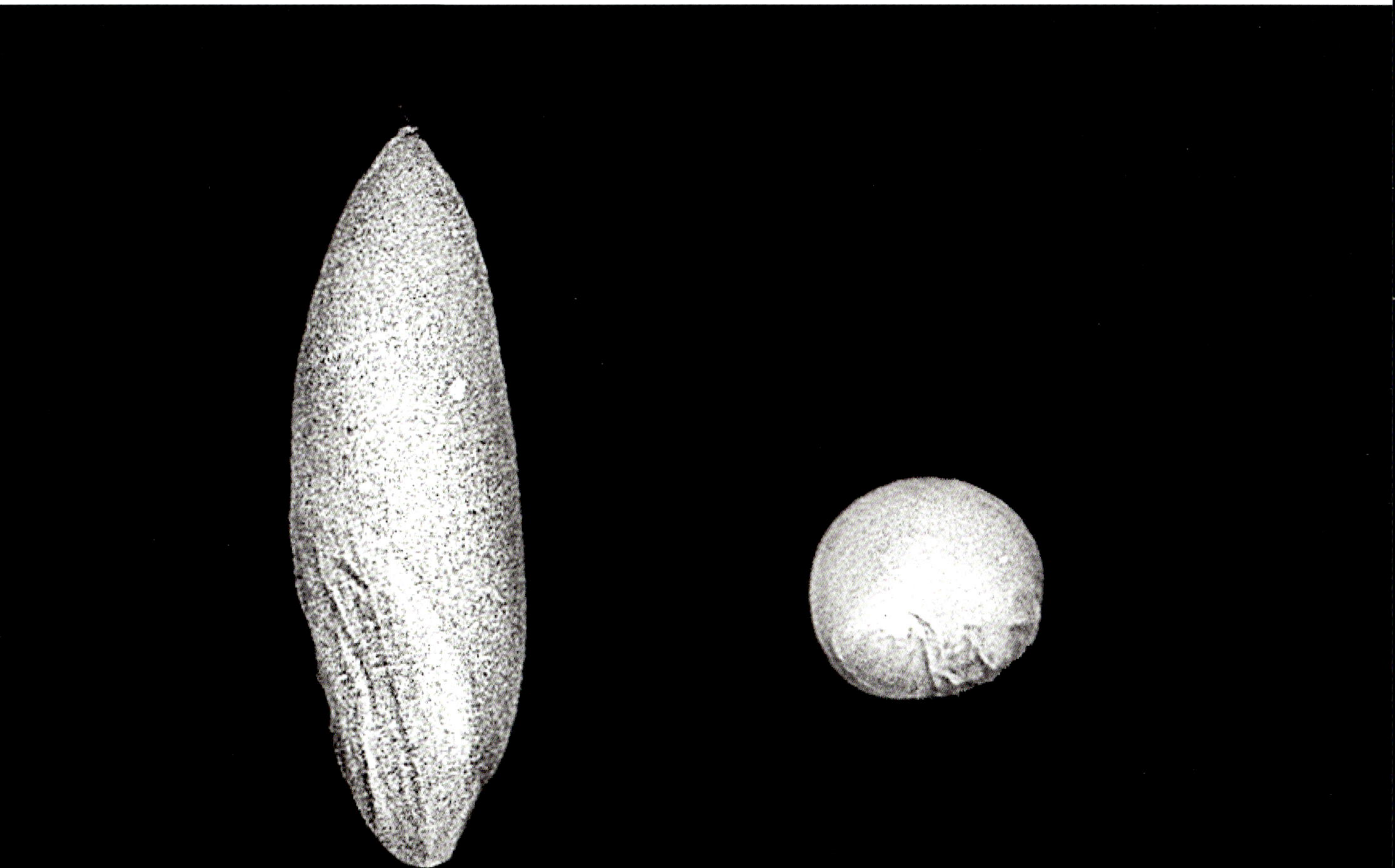

◀ 去除种皮的种子的侧面和正面

◀ 果实横切面

▶ 果实纵切面

▶ 胚

禾本科 Poaceae

中华结缕草
***Zoysia sinica* Hance**

植株生活型
多年生草本植物。

分　　布
产于辽宁、河北、山东、江苏、安徽、浙江、福建、江西、广东和台湾。生于海边沙滩、河岸、路旁的草丛中。此外，日本和韩国也有分布。

经济价值
既是优良的草坪植物，又是良好的固土护坡植物，还有较高饲用价值，马、牛、驴、骡、山羊、绵羊、奶山羊、兔皆喜食，鹅和鱼亦食。

濒危原因
生境破坏严重；过度挖掘幼苗，种子败育严重，导致种群天然更新困难。

保护级别 二级

▶ 植株

花果期
花果期5—10月。

小穗形态结构
卵状披针形；黄中带紫；长2.75~3.35mm，宽1.05~1.35mm，厚0.70~0.85mm；基部具长约3mm的小穗柄。颖黄中带紫；光滑无毛，侧脉不明显，中脉顶端具芒尖；厚0.16~0.20mm。外稃膜质；中央具一乳白色中脉；白色，透明。

果实形态结构
颖果；椭球形；顶端具白色、顶部分叉的丝状长花柱；棕色；长0.99~1.97mm，宽0.48~0.91mm，厚0.38~0.51mm。果皮无色，透明；胶质；厚0.01mm；与棕色种皮愈合在一起；内含种子1粒。果疤黑色；圆形；直径为0.11mm。

传播体类型
带颖果实。

传播方式
动物传播。

种子贮藏特性
正常型种子。在低温干燥条件下贮藏，寿命不到4年。

种子萌发特性
在35℃/20℃，12h/12h光照条件下，1%琼脂培养基上，萌发率为20%。

▶ 果序

▶ 带颖果实集

5mm

种子形态结构

种子： 椭球形；棕色；长0.99~1.97mm，宽0.48~0.91mm，厚0.38~0.51mm。

种皮： 棕色；胶质；与果皮愈合在一起；紧贴胚乳及胚。

胚乳： 含量中等；白色，透明；淀粉质，块状。

胚： 蜡质；乳白色或乳黄色；长0.67~0.71mm，宽0.29~0.40mm，厚0.22~0.24mm；位于种子一侧的中下部。子叶和胚根包于圆锥状的胚芽鞘和胚根鞘内；胚芽鞘和胚根鞘长0.42~0.53mm，宽0.16~0.20mm。盾片长椭圆形；白色；长0.67~0.71mm，宽0.29~0.40mm。

▶ **带颖果实的背面、腹面和侧面**

▶ **带颖果实 X 光照**

1mm

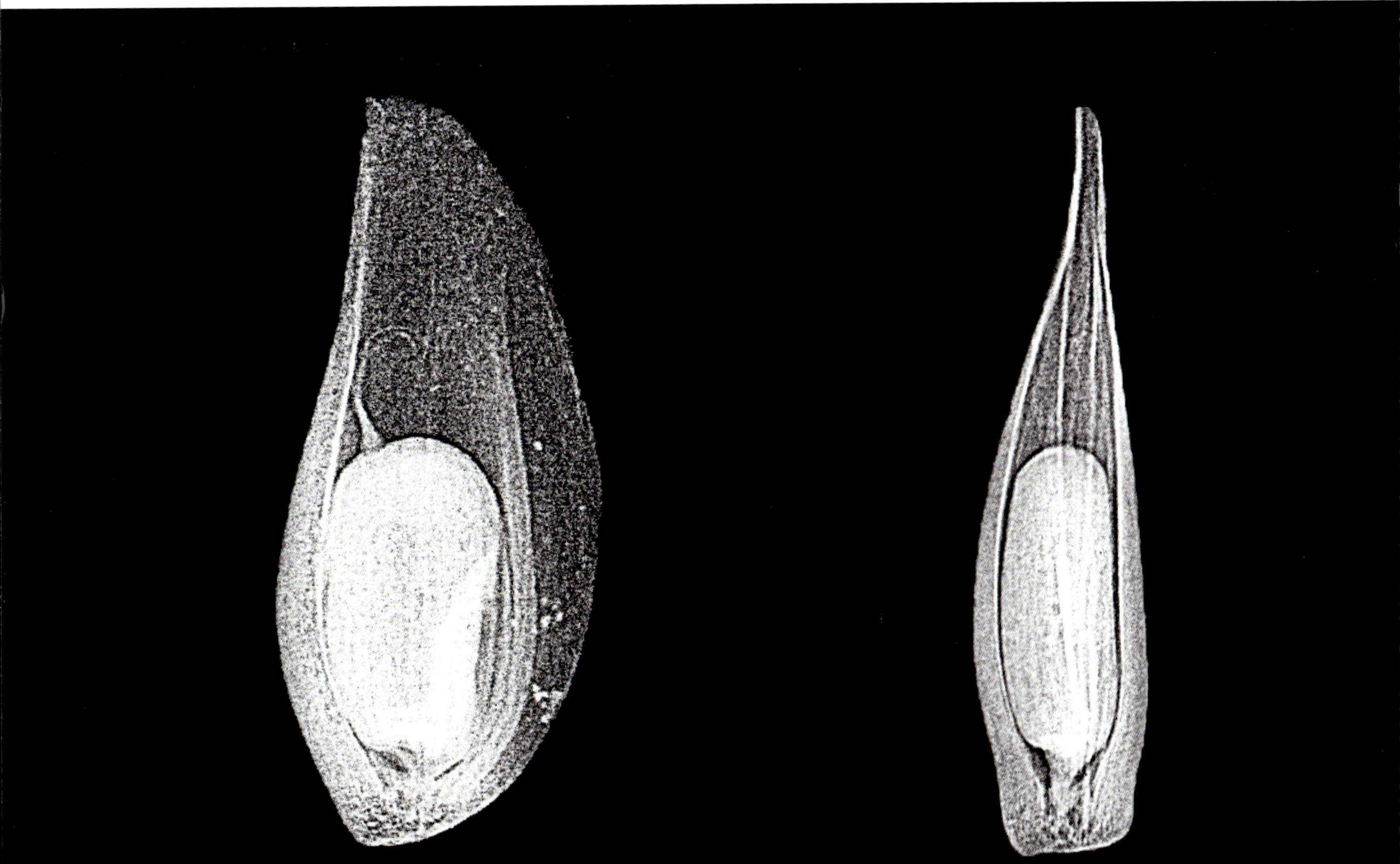

◀ 果实

◀ 果实横切面

▶ 果实纵切面

▶ 胚

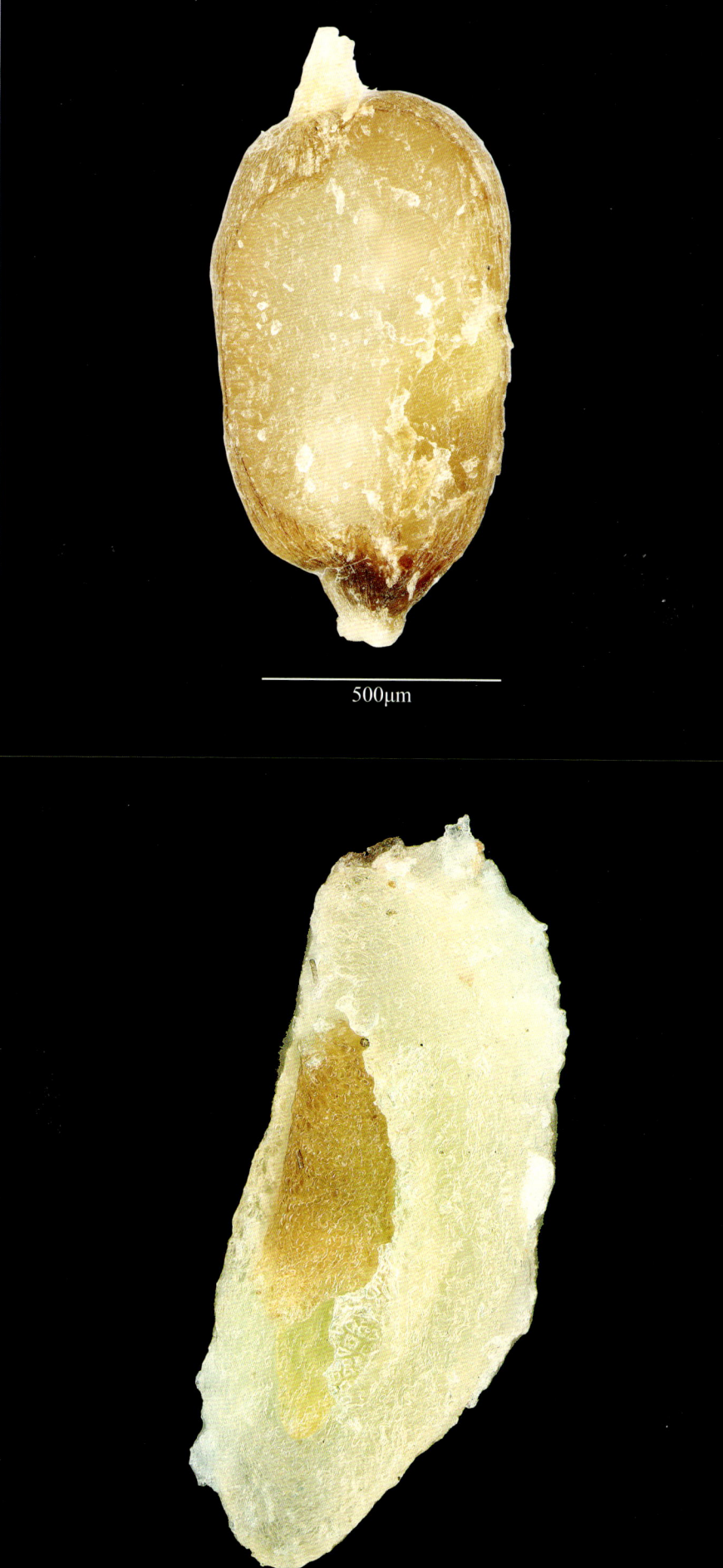

参 考 文 献

[1] 国家环境保护局. 珍稀濒危植物保护与研究[M]. 北京: 中国环境科学出版社, 1991.

[2] 国家林业局国有林场和林木种苗工作总站. 中国木本植物种子[M]. 2版. 北京: 中国林业出版社, 2003.

[3] 国家林业局野生动植物保护与自然保护区管理司, 中国科学院植物研究所. 中国珍稀濒危植物图鉴[M]. 北京: 中国林业出版社, 2013.

[4] 国家药典委员会. 中华人民共和国药典: 2015年版　一部[M]. 北京: 中国医药科技出版社, 2015.

[5] 郭巧生, 王庆亚, 刘丽. 中国药用植物种子原色图鉴[M]. 北京: 中国农业出版社, 2008.

[6] 任宪威, 朱伟成. 中国林木种实解剖图谱[M]. 北京: 中国林业出版社, 2007.

[7] 吴征镒, 路安民, 汤彦承, 等. 中国被子植物科属综论[M]. 北京: 科学出版社, 2003.

[8] 云南省林业厅, 云南省林业科学院, 国家林业局云南珍稀濒特森林植物保护和繁育实验室. 云南国家重点保护野生植物[M]. 昆明: 云南科技出版社, 2005.

[9] 中国科学院中国植物志编辑委员会. 中国植物志: 第七卷[M]. 北京: 科学出版社, 1978.

[10] 中国科学院中国植物志编辑委员会. 中国植物志: 第八卷[M]. 北京: 科学出版社, 1994.

[11] 中国科学院中国植物志编辑委员会. 中国植物志: 第九卷第二分册[M]. 北京: 科学出版社, 2002.

[12] 中国科学院中国植物志编辑委员会. 中国植物志: 第九卷第三分册[M]. 北京: 科学出版社, 1987.

[13] 中国科学院中国植物志编辑委员会. 中国植物志: 第十卷第一分册[M]. 北京: 科学出版社, 1990.

[14] 中国科学院中国植物志编辑委员会. 中国植物志: 第十卷第二分册[M]. 北京: 科学出版社, 1997.

[15] 中国科学院中国植物志编辑委员会. 中国植物志: 第十三卷第一分册[M]. 北京: 科学出版社, 1991.

[16] 中国科学院中国植物志编辑委员会. 中国植物志: 第十七卷[M]. 北京: 科学出版社, 1999.

[17] 中国科学院中国植物志编辑委员会. 中国植物志: 第十八卷[M]. 北京: 科学出版社, 1999.

[18] 中国科学院中国植物志编辑委员会. 中国植物志: 第十九卷[M]. 北京: 科学出版社, 1999.

[19] 中国科学院中国植物志编辑委员会. 中国植物志: 第三十卷第一分册[M]. 北京: 科学出版社, 1996.

[20] 中国科学院中国植物志编辑委员会. 中国植物志: 第三十卷第二分册[M]. 北京: 科学出版社, 1979.

[21] 中国科学院中国植物志编辑委员会. 中国植物志: 第三十一卷[M]. 北京: 科学出版社, 1982.

[22] 中国科学院植物研究所. 中国高等植物图鉴[M]. 8版. 北京: 科学出版社, 2011.

[23] CAROL C B, JERRY M B. Seeds Ecology, Biogeography, and Evolution of Dormancy and Germination [M]. 2nd ed. San Diego, CA: Elsevier, 2014.

[24] HOWE H H. Seed dispersal in fruit eating birds and mammals. In: Seed Dispersal[M]. Australia:

Academic Press, 1986.

［25］KAREN VAN RHEEDE VAN OUDTSHOORN, MARGARETHA W, VAN ROOYEN. Dispersal Biology of Desert Plants［M］. Berlin: Springer-Verlag, 1999.

［26］KOZLOWSKI T T. Seed Biology. Volume 1: Importance, Development and Germination［M］. London: Academic Press, 1972.

［27］LEENDERT VAN DER PIJL. Principles of Dispersal in Higher Plants［M］. 3rd Edn. New York: Springer-Verlag, 1982.

［28］MARTIN A C, BARKLEY W D. Seed Identification Manual［M］. Berkley and Los Angeles: University of California Press, 1961.

［29］MICHAEL B, BEWLEY J D, PETER H. The Encyclopedia of Seeds Science, Technology and Uses［M］. London, UK: Cromwell press, 2008.

［30］RIDLEY H N. The Dispersal of Plants Throughout the World［M］. London: William Clowes and Sons Ltd, 1930.

［31］ROB K, WOLFGANG S. Seeds: Time Capsules of Life［M］. UK: Papadakis, 2009.

［32］WU Z Y, R SHEHBAZ IAA, BARTHOLOMEW B. Flora of China［M］. Beijing: Science Press, 1994.

［33］曹帮华, 蔡春菊. 银杏种子后熟生理与内源激素变化的研究［J］. 林业科学, 2006, 42（2）: 32-37.

［34］陈坤浩, 刘城, 周玉璋. 水分胁迫对福建柏种子萌芽的影响［J］. 现代农业科技, 2009（16）: 76-79.

［35］陈黎, 刘成功, 戴淑娟, 等. 南方红豆杉种子生物学特性及催芽技术研究［J］.种子, 2015, 34（5）: 72-74.

［36］崔艳秋, 崔心红. 水松种子在受控条件下基质对萌发的影响［J］. 林业科技, 2002, 27（5）: 1-3.

［37］戴晓勇, 林泽信, 张贵云, 等. 篦子三尖杉种子育苗技术研究［J］. 种子, 2012, 31（8）: 122-125.

［38］韩春艳, 龙春林. 濒危植物西康玉兰种子休眠、萌发及贮藏特性［J］. 云南植物研究, 2010, 32（1）: 47-52.

［39］韩建伟, 张智勇, 王恩茂, 等. 大别山五针松种子特性及促进种子萌发的研究［J］. 中国农学通报, 2014, 30（1）: 5-10.

［40］胡江琴, 冯晓恩, 沈檬笑, 等. 凹叶厚朴种子休眠与萌发特性的研究［J］. 杭州师范大学学报（自然科学版）, 2011, 10（4）: 229-339.

［41］胡晓丽, 高宝莼. 纳海燕芒苞草（芒苞草科）种子的无菌萌发研究［J］. 应用与环境生物学报, 2008, 14（4）: 450-453.

［42］李佳毅, 毛立宝, 高英凯, 等. 不同处理对银杏种子发芽率和成苗率的影响［J］. 吉林农业科技学院学报, 2015, 24（4）: 5-7.

［43］李金霞. 榧树种子层积过程中种胚发育及生化物质变化规律［D］. 杭州: 浙江农林大学, 2015.

［44］李容柏, 秦学毅. 普通野生稻和药用野生稻种子休眠性的研究［J］. 绵阳农专学报, 1992, 9（3）: 31–37.

［45］廖文燕. 金钱松种子贮藏过程中的生理生化变化［D］. 南京: 南京林业大学, 2011.

［46］刘兰, 黄小柱, 潘德权, 等. 珍稀濒危植物贵州苏铁种子形态特性的数值分析［J］. 种子, 2014, 33（11）: 56–60.

［47］陆缤. 油麦吊云杉繁育技术研究初探［J］. 内蒙古林业调查设计, 2016, 39（6）: 61–64.

［48］史晓华, 史忠礼. 浙江楠种子休眠生理初探［J］. 浙江林学院学报, 1990, 7（4）: 377–382.

［49］苏建睦, 朱惠, 黄肇宇, 等. 苏铁种子萌发研究［J］. 种子, 2018, 37（2）: 75–77.

［50］杨开宝, 孙宝胜, 郭智慧, 等. 不同化学处理对秦岭冷杉种子发芽率的影响［J］. 西北农业学报, 2010, 19（12）: 118–121.

［51］杨娅娟, 郭永杰, 秦少发, 等. 云南九种樟科植物种子的萌发及脱水耐性［J］. 植物分类与资源学报, 2015, 37（6）: 813–820.

［52］余新林. 长蕊木兰发芽试验［J］. 科技传播, 2012（5）: 91–104.

［53］袁宝东. 不同处理对厚朴种子发芽率的影响［J］. 防护林科技, 2017（2）: 27–28.

［54］郑艳玲, 孙卫邦, 赵兴峰. 极度濒危植物华盖木的种子休眠与萌发［J］. 植物生理学通讯, 2008, 44（1）: 100–102.

［55］APG Ⅳ. An update of the Angiosperm Phylogeny Group classification for the orders and families of flowering plants: APG Ⅳ［J］. Botanical Journal of the Linnean Society, 2016, 181(1): 1–20.

［56］CORLETT R T. Characteristics of vertebrate–dispersed fruits in Hong Kong［J］. Journal of Tropical Ecology, 1996, 12: 819–833.

［57］DEBUSSCHE M, ISENMANN P. Bird–dispersed seed rain and seedling establishment in patchy mediterranean vegetation［J］. Oikos, 1994, 69(3): 414–426.

［58］ERIKSSON O, EHRLÉN J. Phenological variation in fruit characteristics in vertebrate–dispersed plants［J］. Oecologica, 1991, 86: 463–470.

［59］MARTIN A C. The comparative internal morphology of seed［J］. American Midland Naturalist, 1946, 36(3): 530–646.

［60］MATLACK G R. Diaspore size, shape, and fall behavior in wind–dispersed plant species［J］. American Journal of Botany, 1987, 74: 1150–1160.

［61］RAN J H, GAO H, WANG X Q. Fast evolution of the retroprocessed mitochondrial rps3 gene in Conifer Ⅱ and further evidence for the phylogeny of gymnosperms［J］. Molecular Phylogenetics and Evolution, 2010, 54(1): 136–149.

［62］Systematics Association Committee for Descriptive Terminology Ⅱ. Terminology of simple symmetrical plane shapes［J］. Taxon, 1962, 11: 145–156, 245–247.

［63］国家林业和草原局, 农业农村部. 国家重点保护野生植物名录［EB/OL］.［2021–09–08］. http://www.forestry.gov.cn/main/3954/20210908/163949170374051.html.

中文名索引

A

矮石斛 …………………… 534

B

白及 ……………………… 462
宝华玉兰 ………………… 358
篦子三尖杉 ……………… 116
冰沼草 …………………… 438
波叶海菜花 ……………… 430

C

彩云兜兰 ………………… 630
叉叶苏铁 ………………… 2
长瓣兜兰 ………………… 612
长喙厚朴 ………………… 270
长蕊木兰 ………………… 254
长苏石斛 ………………… 540
翅萼石斛 ………………… 546
垂花兰 …………………… 474
翠柏 ……………………… 52

D

大别山五针松 …………… 188
大果木莲 ………………… 310
大果青扦 ………………… 180
大叶风吹楠 ……………… 238

大叶木莲 ………………… 302
带叶兜兰 ………………… 618
滇南苏铁 ………………… 10
东北红豆杉 ……………… 124
冬凤兰 …………………… 480
兜唇石斛 ………………… 528
杜鹃兰 …………………… 468

E

峨眉含笑 ………………… 318
鹅掌楸（马褂木） ……… 286
二叶独蒜兰 ……………… 636

F

梵净山冷杉 ……………… 156
榧 ………………………… 140
浮叶慈菇 ………………… 422
福建柏 …………………… 76

G

鼓槌石斛 ………………… 558
贵州苏铁 ………………… 20

H

合果木 …………………… 342
黑毛石斛 ………………… 588
红松 ……………………… 196

厚朴 ……………………… 262
虎头兰 …………………… 492
华盖木 …………………… 326
华山新麦草 ……………… 694
焕镛木（单性木兰）…… 350
黄杉 ……………………… 228

J

箭叶大油芒 ……………… 710
金钱松 …………………… 220
巨柏 ……………………… 68
巨瓣兜兰 ………………… 606

K

宽口杓兰 ………………… 522

L

龙棕 ……………………… 656
罗汉松 …………………… 44

M

麻栗坡兜兰 ……………… 624
芒苞草 …………………… 446
毛枝五针松 ……………… 212
岷江柏木 ………………… 60
闽楠 ……………………… 406

N

拟高粱 …………………… 702
暖地杓兰 ………………… 510

Q

巧家五针松 ……………… 204
秦岭冷杉 ………………… 148
琼棕 ……………………… 648
球药隔重楼 ……………… 454

R

柔毛油杉 ………………… 172
润楠 ……………………… 390

S

石斛 ……………………… 570
束花石斛 ………………… 552
水杉 ……………………… 92
水松 ……………………… 84
苏铁 ……………………… 28
莎草兰 …………………… 486
莎禾 ……………………… 664

T

台湾杉（秃杉）………… 100
天麻 ……………………… 594
天竺桂 …………………… 374
铁皮石斛 ………………… 576

W

无芒披碱草 ……………… 670

X

西南手参 ………………… 600
西藏红豆杉 ……………… 132
西藏虎头兰 ……………… 504
西藏杓兰 ………………… 516
细茎石斛 ………………… 564
夏蜡梅 …………………… 366
香木莲 …………………… 294
馨香玉兰（馨香木兰）… 278

Y

药用稻 …………………… 678
野生稻 …………………… 686
银杉 ……………………… 164
银杏 ……………………… 36
硬叶兰 …………………… 498
油樟 ……………………… 382
云南拟单性木兰 ………… 334
云南肉豆蔻 ……………… 246
云南穗花杉 ……………… 108

Z

浙江楠 …………………… 414
中华结缕草 ……………… 718
肿节石斛 ………………… 582
舟山新木姜子 …………… 398
钻喙兰 …………………… 642

拉丁名索引

A

Abies chensiensis ············ 148
Abies fanjingshanensis ············ 156
Acanthochlamys bracteata ············ 446
Alcimandra cathcartii ············ 254
Amentotaxus yunnanensis ············ 108

B

Bletilla striata ············ 462

C

Calocedrus macrolepis ············ 52
Calycanthus chinensis ············ 366
Cathaya argyrophylla ············ 164
Cephalotaxus oliveri ············ 116
Chuniophoenix hainanensis ············ 648
Cinnamomum japonicum ············ 374
Cinnamomum longepaniculatum ············ 382
Coleanthus subtilis ············ 664
Cremastra appendiculata ············ 468
Cupressus chengiana ············ 60
Cupressus gigantea ············ 68
Cycas bifida ············ 2
Cycas diannanensis ············ 10
Cycas guizhouensis ············ 20
Cycas revoluta ············ 28
Cymbidium cochleare ············ 474
Cymbidium dayanum ············ 480
Cymbidium elegans ············ 486
Cymbidium hookerianum ············ 492
Cymbidium mannii ············ 498
Cymbidium tracyanum ············ 504
Cypripedium subtropicum ············ 510
Cypripedium tibeticum ············ 516
Cypripedium wardii ············ 522

D

Dendrobium aphyllum ············ 528
Dendrobium bellatulum ············ 534
Dendrobium brymerianum ············ 540
Dendrobium cariniferum ············ 546
Dendrobium chrysanthum ············ 552
Dendrobium chrysotoxum ············ 558
Dendrobium moniliforme ············ 564
Dendrobium nobile ············ 570
Dendrobium officinale ············ 576
Dendrobium pendulum ············ 582
Dendrobium williamsonii ············ 588

E

Elymus sinosubmuticus ············ 670

F

Fokienia hodginsii ············ 76

G

Gastrodia elata ············ 594
Ginkgo biloba ············ 36
Glyptostrobus pensilis ············ 84
Gymnadenia orchidis ············ 600

H

Horsfieldia kingii ············ 238

Houpëa officinalis ········· 262
Houpëa rostrata ········· 270

K

Keteleeria pubescens ········· 172

L

Lirianthe odoratissima ········· 278
Liriodendron chinense ········· 286

M

Machilus nanmu ········· 390
Manglietia aromatica ········· 294
Manglietia dandyi ········· 302
Manglietia grandis ········· 310
Metasequoia glyptostroboides ········· 92
Michelia wilsonii ········· 318
Myristica yunnanensis ········· 246

N

Neolitsea sericea ········· 398

O

Oryza officinalis ········· 678
Oryza rufipogon ········· 686
Ottelia acuminata var. *crispa* ········· 430

P

Pachylarnax sinica ········· 326
Paphiopedilum bellatulum ········· 606
Paphiopedilum dianthum ········· 612
Paphiopedilum hirsutissimum ········· 618
Paphiopedilum malipoense ········· 624
Paphiopedilum wardii ········· 630
Parakmeria yunnanensis ········· 334
Paramichelia baillonii ········· 342
Paris fargesii ········· 454

Phoebe bournei ········· 406
Phoebe chekiangensis ········· 414
Picea neoveitchii ········· 180
Pinus dabeshanensis ········· 188
Pinus koraiensis ········· 196
Pinus squamata ········· 204
Pinus wangii ········· 212
Pleione scopulorum ········· 636
Podocarpus macrophyllus ········· 44
Psathyrostachys huashanica ········· 694
Pseudolarix amabilis ········· 220
Pseudotsuga sinensis ········· 228

R

Rhynchostylis retusa ········· 642

S

Sagittaria natans ········· 422
Scheuchzeria palustris ········· 438
Sorghum propinquum ········· 702
Spodiopogon sagittifolius ········· 710

T

Taiwania cryptomerioides ········· 100
Taxus cuspidata ········· 124
Taxus wallichiana ········· 132
Torreya grandis ········· 140
Trachycarpus nanus ········· 656

W

Woonyoungia septentrionalis ········· 350

Y

Yulania zenii ········· 358

Z

Zoysia sinica ········· 718